数据要素化治理

理论方法与工程实践

陆志鹏 孟庆国 王钺 著

清華大学出版社
北 京

内容简介

本书以数据要素化治理的理论方法与工程实践为主线，内容按照概念篇、原理篇和工程篇依次展开。概念篇在对数据、数据要素相关概念及其演进过程进行系统梳理的基础上，首次对“数据要素”“数据要素化”进行了明确定义，并基于传统生产要素市场化配置规律，提出数据要素化治理的基本思路。在原理篇，定义了数据元件作为连接数据供需两端的“中间态”和数据要素交易流通的标的物，进而构建基于数据元件的数据要素流通模型、数据要素化安全模型以及数据要素化治理系统模型。在工程篇，详细阐述了制度体系、技术体系和市场体系“三位一体”的解决方案，并进行实践案例剖析，验证数据要素化治理模型及三大体系的可行性、有效性及可复制性。

图书在版编目（CIP）数据

数据要素化治理：理论方法与工程实践 / 陆志鹏，孟庆国，王钺著．—北京：清华大学出版社，2024.1（2024.11 重印）

ISBN 978-7-302-64818-5

Ⅰ．①数…　Ⅱ．①陆…②孟…③王…　Ⅲ．①数据管理－研究　Ⅳ．① TP274

中国国家版本馆 CIP 数据核字 (2023) 第 206640 号

责任编辑：严曼一
装帧设计：方加青
责任校对：王荣静
责任印制：杨　艳

出版发行：清华大学出版社
网　　址：https://www.tup.com.cn，https://www.wqxuetang.com
地　　址：北京清华大学学研大厦A座　　**邮　　编：**100084
社 总 机：010-83470000　　**邮　　购：**010-62786544
投稿与读者服务：010-62776969，c-service@tup.tsinghua.edu.cn
质 量 反 馈：010-62772015，zhiliang@tup.tsinghua.edu.cn
印 装 者：保定市中画美凯印刷有限公司
经　　销：全国新华书店
开　　本：170mm×240mm　　**印　　张：**15.75　　**字　　数：**247千字
版　　次：2024 年 1 月第 1 版　　**印　　次：**2024 年 11 月第 5 次印刷
定　　价：78.00元

产品编号：104663-01

近年来，数字经济成为全球主要国家和地区竞相布局的重点领域和经济增长的新动能。数据作为数字经济时代的重要生产力和关键生产要素，其开发及应用能力已成为重塑全球经济结构、改变全球竞争格局的核心力量。

数据要素具有非稀缺、非排他、非竞争、非耗竭等特征，使得数据要素化及其治理过程显著复杂于传统生产要素，成为国际社会共同关注的焦点和难题。我国高度重视数据要素的开发应用，2022 年年末，中共中央、国务院出台《关于构建数据基础制度更好发挥数据要素作用的意见》，率先提出数据要素参与分配的重大理论创新，系统性布局数据基础制度体系的“四梁八柱”。随着我国数据要素市场化配置改革的加速推进，地方政府、产业界、学术界围绕破解数据产权、流通、定价、分配、信任、监管、安全等一系列难题陆续开展多层次、多方向的先行先试。构建适应我国国情的数据要素化工程路径，推动地方和行业深挖数据要素价值，是突破我国数字经济“大而不强、快而不优”发展瓶颈、保持国际竞争优势的必然和亟须选择。

2020 年以来，陆志鹏先生领衔中国电子联合清华大学公共管理学院、法学院、经济管理学院、社会科学学院、电子工程系、软件学院等不同领域学者及相关企业专家积极开展数据要素的理论研究与方案设计，并进行多学科集中攻关。我与方滨兴院士一道作为专家组组长，参与了数据要素化治理工程研究成果的研讨和评审。该工程方案针对城市和行业数据要素治理过程中的难点与痛点，率先提出制度、技术、市场相融合的“三位一体”解决方案，并在多个试点城市和行业进行落地实践。经过短短两年多的时间，完成了“理论体系—工程方案—实践验证”的体系性验证，这是目前数据要素化治理领域的重要指导性成果与实践，对于我国数据要素市场化配置综合改革具有重要意义。

我非常高兴地看到中国电子和清华大学联合研究团队将三年以来沉淀的理论成果和实践总结编撰成书。本书内容涵盖数据要素化治理的理论研究、原理阐述及路径设计。理论研究部分，围绕数据的概念与价值、数据治理的演进与模式、数据要素的内涵与属性、数据要素化治理的理念与思路等进行综合性论述；原理阐述部分，提出数据元件“中间态”作为数据安全与数据要素化的核心支点，构建基于“数据元件”的市场模型、安全模型及数据要素化治理系统模型；路径设计部分，面向地方和行业实践，详述数据要素化治理的制度体系、技术体系及市场体系，并选取工程实践案例进行剖析，将兼具严谨性与具象化的丰富翔实内容呈现给读者。

作者陆志鹏先生是电子工程专业本科和硕士科班出身，之后又攻读了管理科学的博士学位，先后在高校、政府、企业任职，尤其是担任地方党政主要领导和企业主要职务期间，在要素市场化配置和数字化发展领域形成了深厚的理论认识和丰富的实践智慧，其学术造诣和文字功底在本书中体现得淋漓尽致。

本书具有很高的科学价值，也具有极强的实践借鉴意义，可供数据要素化治理领域的各方参与者作为参考。相信本书能为我国数据要素市场化配置改革带来有效的落地路径指引，为我国数据要素化人才培养、市场培育、技术创新和产业发展做出积极贡献。

是以为序。

梅宏

北京大学教授

2023 年 12 月于北京

序二

当前，世界百年未有之大变局正在加速演进，以数字化、网络化、智能化为突出特征的新一轮科技革命和产业变革突飞猛进，数据已成为赋能数字经济、数字政府、数字社会建设的核心要素。数字经济在很大程度上是对原有经济形态的解构和重组，在这个过程中数据作为关键因素始终在场，参与了消费模式、生产组织方式、产业链链接模式的重构与创新，将驱动数字经济创新发展。数字时代赋予政府新的使命和任务，也对数字政府建设提出了更高要求。数据要素治理有利于帮助各级政府建立包含制度体系、技术体系和市场体系在内的数据治理体系，更好地赋能数字政府建设。同时，随着互联网的广泛应用，人民群众对数字健康、数字出行、数字教育、数字娱乐等数字公共服务有了更高的期望，只有通过数据治理才能提高公共服务和社会治理的效率，使之更加智能、更加便捷、更加优质。

党的十八大以来，以习近平同志为核心的党中央高瞻远瞩、谋篇布局，围绕加快数字化发展、建设数字中国作出了一系列部署。数据要素及其治理问题作为数字中国建设的关键一环，是数字时代经济和社会治理的基础性问题。2022 年 12 月，中共中央、国务院印发的《关于构建数据基础制度更好发挥数据要素作用的意见》，不仅明确了数据要素市场制度建设的基本框架、前进方向和工作重点，还清晰地指出数据治理工作中存在着产权不明、流通不畅、收益不清、治理不到位等一系列亟待破解的关键问题。这些问题引起了学术界的广泛关注，数据要素的确权定价、流通中的穿透式安全保障等关键技术逐渐成为研究的热点和焦点。传统的隐私计算、区块链、博弈论、零知识证明将为构建数据要素流通及治理关键技术体系发挥重要作用，并具有很大的创新空间。

本书聚焦现阶段数据治理中的关键问题，从厘清相关概念入手，提出数据要素化治理的理念和思路，围绕“数据元件”这一关键中间态，设计形成数据要素流通模型、安全模型和系统模型，构建并完善数据要素化治理的制度体系、技术体系和市场体系，分享工程实践路径，探索破解数据治理工作中“发展”与“安全”的矛盾，为下一步数据基础制度的构建、数据要素价值的释放提供了极具价值的思路和方案。

本书的编写团队以“清华大学 - 中国电子信息产业集团有限公司数据治理工程联合研究院”为主体。本书是三年来清华大学和中国电子聚焦数据治理领域联合攻关、产学研深度融合的代表性成果。清华大学具有强大的科研能力、社会影响力以及人才培养优势，把握住数字化转型的重要变革契机、推动数据技术进步、促进管理制度完善是清华大学教学科研人员的责任担当。中国电子是我国电子信息产业的排头兵，近年来围绕国家网络信息安全战略、数字中国建设进行了一系列的创新发展和产业布局，并于 2023 年成立中电数据产业有限公司，加快了数据安全与数据要素化关键技术成果转化，并实现了工程规模化推广。“清华大学 - 中国电子信息产业集团有限公司数据治理工程联合研究院”自 2021 年成立以来，聚焦数据治理领域，整合了清华大学公共管理、经济管理、社会科学、法学、电子工程、软件等相关院系研究力量和中国电子产业优势，共同开展基础理论、制度体系及关键技术的研究，注重理论研究与实践应用相结合，努力为构建数据基础制度、落实数字中国战略、推进国家治理体系和治理能力现代化建设贡献思想与智慧。

数据要素化治理是一个世界性的新问题，世界各国都在加快推进对此问题的探索，中国作为数字经济大国、数据治理大国，拥有丰富的数据应用场景和迫切的数据治理需求。本书为学术界研究数据要素理论提供新的视角，为产业界开展数据治理提供新的方案，为政府深化要素市场化配置改革、构建数据基础制度提供有益参考。希望以这部著作的出版为契机，鼓励更多专家、学者参与到数字经济和数据要素的研究中来，共同推动数据要素化治理迈上新的台阶，为建设数字中国做出更大贡献，也为全球数据治理提供高水平的“中国方案”。

陆建华

清华大学教授

2023 年 12 月于北京

序三

近年来，大数据、物联网、人工智能等新一代信息技术的规模化应用推动了数字经济的快速发展，全球数据呈现爆发增长、海量聚集的特点，对国家管理、经济发展、社会治理、人民生活产生了深远影响。

2022年12月，中共中央、国务院印发《关于构建数据基础制度更好发挥数据要素作用的意见》，这是我国首部从生产要素高度系统部署数据要素价值释放的国家级专项政策文件，确立了数据基础制度体系的“四梁八柱”，在数据要素发展进程中具有重大意义。随着中央一系列政策措施相继出台，数据要素战略地位进一步凸显。数据成为生产要素，是数字经济发展的客观规律和内在要求。不断推进数据要素化，加快培育数据要素市场，是新时期党和国家发展的重大理论与实践问题。

自2020年以来，中国电子信息产业集团有限公司（以下简称“中国电子”）与清华大学七个学院开展跨学科合作研究，共同开启了数据安全与数据要素化治理的路径探索，以系统工程理念为指引，理论创新为根本，实践探索为牵引，将理论设计转化为切实帮助政府进行数据要素市场化配置改革的具体工程，使数据基础制度的要求通过软硬件系统在数据归集、加工、交易的过程中得以落实，有效破解了数据安全与数据流通无法兼顾的“战略困境”。2022年中国电子与中国经济体制改革研究会、中国经济改革研究基金会联合组建了数据要素市场化配置综合改革研究院，进一步研究完善制度体系和工程方案，推动在全国多个地方先行先试。现在看，各方面工作效果很好、影响很大，进展之快、成效之实令人赞叹！

继去年出版的《数据要素论》之后，《数据要素化治理：理论方法与工程实践》是对前期成果总结提炼形成的又一力作。首先，本书把厘清概念作为开展研究的前提。在对数据、数据要素相关概念及其演进过程进行系统梳理的基础上，首次对“数据要素”“数据要素化”等重要概念进行了明确定义，并基于传统生产要素市场化配置规律，提出培育和发展数据要素三类市场的基本思路。

其次，在基本原理方面，首创提出“数据元件”，定义为连接数据供需两端的“中间态”和数据要素交易流通的标的物。在此基础上，构建了基于“数据元件”的数据要素流通模型、数据要素化安全模型以及数据要素化治理系统模型。结合前期工程实践过程中积累的宝贵经验，本书详细阐述了制度体系、技术体系和市场体系“三位一体”的工程化解决方案，并通过实践案例剖析，验证了数据要素化治理模型以及三大体系的可行性、有效性和可复制性。

当前，我国数据要素发展正处于活跃探索期，各地、各部门、各市场主体都在积极探索自身在数据要素发展中的角色和作用。《数据要素化治理：理论方法与工程实践》的出版可谓意义重大，为解决当前的诸多难题提供了路径，可为各类主体在数据要素化治理、市场化培育过程中找准定位、找对方法、摸清路径提供系统的理论思路和操作指引。

我相信，本书将在数据要素领域引发广泛讨论和思想碰撞，激发大家对数据要素化治理路径的更深层次的思考与实践，合力推动数据要素经济社会价值的充分释放。

是为序。

彭森

中国经济体制改革研究会会长

2023 年 12 月于北京

目录

原理篇

工 程 篇

导　论

当前，新一轮科技革命和产业变革深入发展，数字化正在以前所未有的程度推动着生产方式、生活方式和治理方式的深刻变化，世界经济数字化转型已经成为大势所趋。数字经济成为继农业经济、工业经济之后的新经济形态，发展数字经济是把握新一轮科技革命和产业变革新机遇的战略选择，也是满足人民美好生活需要的重要途径。

数据作为新型生产要素，是数字经济深化发展的核心引擎。数据已快速融入生产、分配、流通、消费和社会服务管理等各环节，对提高生产效率的乘数作用不断凸显。同时，数据的爆发增长、海量集聚蕴藏了巨大的价值，为智能化发展带来了新的机遇。

数据成为生产要素是数字经济发展的客观规律和内在要求。2017 年，习近平总书记在主持十九届中央政治局第二次集体学习时指出“要构建以数据为关键要素的数字经济”；2019 年 10 月，党的十九届四中全会首次将数据确立为生产要素；2020 年 4 月，《中共中央国务院关于构建更加完善的要素市场化配置体制机制的意见》提出要加快培育数据要素市场，并在同年 12 月 21 日颁布的《要素市场化配置综合改革试点总体方案》中提出建立健全数据流通交易规则；2021 年 12 月，国务院发布的《“十四五”数字经济发展规划》进一步指出，数据要素是数字经济深化发展的核心引擎，到 2025 年初步建立数据要素市场体系，到 2035 年力争形成统一公平、竞争有序、成熟完备的数字经济现代市场体系；2022 年 6 月 22 日，习近平总书记主持中央全面深化改革委员会第二十六次会议，审议通过《关于构建数据基础制度更好发挥数据要素作用的意见》，该文件于 2022 年 12 月 19 日正式发布，指出数据正深刻改变着生产、生活和社会治理方式，强调数据基础制度事关国家发展和安全大局，明确将从数据产权、流通交易、收益分配、安全治理等方面开展数据基础制度建设。

数据要素概念的提出和不断深化标志着数字经济从数据资源化利用阶段逐渐转向数据要素的市场化配置阶段。通过数据要素的市场化配置，可实现规模化的数据开发、数据流通和数据应用，实现经济社会的效率倍增、安全倍增以及财富倍增。切实用好数据要素，协同推进技术、模式、业态和制度创新，将为经济社会数字化发展带来强劲动力。

然而，当前数据要素化和市场化的现状却无法匹配快速增长的数据应用需求。一方面，数据规模呈现出爆炸式增长的态势；另一方面，如何高效、安全、合法、合规地把数据利用起来仍存在不少难点。数据要素的市场化配置面临着市场流动性差、规模化应用难以实现、数据潜力有待发挥的困境，难以支撑“发展数据要素市场、激活数据要素潜能”的目标。与此同时，围绕数据要素及其市场化配置相关的应用、技术、安全、法律、制度等方面，虽然我国已开展了大量的实践探索，但仍有诸多问题尚未得到有效解决。

造成上述问题的原因主要是数据流通与数据安全的矛盾、数据资源开发利用的紧迫性与数据资产化体系建设的滞后性之间的矛盾、数据供需两旺与数据要素市场缺位的矛盾没有得到有效破解。

（1）数据流通与数据安全的矛盾。

数据要素运行体系不健全导致数据流通和数据安全的矛盾难以有效解决。数据具有显著的分散性，因此，数据汇集、融合、流通是释放数据价值的基础与前提。然而，数据同时具有隐私性与敏感性，数据流通过程中面临着存储管理、黑客攻击、信息泄露风险等安全问题，严重威胁国家安全、社会稳定与个人隐私。现阶段，我国还缺少在确保隐私性和敏感性保护的前提下实现数据高效融合和流通的数据要素运行体系。

（2）数据资源开发利用的紧迫性与数据资产化体系建设的滞后性之间的矛盾。

数据要素价值体系不完整造成数据资产化路径不畅，数据资源开发利用的需求难以满足。现阶段数据资产的定义与内涵尚未达成共识，数据交易标的物难控制、难计量、难定价的问题尚未得到解决，数据资产化的途径受阻，进而制约了企业对数据的有效利用，限制了数据作为资本参与经济循环，阻碍了数据价值释放，无法有效支撑经济高质量发展。

（3）数据供需两旺与数据要素市场缺位的矛盾。

数据供给侧与需求侧呈现出快速增长趋势，供需通道亟待打通。在原始数据不能交易的前提下，现阶段数据交易中心“数据中介”模式难以支撑数据要素的高效配置。当前，我国尚未建立适应数据要素市场化配置的制度体系、法律体系和组织体系，政府、企业和社会机构的责权利界定不清晰、主体作用不明确，导致有效的数据要素市场迟迟难以建立，数据供需两侧难以实现有效对接，数据供需两旺与数据要素市场缺位的矛盾加剧。

上述三大矛盾的破解，有赖于对数据和数据要素概念的深入理解以及对数据要素化进程的透彻分析。数据要素概念的提出，其关键在于突破当前分散的、自发的数据资源化的开发利用方式，通过引入市场化配置的手段激活数据生态，成规模、成体系地实现数据资源的深度开发和广泛应用。规模化的开发和应用、市场化的流通和配置，是数据要素赋能数字经济的内在要求。

有别于资本、土地等传统的生产要素，数据要素投入生产过程并释放价值的方式具有其鲜明的特征。数据价值的释放是一个渐进的过程，需要分阶段对数据进行挖掘和利用。在这个数据价值挖掘和释放的过程中，众多主体参与其中，以不同的方式、从不同的角度对数据进行加工和处理，成为数据价值链中不可分割的一部分。因此，数据的价值释放过程是众多主体对数据进行持续加工的过程，这种加工在释放数据价值的同时，也在不断地改变数据的组织形态。

概括来讲，这种数据形态变化和价值释放的过程包含三个主要阶段：数据资源化、资源要素化和要素产品化。在资源化阶段，对分散的数据进行归集、整理、编目。数据资源化实现了对数据的盘点，使得数据从分散形态转变为有序形态。在要素化阶段，经过汇总整理的数据资源需要再次经过分选和加工，封装成为便于计量、便于定价、便于流通、便于应用的新形态。数据资源的要素化使数据突破了主体的边界，赋予数据流通属性。在产品化阶段，市场化流通和配置的数据要素，能够融入经济循环的生产、分配、流通和消费环节，成为可被直接使用的数据产品或数据服务。数据要素的产品化，最终实现了数据对各种经济活动的赋能。

由此可见，数据要素化是数据形态的转化过程，是数据价值的释放过程。数据要素化的核心目标是以标准化、市场化的方式实现数据跨主体的流通和配置，以及规模化利用。为此，需要成套系统化的工作方法、技术手段和运行机制，通过治理活动实现数据资源规范化，突破数据要素自由流通的体制机制障碍，完成资源配置方式的优化和创新。我们将这种治理活动称之为数据要素化治理。

数据要素化治理涉及海量数据资源的处理、众多利益主体的协调和一系列紧密联系的治理活动。要在满足安全性、隐私性的前提下，解决数据的析权、计量、定价等问题，为数据的市场化流通和规模化应用提供保障。因此，这不是一个单纯的技术问题，必须以多学科交叉的方式研究数据要素化过程以及相关的治理活动，以系统工程的理念构建体系化、规范化的数据要素化治理体系。

数据要素化治理工程，融合了产业界和学术界的多方研究力量，系统梳理了数据要素化的进程以及相关的核心概念，澄清了数据要素化所面临的关键问题，提出构建原始数据和终端应用之间的"中间态"，以数据元件作为数据要素的信息载体，有效连接供给和需求，破解流通和安全的矛盾，支撑数据要素的规模化应用。

数据要素化治理工程以数据元件为核心，进一步提出数据要素流通模型、数据要素安全模型、数据要素化治理系统模型，构建了数据要素化治理的理论体系。数据要素流通模型方面，从产权体系、流通体系、收益分配制度三方面入手，深入分析了数据要素有别于传统要素的经济学特征，阐明了数据元件可有效实现数据要素市场的权利划分、市场分类和收益分配，从而构建起基于数据元件的数据要素流通模型。数据要素安全模型方面，深入分析了数据要素化治理过程和数据要素流通过程的安全特征，梳理各方安全需求，识别安全风险，明确了数据元件能够实现风险隔离、安全存储、安全传输和安全管控，从而构建起基于数据元件的数据要素安全模型。在有针对性地解决数据要素流通和数据要素安全两个核心问题之后，对复杂的治理过程进行了建模和剖析，提出数据要素化治理系统模型，并梳理了治理过程中技术问题与管理问题、经济问题的复杂关系，提出制度、技术、市场"三位一体"的治理框架。

更进一步，数据要素化治理工程以要素化治理的理论体系为基础，细化完善了制度体系、技术体系和市场体系的具体设计。在制度体系方面，分别从政策法规、组织架构、管理制度三方面入手，厘清数据要素化治理制度体系的基本架构和各部分间相互关系，解释制度体系各部分的基本内容、原理、功能、定位等。在技术体系方面，构建起以数据元件生产流水线为核心的加工生产体系、以数据金库为核心的安全合规体系、以数据要素网为核心的流通交付体系，保障数据要素化治理全过程的高效安全。在市场体系方面，从市场分类、市场规则、数据确权授权等方面分析数据要素市场化配置的实现路径，提出数据资源市场、数据元件市场和数据产品市场的概念，深入分析三类市场的市场规则，并对数据确权授权机制进行总结。

数据要素化治理工程按照系统工程的理念，采用多学科交叉的方式对数据要素化治理的全过程进行了系统研究、方案构建和工程实践。目前，工程方案已在多个省市及重点行业落地实践，完成从方案路径到实践成效的闭环验证，对于全国数据要素市场化配置改革具有重要的指导和借鉴意义。

数据要素化治理工程的主要特点和创新成果如下。

（1）一个支点：以数据元件作为数据要素化治理的核心支点。

提出数据元件的概念，作为连接数据供需两端的“中间态”。以数据元件为核心，支撑数据要素的流通机制和安全机制。通过将数据资源开发为数据元件这种初级产品，为后续的交易提供了标的物，实现数据要素可确权、可计量、可定价、可监管和安全流通，进而推动数据要素市场化的高效配置。

（2）双轮驱动：以数据要素加工系统和数据要素流通网络为支撑的技术体系。

数据元件的开发和应用体系具有平台化和网络化的特点。平台方面，以数据要素加工系统为基础可实现数据元件的开发和生产，并实现对于参与主体、数据资源、业务流程的高效组织和安全管控。网络方面，以数据要素流通网络为基础实现数据元件的流通和交付，并确保流通和交付过程高效可控。

（3）“三位一体”：制度、技术、市场“三位一体”的数据要素化治理工程路径。

数据要素化的目标是支持数据在不同主体间的自由流动，实现数据要素的市场化流通和规模化应用。为此，需从制度、技术、市场三个方面协同发力。市场体系提供需求牵引，制度体系提供基础保障，技术体系则作为工程化的核心承载着数据要素开发、流通、交易的全过程，并确保要素化过程的安全可控。

（4）四大原则：体系性安全、规模化开发、产品化流通、平台化运营的治理模式。

有别于数据资源化利用阶段单点的、分散的治理模式，数据要素化阶段更强调以规范化的方式、标准化的工具、一体化的管理实现对于数据资源的规模化利用。为此，数据要素化治理工程提出了全新的治理模式。将数据资源封装成为数据元件，从而提供体系性安全保障；将数据元件通过数据要素网分发，实现产品化流通；引入数据要素操作系统统筹多样化的资源和复杂的治理过程，支撑规模化的元件开发和平台化的运营。

本书按照三部分来组织。第一部分为概念篇，包括第 1、2 章，对数据、数据要素、数据要素化、数据要素化治理的主要概念及其演进进行了系统的梳理，澄清了当前数据要素化的困境和挑战，引出数据要素化治理的目标和基本理念。第二部分为原理篇，包括第 3 章至第 6 章，完整地论述了数据要素化治理的理论体系，包括数据元件的提出，以及数据要素流通模型、数据要素安全模型、数据要素化治理系统模型。第三部分为工程篇，包括第 7 章至第 10 章，侧重工程设计和落地实施，分别介绍了制度体系、技术体系和市场体系的具体方案，并在第 10 章通过一个完整的案例介绍数据要素化治理工程方案在城市的落地方法、具体举措及预期成效，呈现制度、技术、市场“三位一体”工程理念的实例化过程。

概 念 篇

第 1 章 数据与数据要素化

当前，随着新一代信息技术革命与产业变革加速演进，数据上升成为与土地、劳动力、资本、技术并列的生产要素，作为信息载体的数据逐渐因其价值属性受到社会各界广泛关注。为进一步推动数据价值潜能释放，促进数据经济高质量发展，助力国家治理体系与治理能力现代化建设，本章从研究数据与数据要素化的基本概念、特征与规律入手，探讨如何将原始数据转化为数据要素，并推动数据要素参与社会生产经营活动，以更好地培育与发展数据要素市场生态。在明晰数据的内涵及属性的基础上，解释数据要素的内涵、属性及其与数据的差异。依据生产要素市场化的一般规律，揭示生产要素不断升级和丰富的内在机理。本章对于数据治理、数据要素和数据要素化治理的深入研究具有重要意义。

1.1 数据的概念与属性

1.1.1 数据的概念

数据是数字经济时代的关键生产要素，是国家基础性、战略性资源，是推动经济社会高质量发展的重要动力。

不同学科、组织和国家法律对数据有着不同的认知和描述。在不同学科领域中，法学界认为，数据包括符号层的数据和内容层的信息。[①] 信息科学界认为，数据是计算机内的编码和记录[②]，或者用来理解与解释决策过程的信息输

① 纪海龙．数据的私法定位与保护 [J]. 法学研究，2018，40（6）：72-91.

② 张平文，邱泽奇．数据要素五论 [M]. 北京：北京大学出版社，2022：34-35.

入[①]。经济学界认为，数据是基于测度或统计产生的可用于计算、讨论和决策的事实或信息。[②]

在不同组织或协会中，国际标准化组织（International Organization for Standardization，ISO）认为数据是信息的一种形式化方式的体现，以达到适合交流、解释或处理的目的。[③]国际数据管理协会（Data Management Association，DAMA）认为数据是以文字、数字、图形、声音和视频等格式表征事实的信息。[④]中国信息通信研究院认为数据是对客观事物进行数字化记录或描述，是无序的、未经加工处理的原始素材。[⑤]赛迪智库认为，数据是用来记录客观事物或事件的符号，包含任何以电子或者非电子形式对信息的记录。[⑥]

在不同国家相关法案中，欧盟《数字市场法（提案）》认为，数据是行为、事实或信息的数字表现，及其任何此类行为、事实或信息的汇编，包括以声音、视觉、视听记录的形式。[⑦]美国《开放政府数据法案》（*Open Government Data Act*）认为数据是任何形式或媒介所记录的信息。《中华人民共和国数据安全法》（以下简称《数据安全法》）认为数据是任何以电子或者其他方式对信息的记录。此后相关法案、指南、报告等相继对网络数据、公共数据、组织数据等概念做出界定[⑧]，但都未超出《数据安全法》对数据的概念界定范围。

综上，有关数据概念呈现以下特点：

---

① Aamodt A, Nygard M. Different roles and mutual dependencies of data, information, and knowledge: an AI perspective on their integration[J]. Data & Knowledge Engineering, 1995.

② 蔡跃洲，马文君 . 数据要素对高质量发展影响与数据流动制约 [J]. 数量经济技术经济研究，2021，38（3）：64-83.

③ ISO/IEC: Information Technology – Vocabulary, Online Browsing Platform, https://www.iso.org/obp/ui/#iso:std:iso-iec:2382:ed-1:v1:en:en.

④ DAMA International. DAMA 数据管理知识体系指南 [M]. 北京：清华大学出版社，2016.

⑤ 中国信通院 . 数据价值化与数据要素市场发展报告（2021 年）[DB/OL]. http://www.caict.ac.cn/kxyj/qwfb/ztbg/202105/t20210527_378042.htm.

⑥ 中国电子信息产业发展研究院，赛迪智库网络安全研究所 . 数据安全治理白皮书 [DB/OL]. https://mp.weixin.qq.com/s/81NgyYSffeJLnGgC18Z7GQ.

⑦ Proposal for a Digital Markets Act:https://eur-lex.europa.eu/legal-content/en/TXT/?qid=1608116887159&uri=COM%3A2020%3A842%3AFIN.

⑧ 全国信息安全标准化技术委员会秘书处 . 网络安全标准实践指南——网络数据分类分级指引 [DB/OL]. 全国信息安全标准化技术委员会，https://www.tc260.org.cn/front/postDetail.html?id=20211231160823. 2021-12-31.

一是不同的数据概念建立了特定范畴下的话语体系。法学侧重内容本身，即数据传递了怎样的信息；信息科学侧重数据编码组织方式，即如何通过计算机语言组织信息；经济学侧重统计决策，即如何从数据中挖掘有价值的信息。

二是不同数据概念表示特定范畴内主体使用数据的目的、内容与方式，即为什么使用数据、使用怎样的数据、通过什么方式进行使用。数据能够记录与传递信息，因而被不同组织或协会、国家或地区关注。数据记录与传递信息的介质在数字经济时代更多是电子化、数字化的，也可以是纸质等传统方式。

三是不同的数据概念关注点各有侧重，但均揭示了海量数据的内在联系和潜在价值。数据的潜在价值，依赖单一来源或单一主体，难以规模化释放。数据挖掘、大规模利用是数据价值开发、催生新模式新业态、产生经济社会效益的主要途径。因此，亟须通过一种工程化路径，从海量数据中挖掘有用的信息、知识甚至智慧，实现数据价值的利用，并通过人们的使用不断创造新的价值。

基于上述理解，加工处理后以电子方式记录的数据更便于治理和参与经济社会活动，因此本书重点讨论的数据是以电子方式对信息的记录，是具有经济和社会价值的信息载体。

1.1.2 数据的信息载体属性

数据是信息的载体，人们能够根据实际需求从海量数据中挖掘有用的信息、知识甚至智慧，既实现了数据价值的利用，也通过使用数据创造了新的信息价值。组织理论家罗素·艾可夫（Russell Ackoff）在1988年提出著名的知识金字塔DIKW体系，即“数据—信息—知识—智慧”（Data-Information-Knowledge-Wisdom，DIKW），也称“知识三角形”，获得广泛认可，见图1-1。

DIKW体系最底层是原始数据，是离散、不相关的事实、文字、数字或符号，主要通过原始观察及量度获得。倒数第二层即信息，是经过筛选、整理与分析的资料，主要通过分析原始数据间的关系获得。再往上是知识，是个人能力与经验结合所形成的信息，可用于解决问题或实现创新。最顶层是智慧，是基于个人价值与信仰的前瞻性看法与想法，通过大量的知识积累和思考获得。

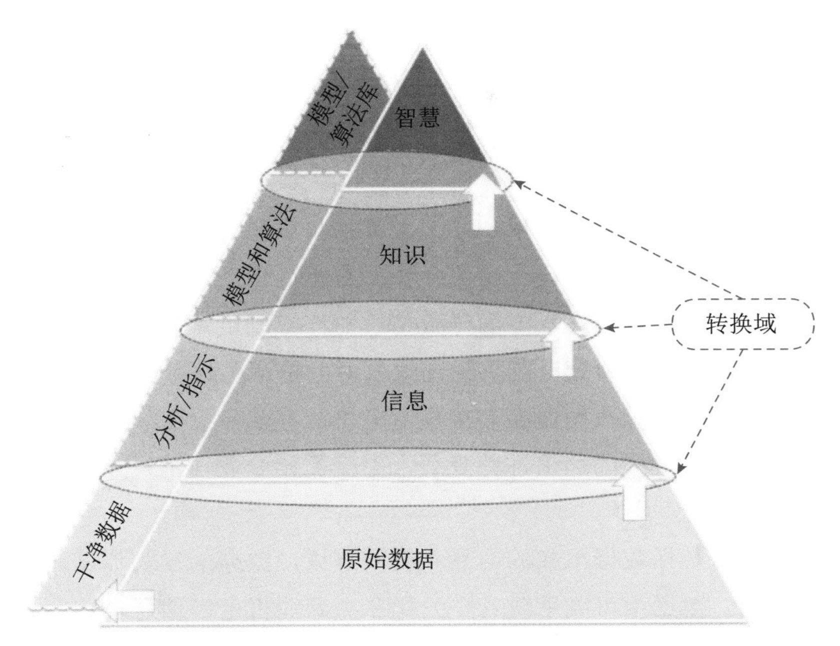

图 1-1 罗素 • 艾可夫的知识金字塔 DIKW 体系

罗素 • 艾可夫的贡献在于将容易混淆的概念置于同一系统的层次体系之中进行比较，厘清了数据、信息、知识、智慧的区别和联系，促进了知识管理和产品开发领域的发展。DIKW 体系的概念辨析目的是实现数据的信息化，进而提高信息、知识的管理和交流效率。综上所述，数据的信息载体属性是数据的本质属性，是数据本身所具备的性质与特点，具体表现在以下几方面：

数据海量性是指数据量巨大，来源广泛且类型多样。随着信息技术的高速发展，数据呈爆发式增长，如何高效地处理和分析海量数据，已成为当今信息技术领域中备受关注的热点问题。统计表明，在商品交易过程中，仅淘宝 4 亿会员每天就会产生约 20TB 的商品交易数据。① 假设一部 4K 电影时长约为 90 分钟，存储空间为 10 ～ 20GB，1T 相当于存储 50 ～ 100 部 4K 电影，20T 相当于 1000 ～ 2000 部。海量数据的处理往往需要花费大量的时间与人工成本。

数据分散性是指数据分散在不同的利益主体、系统平台和存储空间中。因此，需要建设统一平台对数据进行有效的归集与处理。分散数据的归集与处理过程不仅需要先进的技术和工具，也需要体系化的制度保障。

① 郑玉文，什么是大数据？它有哪些特点 [EB/OL]. [2021-01-29]. http://www.ccutu.com/302975.html.

数据多样性[①]是指数据承载信息的丰富性、差异性及多变性，具体包括数据类型、数据来源、数据格式、更新周期、数据形态等方面。由于数据来自不同的数据源，具有不同的格式，质量难以保证，为数据分析带来较大的困难。

数据可复制性是指数据可以从一个主体拷贝到另一个或多个主体，可以被不同主体在不同场景重复使用，相关主体对数据的使用不会直接影响其他主体的使用。数据的可复制性，一方面导致传统的产权制度难以适用，数据的产权保护难度增加；另一方面数据在复制过程中也可能存在隐私泄露的问题。

数据可加工性是指数据能够被采集、分析、存储、加工、传输，从而提升数据的使用价值。数据的加工过程复杂，不仅需要专业技术，还需要相关领域的业务知识与技能。

数据隐蔽性是指数据承载的信息不易被解读，数据的复制加工过程不易被发现。一方面，数据中可能承载着个人隐私、商业机密等信息，这些信息需要经过解码与分析挖掘才能被还原或识别，因此数据的内蕴信息具有隐蔽性。另一方面，数据是否经过复制或加工很难判断，这会造成数据的初始产权无法界定，因此，数据复制加工过程的隐蔽性不利于数据产权保护。

1.1.3 数据的价值属性

数据是以电子方式对信息的记录，记录的对象和内容涵盖了经济、政治、文化、社会、生态等各个领域，对科学研究、经济发展、社会治理、民生服务等具有基础价值，所以是一种重要的基础性战略资源。同时，在数据赋能实体经济的背景下，数据还可以通过归集、存储、传输、加工，衍生出更多更有价值的信息，参与生产、流通、分配、消费等经济循环，支撑经济社会的高质量发展，因此也是数字经济时代的核心生产要素。所以，数据的价值属性表现在数据的资源属性和数据的经济属性两个方面。

1. 数据的资源属性

数据涉及面广、数量巨大、对国家经济、社会和安全能够产生重大影响，

---

① 陆彩女，顾立平，聂华. 数据多样性：涌现、概念及应用探索 [J]. 图书情报知识，2022，39（2）：122-132.

是产业数字化与数字产业化发展的基础资源，具有基础性、战略性与先导性的属性和特征。

基础性。数据在现代社会生产生活中越来越重要，是各领域和行业都需要依赖的基础性资源，数据的基础性价值尤为突出。对数据的分析与应用可实现数字产业的持续发展，以数据赋能传统产业数字化创新可实现产业数字化转型。当前我国正处在数字经济快速发展和传统产业数字化转型的关键时期，亟须发挥数据的基础性价值，推动经济高质量发展。

战略性。数据作为国家的重要资源之一，具有战略性意义，充分发挥数据战略性价值能够为一国经济发展、国家效能提升提供重要支撑。在国家治理方面，数据能够支持国家更好地了解国情和民情，以更好地制定政策和国家发展战略，提高国家治理效率和质量。在国家安全与国防建设方面，能够通过对数据进行分析，发现潜在的安全威胁和情报线索，从而保障国家的安全和稳定。在国家经济发展方面，也能够通过对数据进行挖掘，发现新的商业机会和市场趋势，推动经济的发展和增长。《数据安全法》《网络安全法》《个人信息保护法》等相继发布，为数据战略性作用的充分发挥提供了保障。

先导性。新一轮科技革命和产业变革日新月异，数据在数字化转型和数字经济发展中的先导作用日益凸显。随着数字技术的发展，数据在各个领域中都扮演着越来越重要的角色，对土地、劳动力、技术、资本等传统要素来说具有先导作用。数据可以通过与其他生产要素结合，形成数据驱动、数据融合、数据治理的新模式、新业态。同时，建立以政府为引导、市场为主导的多主体共创机制，有助于充分发挥数据的先导性优势，提升其他传统要素生产经营效率，建立健全数据在不同领域或者行业中的引领与推动能力，确保组织保持自身优势。

2. 数据的经济属性

数据作为特殊的生产资源可以加工成能够进行安全流通的生产要素，作为稳定的标的物切实参与到生产经营活动，从而产生社会经济效益。数据的经济属性表现在如下方面。

部分非排他。根据公共品理论，非排他性是指在技术上无法把拒绝为其付费的企业或个人排除在受益范围之外。[①] 公共开放数据以及在网络系统中一些

① 黄恒学 . 公共经济学 [M]. 北京：北京大学出版社，2002.

面向公众公开的数据具有非排他性。经过治理加工后价值密度高、商业价值大的数据具有排他性。通常某些主体在不付出成本的情况下也可以获得或独占数据，各方权益未能得到清晰的划分和保障，数据具有部分非排他性。

部分非竞争。根据公共品理论，非竞争性是指消费者对该标的物的消费不会减少其他人能够消费的数量。①② 一方面，数据具有海量且零成本复制的特点，可被无限使用，因此具有非竞争性。另一方面，存在某些数据被个别市场主体独占从而限制其复制和使用的情况，因此具有竞争性。总体来讲，数据具有部分非竞争性。

兼具正负外部性。外部性是指企业或个体对要素的使用会让其他人获利或遭受损失，但却不能因此得到补偿或为此付出代价。③ 数据的开发使用可以产生经济社会价值，同时因其能够与其他生产要素相结合，进而提升资源配置效益与生产效率，因此数据具有正外部性。但因存在数据滥用、数据篡改、数据泄露等安全问题，数据同时具有负外部性。

价值密度低。原始数据通常呈现存储分散、质量不高、噪声较大等特点，造成数据开发利用成本高、难度大，因此相对价值密度偏低。面对海量、动态、广泛分布的原始数据，对其进行市场化配置是极其困难的，数据价值的挖掘与释放受到技术水平、场景应用、加工方式等多种因素的影响。

综上，数据作为基础性、战略性资源得到了各级政府和社会各界的广泛重视，在技术创新和产业转型上具有巨大的应用前景。但由于数据具有多样性、海量性、分散性等特征，在利用过程中面临着难以大规模开发的困境。同时，由于数据具有部分非排他性、部分非竞争性、兼具正负外部性等特征，又使其在市场化流通过程中存在权属不清、形态不够稳定、难以计量和估值定价等问题。因此，数据的基础性、战略性作用和经济社会价值难以充分发挥，迫切需要探索数据要素化的体制机制和技术手段，以激活数据价值潜能。

---

① Samuelson, P. A. (1954). The pure theory of public expenditure. The Review of Economics and Statistics, 387-389.

② 闫磊，张小刚．公共品非排他性、非竞争性逻辑起源与产权制度演生理论的频域分析 [J]. 中国集体经济，2021（26）：81-88.

③ 蔡跃洲，马文君．数据要素对高质量发展影响与数据流动制约 [J]. 数量经济技术经济研究，2021，38（3）：64-83.

1.2 数据要素的概念与特征

1.2.1 数据要素的概念

我国作为世界第一人口大国，既是网络大国，也是网民大国，具有庞大的数据资源与良好的开发利用基础。云计算、隐私计算、区块链、5G 等数字技术的发展也为数据要素产业生态创新提供了重要基础。数据作为基础性、战略性资源，被国家确定为四大传统生产要素之后的新型生产要素。在我国相关数据政策的支持下，其价值有望充分释放，从而推动数字经济高质量发展。

1. 数据要素定义

对于数据要素，不同机构或研究者均给出了相对清晰的概念界定。中国信息通信研究院指出，数据要素是根据特定生产需求汇聚、整理、加工而成的计算机数据及其衍生形态，这一概念侧重表达数据要素能够满足市场需求，需要加工处理，具有一定形态。① 国家工业信息安全发展研究中心指出：数据资源权属明晰后即为数据资产，实际参与社会经营活动的数据资产即为数据要素。② 这一概念侧重强调成为数据要素的前提是数据权属清晰，而且数据要素是能够参与社会经济活动的数据资产。国家金融科技测评中心指出：对数据要素定价机制的研究尚属于起步阶段。数据作为生产要素，其定价必须基于场景考虑，比土地、劳动、资本、技术等传统生产要素的定价机制更为复杂。此外，数字技术也对数据要素定价产生影响。在现有的研究成果中，通常以数据计量、定价模型等手段为切入点，着重探索数据资产化定价的数学方法，包括数据资产化框架、评估模型、定价模型、标准等。③ 这一概念侧重强调数据要素的可计量、可定价特征。张平文与邱泽奇认为：数据信息、数据权属、数据价值、数据安全、数据交易是数据要素的五个方面。④ 这一研究强调数据要素含有多个内容维度。

---

① 数据要素白皮书（2022 年）[EB/OL]. http://www.caict.ac.cn/kxyj/qwfb/bps/202301/P020230107392254519512.pdf。

② 中国数据要素市场发展报告（2020—2021）[EB/OL]. https://www.cios-cert.org.cn/web_root/webpage/articlecontent_101006_1387711511098560514.html.

③ 数据要素流通标准化白皮书（2022）[EB/OL]. https://dsj.guizhou.gov.cn/xwzx/gnyw/202212/t20221204_77333769.html.

④ 张平文，邱泽奇 . 数据要素五论 [M]. 北京：北京大学出版社，2022：300.

综上，不同机构和行业专家分别从技术、经济等角度对资源和要素、传统要素和数据要素进行了论述，使得数据要素基础理论研究取得了阶段性成果。从对资源和要素的研究来看，要素的本质要求是能够进行确权、计量、定价，从而实现规模化流通。然而，由于资源往往不具备要素的本质特征，需要将资源加工成为初级产品，使其具有稳定的形态，清晰的产权，可计量、可定价，从而作为生产要素进行市场化配置，参与经济循环。一般认为，要素包括资源和基于资源的初级产品。但真正能够市场化、规模化、流通的是基于资源的初级产品，而不是资源。数据资源的市场化利用已有丰富的实践，但数据的市场化流通和规模化应用还面临诸多困难。因此，根据数据的属性和数据要素的研究成果，本书将数据要素界定为：

基于数据资源形成的，形态稳定，产权清晰，能够市场化流通、规模化应用，参与经济循环，实现价值提升，进而产生经济社会效益的数据初级产品（中间态）。

2. 数据要素相关概念

与数据要素相关的概念包括数据资源、各级次数据产品和数据资产。

数据资源一般包括原始数据和清洗处理后的数据，本书强调的数据资源是指原始数据通过清洗处理后形成的关联度更大、体系性更强、价值密度更高的数据。根据结构特征进行分类，数据可分为结构化数据、半结构化数据和非结构化数据；根据涉及的主体或对象进行分类，数据可分为政府数据、组织数据、企业数据以及个人数据等。数据资源是数据要素治理的基础与对象，经过加工处理后可形成数据产品，能够产生较大的经济社会价值。

数据产品是指对数据资源进行加工处理后所形成的信息产品和服务。数据产品蕴含着丰富的经济效益和社会价值，是数据资源价值化的主要载体。各级次数据产品，例如离线数据包、API 接口、数据分析报告等，都是产权可界定、可流通交易的商品，是数据要素市场的主要交易对象和标的物，具有可复用、高质量、安全、可靠、有效等特征。数据资源和各级次数据产品是数据资产的主要构成。

数据资产包括特定主体合法拥有或控制的、能带来直接或间接经济利益的数据资源，数据资源经过加工处理后形成的可计量、可定价、形态稳定、可标准化的数据要素，也包括基于数据资源和数据要素加工形成的各级次数据产品，如图 1-2 所示。数据资源加工处理后形成数据要素，数据要素经过市场化配置可以开发成更丰富的数据产品。在这个过程中，数据的价值得到持续蝶变和不断释放。因此，数据资产是重要的社会财富。

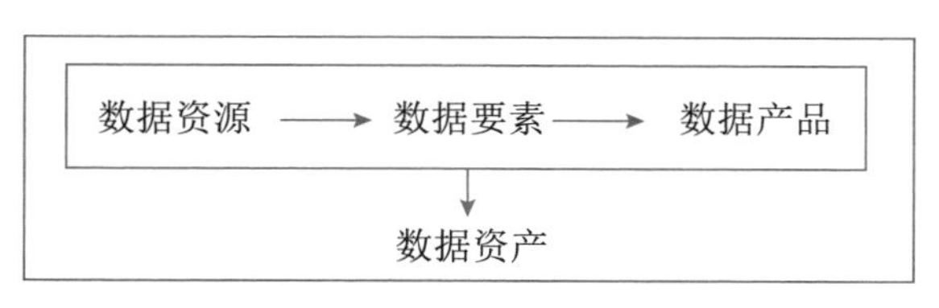

图 1-2 数据要素及相关概念

1.2.2 数据要素的内涵

数据要素能够以稳定的形态参与社会经济活动，明晰权属后作为交易标的物参与市场化流通与配置，并通过综合考虑数据本身价值、加工处理成本、市场博弈等多方面因素，采用多种定价方式对其进行估值。因此，数据要素具有以下具体内涵。

1. 数据要素可参与经济循环、实现价值提升

经济循环是基于价值增值的信息、资金和商品（含服务）在居民、企业和政府等不同主体之间流动循环的过程。

数据要素作为一种数据初级产品，当进入经济循环后，可直接参与经济循环的生产、分配、流通、消费各环节，同时作为一种中间形态，也可投入再生产过程，使之形成新的产品形态，经过分配、流通、消费后，为各类主体创造更多的财富，产生更多的经济社会价值。

数据要素作为一种新型生产要素，除直接参与经济循环外，也可在经济循环的各个环节对其他传统生产要素有效赋能，激发其他生产要素的活力与创新效能，通过放大、叠加、倍增作用，催生新业态新模式，促进产业创新发展，助推产业转型升级。

数据要素作为一种基础要素，通过构建统一市场平台，促进其他生产要素协同联动、相互融合，可在经济循环的各个环节打通供需错配、结构失衡、配置低效、流通壁垒、消费不足等堵点，使得不同生产要素和生产主体之间的配置效率得到提高，进而推动国民经济高质量发展。

2. 数据要素具有稳定的形态

数据要素是对数据资源的提炼、抽象与封装，因此具备稳定的形态，便于计量、定价和流通，能够高效地参与经济社会生产活动，进而实现数据变现。①

第一，在对原始数据进行提炼的过程中，需要对数据进行清洗、治理，形成有效的数据资源。在此基础上，对数据资源进行规范化加工，形成统一标准的初级产品，这一过程确保了数据要素在流通共享过程中的一致性，使其保持稳定的产品形态，可以在多场景下重复循环使用。

第二，在数据资源转换为数据要素的过程中，需要对数据特征进行抽象与描述，这些特征的抽象与描述使数据要素保留了原始数据的相应信息，凝练了数据价值，形成价值稳定的初级产品。

第三，通过对数据资源进行封装，使数据要素具备了明确的规格、身份和标识，能够在不同的场景中被准确地识别和使用，并且可对数据的归集、加工、交换、流通进行全程追溯，形成便于稳定流通的初级产品。

数据要素的稳定形态对于实现数据的有效利用和价值挖掘至关重要，为数据要素的计量、定价和流通奠定了基础。

3. 数据要素具有清晰的权属关系

近年来，我国出台的相关政策中明确指出要探索构建数据产权结构性分置制度，包括数据资源持有权、数据加工使用权、数据产品经营权，覆盖了数据开发利用主体的相关权利。在此基础上，本书综合考虑数据公共治理主体和数据承载信息所涉及的主体的相关权利，将数据的相关权属划分为以下 6 个方面，如图 1-3 所示。

（1）数据主体权是指数据所蕴含信息涉及的源发主体和对象所拥有的权利。由单一主体生成的数据，该主体对数据拥有数据主体权；由多个主体共同生成的数据，各主体对数据均拥有数据主体权。基于数据主体权，数据在加工、流通、使用过程中，需要获得相关主体的知情、同意，并完成相关授权。在数据的加工和流通过程中，数据主体需要授权许可部分主体权利，这种授权许可能够有效推动数据要素的市场化配置。

① 中国数据要素市场发展报告（2021—2022）[EB/OL]. https://dsj.guizhou.gov.cn/xwzx/gnyw/202211/t20221125_77220298.html.

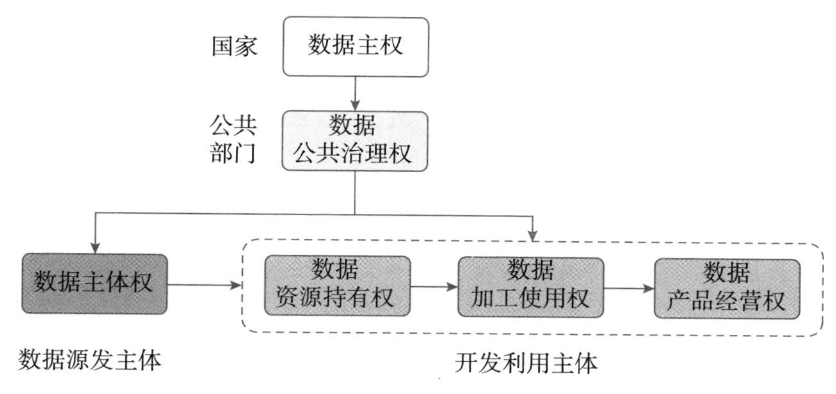

图 1-3 数据的相关权属划分

（2）数据资源持有权是指数据资源持有者对数据资源的占用和控制的权利。界定持有者及其权属、明确持有者权利边界、保护持有者合法权益等相关举措有利于持有者管理和数据资源处理。[①] 从性质上看，数据资源持有权类似于物权法上的占有，数据资源持有权人可以此对抗他人的不当“爬取”，但尚无法积极支配和使用数据。从逻辑上看，在数据资源持有权、数据加工使用权、数据产品经营权的分置布局中，数据资源持有权构成了数据加工使用权与数据产品经营权的前置性基础权利。

（3）数据加工使用权是指各参与主体在数据资源开发利用过程中所拥有的加工使用的权利。其中，数据加工使用主体及相关运营商通过筛选、脱敏、分配、排序、加密等不断提高数据使用价值，实现资源形态向要素形态、产品形态的转化，推动数据要素流通。

（4）数据产品经营权是指市场主体对其开发研制的数据产品拥有流通交易和收益分配的权利。数据产品开发商对其开发的数据产品享有所有权，主要包括占有、使用、收益和处分四项权能，其中，数据产品经营权是数据产品所有权的应有之义。数据产品所有权人有权自主经营数据产品并获取收益，数据产品所有权是数据产品经营权的“母权”。市场主体将数据要素开发成为具有商业价值的产品，并通过开展数据要素驱动的商业模式创新等方式，创新产品与服务类别，不断提高数据产品的商业价值，促进数据要素市场化分工体系的完

① 用好数据要素，需理解数据资源持有权基本内涵 [EB/OL]. https://m.gmw.cn/baijia/2022-09/05/36003583.html.

善。在实践中，数据产品经营主体可以通过与数据资源持有主体、数据加工使用主体等进行合作，实现互惠共赢。

（5）数据公共治理权是指政府等公共治理主体在统筹、协调推进数据立法、数据要素顶层设计与制度建设、数据资源整合共享和开发利用、数据安全监管等过程中所涉及的公共权力、责任和义务。公共治理主体应制定出台数据产权、数据要素流通和交易、数据要素收益分配、数据要素治理等相关制度，为数据的采集、流通和使用提供相应的规则和依据；推进安全存储、分析计算、流通网络等新型数据要素基础设施的规划、设计与建设，以满足数据整合共享、开发利用的需求；协调推动数据要素市场化配置机制改革，形成规范、高效的数据要素市场，从而实现数据价值的高效释放和数据要素安全监管，有力促进数字经济发展。

（6）数据主权是指国家不受他国干涉和侵扰，对本国数据进行控制、管理和利用的独立自主权力。大量的国家关键信息、企业商业秘密、政府机密以及个人隐私数据都存储在计算机系统和互联网中。随着国际化进程的加快与数据跨境流通的日益发展，数据保护成为影响国家安全的重要方面。为确保国家政治、经济和安全利益，国家拥有数据主权。国家安全法规明确规定维护国家网络空间主权，以表明我国坚定遵循主权原则、主张网络空间活动的决心。国家数据安全法规明确了国家核心数据、重要数据和一般数据的分类分级管理，以建构我国数据治理新秩序。个人信息保护法规通过建立个人信息境内存储制度及为跨境数据提供安全评估、黑名单等制度，维护了公民数据跨境流通的合法权益，体现了国家的数据主权。

上述内容是在数据资源持有权、数据加工使用权、数据产品经营权基础上的扩展，通过定义数据主体权，对数据关联主体和对象的权属进行了更加清晰的界定和区分。通过引入数据公共治理权，强调了各级政府在数据治理过程中的角色定位与权力责任。

数据资源和数据应用之间往往不具备清晰简化的产权关系，因此，通过将数据资源加工成为具有要素特征的数据初级产品，建立清晰的产权体系，使数据资源和数据应用之间的产权关系更加清晰、简化。

4. 数据要素便于计量定价

数据的多种形态和同一数据在不同场景下价值的不一致性，为数据的估值交易带来挑战。数据要素是对数据进行提炼、抽象与封装后形成的形态稳定、产权清晰、能够市场化流通和规模化应用的数据初级产品，能够通过有效定价实现数据要素流通，推动社会经济效益大幅度提升。

有关数据定价的研究多聚焦数据质量本身与数据市场需求两方面。基于数据质量的定价机制是通过明确数据完整性、时效性、准确性等构造数据价值函数，如基于信息熵的定价机制多以隐私数据集价值评估为主。数据市场定价机制多基于博弈论，通过买卖双方相互协商决策，从而达到双方平衡时所取价格。基于查询市场的定价机制则是有效针对用户需求所开展的小范围定价。数据的定价方式对于数据要素的定价具有积极的参考意义。对数据进行资源、要素、产品的形态区分后，计量定价会更加清晰、方便。

一般情况下，对于数据资源、数据要素、数据产品三种形态，要从要素形态变化过程中对不同资源整合成本、信息不对称、多级市场差异、投入产出关系等方面进行综合考虑，再决定采用何种定价机制。

数据资源的获取成本较高，获取渠道不一，数据质量参差不齐，因此，数据资源的稀缺性、交易成本、数据质量等诸多因素成为定价的关键，应采用以成本法为主的定价机制。

相较于数据资源，数据要素的形态稳定、产权清晰，能够直接参与市场化流通和规模化应用。一方面，数据要素由数据资源转化而来，数据质量是影响数据要素定价的重要因素；另一方面，数据要素能够用以开发面向不同场景的数据产品及服务，从而创造更多经济效益。因此，数据要素的定价应兼顾数据质量与市场需求两方面因素，采用以收益法为主的定价机制。

数据产品在流通过程中，市场所认可的是其在各应用场景中的使用价值，定价依赖于数据产品市场的供给与需求，以及供需双方或多方的协议。为此，应采用以市场法为主的定价机制。

1.2.3 数据要素的特征

数据要素是对数据资源进行提炼、抽象与封装后形成的数据初级产品。在数据到数据要素的形态转化过程中，伴随着特征的显著变化。与数据的海量性、部分非排他性、部分非竞争性、价值密度低的特征不同，数据要素具有稀缺性、排他性、竞争性、价值密度高的特征。这些特征为数据要素的市场化流通提供了基础条件。

1. 稀缺性

导致数据要素稀缺性的原因有三个方面。

（1）全量数据匮乏导致数据要素稀缺。数据的价值在于多维度、多视角全量数据的融合，而由于受到技术和制度方面的约束，全量数据的获取存在诸多困难，导致数据要素具有稀缺性。例如，在金融领域，需要完整的数据信息来进行客户信用评估，以更好地开展信贷业务。在医疗领域，需要患者完整的数据信息来支持医生准确地诊断疾病。

（2）数据的负外部性导致数据要素稀缺。数据要素的流通需要以数据安全为前提，而数据具有隐私负外部性特征，因此数据的流通需要被严格监管，从而导致数据要素具有稀缺性。例如，在消费场景中，不同数据集的信息存在相关性，消费者的个人数据可能透露出与该消费者有关联的其他消费者的信息。

（3）数据垄断导致数据要素稀缺。由于数据的规模大、内容丰富，开发利用价值大，拥有数据的企业或机构往往不愿意将其公开。这种垄断行为会导致数据难以共享，也是造成数据要素稀缺的重要原因。

2. 排他性

数据要素的排他性主要表现在两个方面。

（1）权属方面。数据要素是开发利用主体所拥有的具有独占性的产品，蕴含了大量的信息、劳动和贡献，并且反映了开发利用主体的付出与劳动成果之间的对应关系，因此可排斥被第三方支配、控制和占有，以保障主体自身的开发利用的权利。

（2）收益方面。数据要素市场中的各参与主体在市场化流通中通过市场竞争机制获得收益。开发利用主体获得数据要素后，可以把其他组织和个人排斥在获得该数据要素的利益之外，同时其获取收益的权利不受其他组织和个人干预。

3. 竞争性

数据要素的竞争性体现在以下两个方面。

（1）权属方面。数据要素具有明确的非公共品属性，是具有清晰权属的数据初级产品。数据要素在未得到持有主体或开发利用主体许可、未支付相关费用的情况下，不能被其他市场主体自由使用，从而具有竞争性。

（2）市场方面。数据要素作为数据初级产品包含了先进的设计与管理理念、关键的核心技术、较高的数据价值，以及大量研发成本投入。在公平高效的市场环境中，数据要素作为体力劳动与智力劳动的成果，凝结了与其他要素不同的使用价值，具有竞争性。

4. 价值密度

数据要素的价值密度体现在以下两方面。

（1）在对数据进行分析、处理、整合、抽象和标准化后形成数据初级产品，原始数据的价值凝练于数据要素内，因此，与原始数据相比，数据要素的价值密度大幅提高。

（2）随着时间的推移，数据要素所包含的信息价值会发生变化，数据开发利用主体通过数据挖掘或与其他数据进行叠加分析，能够持续得到高价值的数据要素。这种过程不仅能够使数据要素的价值持续增长，还有助于数据开发利用主体形成持续的竞争力。

1.3　数据要素化及其规律

数据作为我国基础性与战略性资源，已上升为新型生产要素，数据价值得到充分、有序释放是数字经济高质量发展的关键。要素的本质要求是能够进行确权、计量、定价，从而实现规模化流通。由于数据资源往往不具备要素的本质特征，缺乏稳定的形态、清晰的产权，难以计量和定价，需要通过加工处理将其转化为数据要素，以便进行市场化配置，参与经济循环。因此，数据要素化及其规律探索格外重要。

数据要素化是将数据资源加工形成数据初级产品，并将数据初级产品按照市场化机制参与社会生产经营活动、释放数据要素价值的过程。

那么，如何开展加工治理活动，使得数据资源成为数据要素？如何推动数据要素参与社会生产经营活动，建立数据要素市场体系？本节总结了土地、劳动力、资本、技术四种传统生产要素市场化配置的一般规律，并结合数据的特征和数据要素化过程中面临的挑战与难题，寻找这些难题背后的底层逻辑，探索数据要素市场化规律。

1.3.1 生产要素市场化的规律

生产要素是指用于生产商品或服务所需要的投入品，包括土地、劳动力、资本、技术、数据等。

伴随着人类社会生产经营活动，人类可拥有与利用的核心资源不同，所依赖的生产要素及其价值创造过程也有差异。土地、劳动力、资本、技术四种生产要素的市场化配置改革已取得长足进步，四种要素发挥了重要的动能，推动我国经济的持续增长。

1. 土地要素市场化过程

土地要素实现市场化配置经历了三个阶段。

（1）土地征收与治理。首先，由政府授权的土地储备机构对国有土地、集体土地及其附着物进行评估和定价；其次，由政府授权委托的机构统一进行征地、拆迁、安置、补偿；最后，土地进行平整并建设各种市政配套设施，使土地达到可以建设开发的条件，纳入土地储备库。为保证土地制度的社会主义经济体制，我国创造性地提出土地所有权和用益权的二元分离。在土地资源转化为可出让土地的过程中，保证土地的所有权归国家所有，用益权归属机构，这为土地的市场化配置提供了制度基础。

（2）土地出让。可出让的土地经过明确其用途、范围、开发强度并确定底价后，成为土地市场供需之间的标的物，由政府以“招、拍、挂”“协议出让”等方式，将一定年限内的土地开发经营权转让给有资质的开发商。

（3）土地商业开发。土地开发商经过开发建设，形成具备承载生产生活功能并能够进行市场化流通的房地产、厂房等产品。在这一过程中，土地所有权依然保持不变，用益权转移给开发商，使用权转移给房屋的拥有者。

2. 劳动力要素市场化过程

劳动力要素实现市场化配置经历了三个阶段。

（1）教育培训机构对适龄人口进行培训。作为原始劳动力资源的适龄人口具有就业权，在支付培训费用后，经过各级各类教育及培训机构培训，可取得就业所需的行业专业技能，并以证书等形式获得技能认定。

（2）市场对劳动力进行技能和薪金的评估认定。获得培训和技能认定后的劳动力可进行自主择业，劳动者的技能证书及能力鉴定成为劳动力市场供需配置的标的物，实现了劳动者的人格权与就业权的分离。

（3）劳动力进入企业参与价值创造。用人方通过签订劳务合同获得劳动指挥权与组织权，享有劳动力在一定时期内的体力和智力输出，并以企业培训等方式使劳动力掌握特定企业、特定岗位的工作技能，从而将劳动力融入社会化分工的市场体系中。

3. 资本要素市场化过程

资本要素实现市场化配置也经历了三个阶段。

（1）资金归集。银行通过储蓄存款等方式归集个人资金，明确银行与个人间的权属和利益关系，实现了零散资金的大规模聚集，形成有价值的金融资源。

（2）开发金融产品。银行进行各类金融产品的开发，并基于国家经济政策、国际利率水平、货币供求关系、通货膨胀率、再贴现率等确定金融产品的利率水平，金融产品成为资本市场供需之间的标的物。银行通过对授信企业的信用等级、财务状况、还款能力等进行综合评估，以签订贷款协议等形式完成授信，实现资金所有权和使用权的分离。

（3）资金融入企业。企业在取得资金使用权后，可以购买生产资料，加工产品并投放市场，通过市场活动实现资金的回笼循环。

4. 技术要素市场化过程

技术要素实现市场化配置同样经历了三个阶段。

（1）知识积累。各类研发主体获取支撑技术创新的知识、工具、人才等科技资源，取得其使用权，明确科技资源和创新主体之间的权属关系，并实现科技资源的合理配置。

（2）成果产出。创新主体依托科技资源，通过持续开展创新活动形成科技成果，并采用知识产权保护等形式对所取得的科技成果进行权属确定。科技成果成为市场交易的标的物，并基于收益法、市场法、成本法等评估方式确定市场价值。

（3）成果转化。生产主体通过竞价转让、协议转让等方式，取得知识产权的所有权或使用权，并基于科技成果构建或改造生产体系，从而生产终端产品或服务并投放市场，完成技术要素在市场经济循环中的价值创造。

5. 生产要素市场化的一般规律总结

通过对四种传统生产要素的市场化演进路径的分析，可以发现生产要素的市场化过程均需经历“确定中间形态、完成三阶段确权、进行三阶段定价”的过程。

（1）确定中间形态（简称“中间态”）。生产要素在完成大规模市场化流通的过程中，普遍在原始资源和终端产品之间确定一个具备共识基础的中间形态的交易标的物，以便开展标准化、专业化的价值评估评定。这个中间形态既是资源的转化，也可以作为中间产品再次投入生产，如可交易土地、资格证书、金融产品、知识产权等。对不同生产要素而言，要素形态的演变对其市场化的影响较大，特别是要素的中间形态，对连接底层资源和终端应用至关重要。

（2）完成三阶段确权。在流通的各个环节，每当生产要素形态转换时，均需要对其权属进行准确的划分和确定，为要素定价、流通交易创造条件。值得注意的是，有些生产要素的所有权和用益权并不统一归要素持有者所有，因此要区别对待不同权属，并根据特殊情况进行要素的多权分离等制度创新。

（3）进行三阶段定价。要素在流通过程中的形态转换通常伴随着价值创造，导致要素价格和定价机制在每一个环节均产生巨大差异。因此要素定价并非一次完成，而是在每次确权之后，根据要素当前所处形态开展差异化定价。值得强调的是，无论采用哪种方式定价，其根本仍是基于市场供需来确定。

因此，本书将生产要素市场化的一般规律总结为“确定中间形态、完成三阶段确权、进行三阶段定价”。

1.3.2 数据要素化现状及内涵

从生产要素市场化的一般规律来看，数据要素也可以由两种方式转化而来。一种是通过劳动、数字技术等，对数据资源进行采集、清洗、加工，使之具有要素形态。第二种是将已经生产出来的具有要素形态的数据投入再生产过程，使之具有新的要素形态。

需要强调的是，对于不同生产要素而言，要素形态演变对其市场化流通配置的影响较大，特别是要素的中间形态，对连接底层资源和终端应用至关重要。因此，数据要素化也需要依据不同形态，进行多阶段确权与多阶段定价，以实现数据要素市场化流通与配置。

1. 数据要素化研究现状

以数据资源化为起点，经过数据产品化、数据资产化、数据资本化等阶段实现数据价值化，[①] 这一复杂过程已得到学术界共识。

数据资源化是使海量、无序、混乱的原始数据成为可采可用、可共享交换的有价值的数据资源，是数据价值释放的基础。结合梅宏院士的观点，数据资源化是对数据进行采集、组织、管理、分析，使之成为具有价值的数据资源。[②] 黄丽华指出，企业应在数据资源化阶段开展数据治理的相关工作，包含数据战略规划、数据治理体系与数据能力体系构建等。[③] 各级政府部门通过建立公共数据资源开放体系，支持数据资源的整合、交换与共享。[④]

数据产品化是数据资源到数据产品的转变过程。在企业经营过程中，海量数据存储会产生很大的成本，数据产生的边际收益远不能抵消数据存储的成本。因此，企业往往需要对数据进行加工处理，定位哪些是核心数据，能够产生规模经济效益。[⑤] 企业可以应用产品化思维，通过建立可能产生使用价值的数据资源图谱、分析目标客户的数据需求及应用场景、组织开展数据产品开发利用等活动，丰富数据产品种类，实现数据产品用户流量变现。[⑥]

数据资产化是数据通过流通交易给使用者或所有者带来经济利益的过程，即将数据变为与房产、存款、股票等类似的可以进行交易的资产。对数据资产化起到至关重要作用的是数据主体的财产权，具体包括数据资源持有权、数据产品经营权等。此外，根据数据资产特征、不同主体数据资产特点、数据资产的不同用途等可以定期进行数据资产评估，避免因数据规模、数据质量、数据时效等带来的数据价值波动风险。[⑦]

数据资本化是指通过数据证券化、数据质押融资、数据银行与数据信托

① 2021 年数据价值化与数据要素市场发展专题研究报告 [EB/OL]. https://baijiahao.baidu.com/s?id=1701231952584853258&wfr=spider&for=pc。

② 梅宏 . 数据如何要素化：资源化、资产化、资本化 [J]. 施工企业管理，2022（12）：42.

③ 数据资源入表在即 企业如何抓住红利？ [EB/OL]. https://news.cnstock.com/news, bwkx-202301-5003086.htm。

④ 黄春芳，胡兴华，胡浩 . 宁波公交大数据资源化与产业化发展对策 [J]. 综合运输，2021，43（11）：128-132.

⑤ https://hanchenhao.github.io/ MadBOK/DataProductTheory/ 数据产品化要点 .html。

⑥ 数据要素视角下的数据资产化研究报告 [EB/OL]. https://www.pwccn.com/zh/research-and-insights/data-capitalisation-nov2022.pdf。

⑦ 评估助力激活政府数据资产价值 [EB/OL]. http://czt.gd.gov.cn/zcpg/content/post_3931162.html。

等，[①] 使得数据要素成为能够增值的数据资产，进而通过资本运营成为数据资本。数据资本化实现逻辑是通过数据要素产权的确定与保护，实现数据要素的资产化，进而建立专业化、市场化的数据投资运营机制，以实现数据资产的资本化。

数据价值化是指通过对数据价值的挖掘与定位、数据价值的持续沉淀以及特定数据价值点的强化与放大，推动数据价值释放，[②] 进一步推动数字经济的发展。数据价值潜能的进一步释放能够为我国数字经济新空间探索以及国际经济地位的提升提供重要支持。同时，数据价值化还要在现有法律法规约束下关注数据持有主体、数据加工使用主体、数据产品经营主体的权益差异性。[③] 从全球规模来看，美国数字经济规模达 15.3 万亿美元，中国为 7.1 万亿美元，位居第二。从数字经济占比来看，德国、英国与美国的数字经济占 GDP 比重均超过 65%，中国不到 41.5%。我国拥有全球最多的网民数量和超大的规模市场等优势，积累了庞大的数据资源，但数据的价值潜力尚未充分释放。[④]

上述研究主要关注了数据价值化的相关环节，然而对于数据价值释放的系统性演进过程关注不够，尤其忽略了对数据资源形态、数据产品形态之间具备共识基础的数据要素这一“中间态”的解释，数据价值的实现路径缺乏清晰的阐述。

因此，有必要充分借鉴传统生产要素的市场化规律，结合数据要素的特征，明晰数据要素化内涵，以助推数据要素市场化体系的建立，构建中国情境下的数据要素市场生态。

2. 数据要素化内涵

数据要素是经过加工处理，具有稳定形态、清晰权属，能够进行规模化流通和应用的交易标的物，具有稀缺性、排他性、竞争性及高价值密度等特征。这决定了其在市场化过程中，既要遵循传统要素的市场化规律，又要设计出适

---

① 杨云龙，张亮，杨旭蕾 . 数据要素价值化发展路径与对策研究 [J/OL]. 大数据：1-11[2023-02-23].

② 周俊 . 数据价值化探讨 [J]. 电信技术，2019（12）：94-94.

③ 洪莹，李政 . 针对电信运营商的大数据价值化经营研究 [J]. 移动通信，2015，39（13）：47-50.

④ 全球数字经济白皮书（2022 年）[EB/OL]. www.caict.cn/english/research/whitepapers/202303/P020230316619916462600.pdf.

合自身特点的操作路径。

（1）构建数据元件。通过构建数据资源和数据应用之间的数据“中间态”，实现数据资源与终端应用的解耦。本书创新性地将数据“中间态”定义为“数据元件”。数据元件是通过对数据资源加工处理，形成的可析权、可计量、可定价且风险可控的数据初级产品，能够作为稳定的交易标的物，有效参与数据要素市场化、规模化流通与配置。

“中间态”的出现能够极大程度地推动技术应用和产品研发标准化、规模化发展，加速信息技术产品化进程，对产业整体创新活力和资源配置效率产生积极的推动作用。在计算机应用的发展过程中，以操作系统作为“中间态”，实现了 CPU、硬盘以及内存等硬件资源与计算机终端应用间的解耦。在软件工程的发展过程中，以软件组件、基础服务组件和系统管理组件等作为“中间态”，实现了以计算机语言为核心的底层资源与面向实际用户终端应用程序之间的解耦。在计算机语言的编译过程中，通过引入中间表达形式（IR）作为“中间态”，实现了以机器码为核心的底层资源与以 C、Java 等为代表的高级计算机编程语言之间的解耦。

（2）完成三阶段确权。通过完成三阶段确权，以更好地促进数据要素流通与多主体协同共创。数据确权涉及隐私权、财产权、安全权等多种权利，在直接交易原始数据情况下，确权难度大、风险高。需要引入“中间态”，将数据确权分解成针对数据资源、数据元件、数据产品的三阶段确权，在确保数据价值有效传递的前提下，逐级降低隐私和安全风险，降低确权复杂度。

此前，党和国家出台的相关政策中明确了“三权分置”的数据基础制度。在数据要素市场化流通配置过程中，基于数据基础制度以及数据不同形态，对数据进行分类分阶段确权，能够为数据要素市场化流通与配置提供重要基础。

（3）进行三阶段定价。通过三阶段定价，确保数据要素顺利投入市场，并满足多方利益相关者价值获取。数据要素（元件）能否被清晰、准确地计量？将数据要素投入市场，多方利益相关者能否获得预期收益？能否在确保底数清晰、权责明确的基础上满足多方利益相关者价值获取？以上问题是数据要素市场化流通与配置的关键。

传统的估值定价方式有三种。成本法是指对待估资产在评估基础日的复原重置成本或更新重置成本与其各项价值损耗作差，如资产实体性贬值、功能性贬值、经济性贬值等。收益法是指通过估算被评估资产未来预期收益，并按照适合的折现率进行折现而进行估值。市场法则是按照市场价格对资产进行评估。

数据资源、数据要素、数据产品作为资产计入会计报表后，可以作为经济活动的标的物参与要素市场化流通与配置。而这一复杂过程，又面临信息不对称、交易成本高、供需匹配不佳等问题，单一的估值定价方式并不能满足这一系统性过程。

因此，本书主张数据要素估值定价依据不同要素形态采取混合定价机制，即在同一市场中，采用多种组合定价方式对数据要素进行估值定价，这能够为数据要素顺利入市破题。

第2章
数据要素化治理

数据是数字时代的关键生产要素，是数字经济发展的核心驱动力。将数据加工处理为数据要素，并促进与规范其参与社会经营活动的全过程，是数字经济时代的前沿课题。为化解数据流通与安全、数据资源开发利用的紧迫性和数据资产化体系建设的滞后性、供需两旺与市场失序等多重矛盾，确保有效形成数据要素化过程中的市场机制，合规、依法开展数据流通交易，亟须建立起多主体协同共治的数据要素化治理体系。本章基于数据治理的内涵与外延，在充分把握数据要素化治理的探索与困境的前提下，从定义数据元件，构建兼顾流通与安全的数据要素化治理模型，形成制度、技术、市场“三位一体”的解决方案等方面提出数据要素化治理的总体思路。

2.1　数据治理及其演进过程

2.1.1　数据治理的内涵

狭义的数据治理是传统的数据管理的重要方式，强调对单一主体所产生的数据进行自上而下的数据关系控制。[①]2015 年 DAMA 发布《DAMA 数据管理知识体系指南》（简称 DAMA 框架）。DAMA 框架中明确了狭义数据治理的内涵，认为数据治理是对数据资产管理行使权力和控制的活动集合。可见，DAMA 框架强调数据治理的对象是数据资产。

在狭义的数据治理方面，相关研究多关注企业数据治理，多强调企业数据治理的过程、活动及成效，侧重数据的共享与有效利用。张绍华等基于企业数

① 梅宏．大数据治理体系建设的若干思考 [EB/OL]. https://baijiahao.baidu.com/s?id=1598368111691945589&wfr=spider&for=pc.

据治理需求，将数据治理分为原则、范围、实施与评估等方面。[①] 梅宏认为企业数据治理是建立在数据存储、访问、验证、保护和使用之上的一系列程序、标准、角色和指标。通过连续的评估、指导和监督，确保富有成效且高效的数据利用，提升企业价值。[②] 国际数据管理协会国际数据治理研究所（DGI）认为数据治理是一个系统，该系统通过一系列信息相关的过程来支持决策和职责分工。何俊等认为数据治理包括元数据管理、数据标准管理、主数据管理、数据安全管理和数据质量管理等活动。[③]

事实上，数据因其具有数量庞大、增长速度快、涉及多元利益主体等特点，已超出了传统以技术为主导的企业数据治理范畴。数据治理的研究越来越多地涉及政治、经济、法律、文化、社会等诸多层面的问题，对数据治理的研究和探讨已从狭义走向了广义。

广义的数据治理不仅强调传统意义上的数据全生命周期管理，还进一步强调了数据开发利用过程中的多主体关系、市场化配置和治理体系构建等问题。广义的数据治理涉及诸多领域，不同学科对其研究各有侧重。技术视角下的数据治理侧重数据的采集、存储、挖掘与分析等技术问题，强调数据汇聚、利用及安全的技术实现机制。法律视角下的数据治理侧重个人信息保护、企业权益维护、行业规制、公共安全保障等，强调各方主体在数据治理中的角色定位和秩序规范。经济视角下的数据治理侧重数据资源如何按照市场化方式进行流通和利用，强调实现数据要素高效安全流通和价值收益分配。可见，广义的数据治理是多学科领域关注的话题。

在确保国家安全和保护个人信息的基础上，通过数据治理可以丰富数据要素供给，促进数据要素流通，从而实现数据价值的高效释放。在策略层面，按照数据全生命周期的治理思路，广义的数据治理侧重技术与管理的有效融合。在主体层面，广义的数据治理不仅强调开展基于单一组织的数据管理与利用，还强调政府、组织、企业、个人等多元主体共同参与。在机制方面，广义的数据治理注重通过政策法规制定、市场环境营造、治理框架构建等系统地推进数据开发与利用。

---

① 张绍华，潘蓉，宗宇伟 . 大数据治理与服务 [M]. 上海：上海科学技术出版社，2016.

② 梅宏 . 数据治理之论 [M]. 北京：中国人民大学出版社，2020：60-61.

③ 何俊，刘燕，邓飞 . 数据要素概论及案例分析 [M]. 北京：科学出版社，2022：29.

综上，数据治理可概括为多主体对数据全生命周期进行协同共治，通过行政、法律、经济、技术等手段的综合应用，系统地推进数据资源开发应用和价值挖掘的活动集合。

2.1.2 数据治理的演进和趋势

随着信息技术的快速发展与广泛应用，数据治理进程不断加速。在技术层面上，从单一信息系统的数据治理走向了跨信息系统的数据治理；在非技术层面上，关注信息系统外的非技术因素，探索跨利益主体的数据治理，甚至跨国跨境的全球数据治理。

1. 跨信息系统的数据治理

跨信息系统的数据治理是指为了实现组织内数据的一致性、准确性、可靠性和安全性，跨越不同的系统和应用程序进行的数据管理活动。伴随着 1992 年《信息高速公路法案》的提出，企业引入了资源计划系统（ERP）、客户关系管理系统（CRM）、人力资源管理系统（HRS）等，政府也开始实施政务信息公开、政府网站建设等计划。这些信息系统实现了组织内特定业务的电子化、信息化，提升了组织管理效率。

然而，由于组织内通常存在许多不同的信息系统，因此形成了一个个信息孤岛，不利于业务的高效协同和数据的有效利用。为完成这些信息系统的整合，使组织逐步从单一系统的数据治理走向跨系统的数据治理，需要实现系统间的数据交互，并解决数据重复、不一致和不完整等问题。这一阶段的数据治理主要聚焦于相关技术和管理手段的应用，属于传统意义上的狭义数据治理范畴。

2. 跨利益主体的数据治理

在数据成为生产要素的背景下，数据的流动不再局限于单一主体内部，跨利益主体间的数据流通和交换日益广泛。如何在跨利益主体的数据流动过程中保证数据的安全性、合规性和隐私性，保障数据质量，促进数据要素在各利益主体之间的高效配置和有效利用，成为跨利益主体数据治理要解决的重要问题。

为了提高数据治理的效率和质量，支持多利益主体价值共创，需要在不同的组织、部门及个人之间建立新的运行规则，以实现数据有效的供需匹配。通过技术与制度双向赋能，破除利益主体间的障碍和壁垒，厘清各主体的职能职责以及主体间的权属关系。在此过程中，跨主体的数据治理需要考虑数据在存储、传输、调用等过程中的隐私和安全问题，也要考虑数据在持有、加工、经营等过程中的权属和收益分配问题。

3. 跨国跨境的数据治理

跨国跨境的数据治理是指在不同国家与地区间的数据流通、数字贸易及其过程中的管理活动。跨利益主体的数据治理实现了数据的广泛互联互通，国际化进程更加快了数据在全球范围内的流动和使用。数据的跨国跨境流动在推动全球经济发展与合作中具有重要的作用和意义，但也给一个国家的政治安全、经济安全、社会安全等带来风险和挑战。因此，亟须建立起覆盖数据安全评估、合规审核、交易结算、离岸监管等各环节的数据跨境治理体系，建设跨国跨境新型数据基础设施，以及参与构建双边、多边全球数据跨境的治理规则与机制。

综上来看，跨信息系统的数据治理可以通过系统间互联互通提升管理效率，为数据资源的整合共享与开发利用提供基础。跨利益主体的数据治理可以通过技术与制度双向赋能，破除利益主体间的障碍和壁垒，为数据要素的流通交易与价值释放奠定基础。跨国跨境的数据治理可以通过推动建立数据跨境治理体系、基础设施、治理规则与机制，为数据要素的全球流动创造条件。

2.2 数据要素化治理的问题与矛盾

我国已明确数据是基础性战略资源，是数字经济发展的关键要素，亟须通过系统性治理，充分发挥组织、制度、技术等多方优势，促进数据要素市场化流通配置。本书将传统的数据治理上升到数据要素化治理层面进行探讨，认为数据要素化治理是指通过构建制度、技术、市场有机融合的体制机制，组织与协调各参与主体，安全、合规、高效推进数据加工处理、多元主体协调、市场化配置等数据要素体系化的活动集合。

伴随我国信息化、数字化建设的持续推进，大量政务、企业、人口、经济等数据资源持续累积。然而数据要素化治理是一个复杂体系，数据要素的利用还面临着要素流动性差、市场活力缺乏、制度建设滞后等难题，导致数据的潜能无法充分释放。当前，在数据资源化利用方面已有大量实践探索，但数据要素化治理仍有诸多问题尚未得到有效解决。

2.2.1 数据资源化利用的相关实践

社会各界已充分认识到数据所具有的经济社会价值，也认识到数据资源化利用的必要性。近年来一些地区和行业围绕数据资源化利用开展了大量探索，主要通过对数据进行归集、加工和供需对接，实现数据的开发、利用、流通和交易，其模式主要有数据交易平台、数据经纪、数据信托、数据开放等。

1. 数据交易平台

数据交易平台模式是将交易平台（中心）作为数据交易行为的中间方，发挥其磋商、中介作用，动态调节供需双方关系，实现数据资源、数据产品的流通交易。同时，数据交易平台（中心）作为交易行为的物理载体，发挥监督、规范交易行为的作用，确保数据安全与保护个人隐私。

截至 2023 年 2 月，全国数据交易平台的数量已超过 40 家，涉及 30 多个省、自治区、直辖市，典型代表包括贵阳大数据交易所、北京国际大数据交易所、上海数据交易所、北方大数据交易中心、深圳数据交易所等。国外也有类似的探索实践，如 DATA Exchange、BDEX、Mashape 等。①

数据交易平台模式能够在一定程度上激发数据供需多方的积极性，促进数据资源整合与流通。但就现阶段的实践情况来看，总体交易规模并不大，尚未形成能够在全国范围、地域范围或行业范围内充分发挥交易中介作用的交易平台，难以有效支持数据资源、数据要素、数据产品的规模化流通交易。

2. 数据经纪

数据经纪立足于解决数据供需双方信息不对称的问题，多以数据经纪人、数据经纪机构等形式存在。数据经纪能够通过协同、运营、组织等方式，运用多种渠道收集数据，并将数据二次出售给具有不同使用需求的客户，从而推动数据资源流通，实现数据价值变现。

广东省在我国率先开展数据经纪的相关探索。2021 年 7 月，广东省印发了《广东省数据要素市场化配置改革行动方案》，将数据经纪人作为全省数据要素

① 王卫，张梦君，王晶 . 国内外大数据交易平台调研分析 [J]. 情报杂志，2019，38（2）：181-186，194.

市场化配置改革的一项制度性安排，旨在鼓励设立社会性数据经纪机构，规范开展数据要素市场流通中介服务。近年来，广州海珠、深圳前海、佛山顺德、江门等地积极开展了相关试点探索和实践，在制度安排、产权运行机制、数据运营形式、规范引导场外交易等方面为数据要素市场建立提供实践样板。①

充当数据经纪角色的数据运营管理企业，往往具有较强的数据服务能力以及相关业务知识技能，能够担任数据归集者、使用者、担保中介、数据价值挖掘者等多种角色。但目前来看，数据经纪行业尚处于初步发展阶段，还未形成与之相匹配的评估与监管体系，在位置数据、健康数据、交易数据等大量敏感数据的收集与出售方面存在“灰色”地带，难以保障数据的安全有效流通。

3. 数据信托

数据信托目前主要有美国和英国的两种模式。美国模式是给数据控制者增加特殊的信托义务，来平衡数据控制者和数据主体之间不平衡的权力结构。英国模式是在数据控制者和数据主体之间建立第三方机构，即通过受托人来管理数据。② 在数据流通利用中，数据信托能够保护数据主体的利益乃至社会公共利益，确保数据主体权利不受损害，保障数据流通交易的安全可靠。

虽然数据信托模式受到市场的广泛关注，但由于其要求数据主体让渡数据控制权给受托人，难以满足“原始数据不出域”等要求，使得数据用途、数据流转过程等面临安全风险。因此，目前在我国尚未形成代表性的实践案例。

4. 数据开放

数据开放是指组织按照相关规定和要求，向组织外部提供其所持有数据的行为，是实现跨组织、跨行业数据融合应用的重要途径，也是实现数据价值的基础。数据开放一般可分为政府数据开放与企业数据开放。

政府数据开放是指行政机关面向公民、法人和其他组织免费提供政府数据的行为。③ 在实践中，政府往往需要建立管理策略，如清单化制度、数据分类分级等，有选择地对数据进行开放。通过开放数据，能够加强政府透明度与公

---

① 广东数据经纪人先行探索数据“二十条”新政 [EB/OL]. https://www.cstc.org.cn/info/1081/246855.htm.

② 统筹布局，完善数据交易市场生态建设 [EB/OL]. http://www.cdi.com.cn/Article/Detail?Id=17755.

③ 贵阳市政府数据共享开放条例 [EB/OL]. https://flk.npc.gov.cn/detail2.html?NDAyOGFiY2M2MTI3Nzc5MzAxNjEyODMwMGU4NzczOTg.

信力，并通过政务数据价值的释放激发市场主体活力，促进数字经济发展。

企业数据开放是指企业将其拥有的数据资源向其他企业或公众开放。[①]在实践中，平台企业、龙头企业往往通过大数据能力开放平台向其他企业或公众提供开放数据接口、应用程序等，助力众创众享。其他企业通过对数据进行开发利用，优化技术、模型、算法等，可实现数据价值提升，从而提升其产品服务质量，以赋能产业数字化转型与创新。

虽然数据开放有助于释放其经济与社会价值，但在实践过程中，受数据保护制度和激励机制的影响，对数据开放主体来说，有付出、无收益，风险高、责任大，从而导致开放数据的品类和规模有限，质量不高，服务能力参差不齐。

上述数据资源化利用的相关实践为数据的开发、利用、流通、交易积累了一定的经验，但尚未达到数据高效流通、规模开发、安全利用等目标，亟须通过数据要素化治理推动数据的规模化开发与市场化配置。

2.2.2 数据要素化治理的主要问题和突出矛盾

1. 主要问题

数据要素已成为数字经济时代的核心生产要素，数据要素化治理受到各级政府、学术界、产业界的高度重视。当前，数据要素化治理还存在有效供给不足、要素市场缺位、技术体系尚不完善、安全问题日趋严峻、法律体系亟待健全、管理制度体系滞后等问题。这些问题已成为制约数据要素价值释放的瓶颈。

（1）数据有效供给不足。数据共享融通壁垒尚未彻底破除，大量社会数据主要掌握在少数企业手上，形成“数据垄断”，行业数据主要存储在不同行业的业务系统内部，形成“数据孤岛”，存在“有数据、缺供给”的现象。数据要素对传统生产要素的融合、倍增作用难以充分释放，对市域治理、经济发展、民生服务的支撑作用有待进一步加强。

（2）数据要素市场缺位。当前，数据的资源化利用主要通过数据交易平台、数据经纪、数据信托等方式进行。这些方式主要承担简单的“数据中介”角色，存在缺乏合适的交易标的物、数据交易配套制度体系建设滞后等问题，

① 什么是数据共享？和数据开放的区别是什么？ [EB/OL]. https://www.esensoft.com/knowledge/541.html.

导致实际成交规模有限，难以形成稳定的数据要素市场。

（3）技术体系尚不完善。现阶段数据治理技术多聚焦于行业内部或企业内部跨系统的数据资源整合，但面向跨区域、跨行业、跨利益主体的数据流通关键技术有待突破，尚未形成体系化、系统化、工程化的数据要素化治理技术方案。

（4）安全问题日益严峻。数据安全是基于网络安全和信息安全的新时代国家安全的战略支点和核心内涵。目前，由于缺乏自主可控的数据存储与管理技术，数据安全管理制度尚不完善，数据安全风险日益突出，亟待化解。

（5）法规体系亟待健全。数据要素化治理需要构建完善的法律法规体系。近年来，国家和地方在数据立法方面开展了相关探索，取得了积极进展。但是，与数据要素化治理相适应的法规体系建设速度明显滞后于数字经济的发展速度，有待健全。

（6）管理制度建设滞后。当前管理制度体系难以满足数据要素化发展需求，数据主管部门职责和定位不明确、各参与方的权责利益不清晰、数据运营主体在运营数据过程中的制度支撑不足等困境亟待破题。

2. 突出矛盾

综合上述分析，可以将当前数据要素化治理的突出矛盾总结为：数据流通与数据安全的矛盾，数据资源开发利用的紧迫性与数据资产化体系建设滞后性的矛盾，数据供需两旺与数据要素市场缺位的矛盾。

（1）数据流通与数据安全的矛盾。依据现有法律法规和技术条件，强调数据的规模化流通，安全就面临严峻挑战；强调数据安全，规模化流通就面临巨大阻力，数据流通和数据安全的矛盾难以有效解决。一方面，数据具有海量、分散、多样等特性，因此，只有经过汇集、融合、流通后才能充分释放其价值。数据产生之后，经过数据加工使用主体和数据产品经营主体的开发利用后，才能为社会提供数据产品与服务，产生市场价值。另一方面，数据具有隐私性与敏感性，因此，数据流通面临着存储管理风险、数据泄露风险、数据滥用风险、数据篡改风险等安全问题，严重威胁国家安全、社会稳定与个人隐私。现阶段，我国还缺少在保障隐私和保护敏感数据的前提下，实现数据规模化、高效率、合规流通的运行体系。

（2）数据资源开发利用的紧迫性与数据资产化体系建设的滞后性的矛盾。

随着数据资源对社会经济发展的支撑作用日益增大，加快数据资源开发利用、大力发展数字经济，已成为我国培育发展新动能、促进新旧动能转换、推动高质量发展的必由之路和战略抉择。对于企业而言，数据资产化逐渐成为传统企业转型升级、新兴企业创新发展的必经之路。各行业对数据资源开发利用的需求显著增加，对数据资产入表的意愿日益强烈。但是，现阶段数据资产的定义与内涵尚未达成共识，数据交易标的物难控制、难计量、难定价的问题尚未得到解决，数据资产化的路径尚不清晰，这些都制约了企业对数据的有效利用，限制了数据作为关键要素参与经济循环，阻碍了数据价值的释放，无法有效支撑经济高质量发展。

（3）数据供需两旺与数据要素市场缺位的矛盾。一方面，随着大数据、物联网、人工智能、5G 通信等技术的快速发展，数据规模呈现爆炸式增长的态势，各类机构、企业、个人通过合规或者灰色途径售卖数据，为市场提供了大量的数据供给；另一方面，随着数据应用的不断拓展和深入，市域治理、经济发展、民生服务、科技创新等领域对数据的需求日益增强。数据供给侧与需求侧均呈现出快速增长趋势，供需通道亟待打通。但是，在“原始数据不出域、数据可用不可见”等要求下，现阶段的“数据中介”模式难以支撑数据要素的高效配置。而且，我国目前尚未建立起适应数据要素市场化配置的法律体系、组织体系和制度体系，政府、企业和社会机构的责权利界定不清晰，主体作用不明确，还不具备形成高效配置的数据要素市场的制度条件。

2.3 数据要素化治理内涵

根据数据要素化治理的定义，其内涵主要包括数据要素化的工程技术实现、市场主体之间的权益协调和共治共享的体系构建三个方面。其中，工程技术是对数据要素进行有效治理的关键支撑；权益协调是推动多方协作，营造健康、有序行业生态的核心机制；体系构建是数据要素能够有序参与社会生产经营活动的基础保障。

2.3.1 数据要素化的工程技术实现

数据要素化是对清洗治理后的数据资源进行加工，形成数据要素，并按照市场机制，参与多主体环境下的社会生产经营活动的过程。一方面，与数据要素相关的确权、计量、定价、流通、分配、安全合规等制度规范必须通过技术手段得以落实；另一方面，数据要素化治理中的数据归集、清洗、加工、开发利用、交易交付、流通网络等过程涉及复杂的技术体系，需要通过工程化的集成创新得以实现。因此，实现数据要素化，需要制度与技术两方面有机融合，耦合发力，形成一体化的工程技术方案，同时需确保在关键技术环节上具备自主可控的能力，构建起“体系性安全、规模化开发、产品化流通、平台化运营”的数据要素化治理体系。

在数据要素化工程技术方案中，“原始数据与数据应用分离技术、数据要素（元件）加工与交易技术、数据安全流通技术”是三大关键共性技术。

（1）原始数据与数据应用分离技术。数据要素化运用原始数据与数据应用分离技术可以将原始数据和数据应用解耦，从而实现数据的规模化流通交易。分离技术以“数据元件”作为数据资源与数据应用之间的“中间态”，能够体系性解决数据难确权、难计量、难定价等关键问题。

（2）数据元件加工与交易技术。数据元件加工与交易技术是构建大规模、全流程、自动化的数据元件生产流水线的核心支撑技术，具备面向规模化流通的数据初级产品的开发和生产能力，面向数据市场化流通的自动估值、动态定价、精准溯源等能力，能够实现数据元件的规模化加工、自动计量、智能核算等要素化流通的功能。

（3）数据安全流通技术。数据安全流通技术包括开发数据存储与要素加工一体化的新型基础设施，存储管理国家核心数据、重要数据和敏感数据，以及经过治理形成的数据元件，为数据的存储、监管、使用提供基础技术平台，解决数据安全和数据要素市场化配置的基础设施问题，开发数据要素流通交付网络，实现数据要素的共享流通、实时交付。

2.3.2 市场主体之间的权益协调

市场主体之间的权益协调是数据要素化治理的另一个重要内涵。数据要素化治理涉及多个环节和多个市场主体，需要协调各方权力和利益关系，促进各方合作，以推动数据要素化治理的顺利实施。在数据要素化治理中，数据源发主体、数据资源持有主体、数据加工使用主体和数据产品经营主体是主要的参与主体。各主体之间需要进行权益协调，充分保障数据源发主体和数据开发利用主体的权利，从而激发数据要素市场活力。

（1）协调不同数据源发主体的权益。对于由单一主体源发生成的数据，数据源发主体享有独立的数据主体权。对于数据所蕴含的信息，享有知情、决定和收益的权利，可以根据需要对数据进行授权。对于由多个主体源发生成的数据，多个数据源发主体均享有数据主体权。在对数据进行加工利用过程中，与单一数据源发主体相比，其权益协调更为复杂。

（2）协调不同开发利用主体之间的权益。数据的开发利用主体主要包括数据资源持有主体、数据加工使用主体和数据产品经营主体。各主体呈现分工协作、相互依存、动态变化等特点，需要对数据进行析权，按各主体对数据开发利用的贡献程度确定其收益方式和比例，形成要素与劳动、智力等共同参与分配的机制。数据资源持有主体享有对数据资源控制和支配的权利。数据加工使用主体从数据源发主体或数据资源持有主体处获得数据资源，享有对数据资源的分析、加工、利用和销毁等权利。数据产品经营主体享有对数据产品进行流通、交易和收益分配的权利，实现数据产品的商业价值。数据产品经营主体通过与数据资源持有主体和数据加工使用主体相互合作，提升数据要素化治理的效率。

（3）协调数据源发主体和数据开发利用主体的权益关系。数据源发主体是数据的源发者，享有数据主体权益，在不损害源发者隐私和安全的情况下，鼓励数据源发者授权开放数据，促进数据共享流通。数据资源持有主体是链接数据源发主体和数据加工使用主体、数据产品经营主体的关键桥梁。数据资源持有主体一方面通过对数据进行安全、合规和标准化治理，保障数据源发者权益；另一方面为数据加工使用主体和数据产品经营主体提供丰富的、高质量的数据资源，获得相应的收益。数据加工使用主体和数据产品经营主体可以通过规模化开发利用，为社会不断提供高质量的数据产品和服务，以获得经营收入。

综上，数据要素化治理需要在遵守相关法规和标准、保障数据安全的基础上，建立有效的协调机制，保障各参与主体权利和收益。同时，还需建立有机融合的市场机制，促进数据共享、开发和利用，在保障各参与主体权益的同时，提高分配的合理性和各主体收益水平，促进各方合作共赢与数据要素化治理的高效发展。

2.3.3 共治共享制度体系的构建

数据要素化治理活动的高效、有序开展离不开与之相匹配的制度规则。通过构建系统、全面、共治共享的制度体系，能够强化顶层设计，优化市场环境，规范主体行为，提升治理能力，推动形成良好数据行业生态，确保数据要素化治理过程安全、合法、依规。共治共享的制度体系对数据要素化治理过程具有指导性、规范性、激励性作用，是做好数据要素化治理的有效保障。

共治共享的制度体系是各主体在管理和利用数据资源的过程中，为保证市场运行顺畅规范，依照一定规则构建的秩序系统的总称。共治共享的制度体系构建应从数据要素化治理的现状和需求入手，深入分析现行相关政策法规、组织架构、规章制度的设置和运行情况，总结经验、发现问题，厘清数据要素化治理相关机制的基本架构、内容和各部分间相互关系，从政策、组织、法规、制度等各层面进行系统性的体系设计。

一般而言，共治共享的数据要素化制度体系应包括政策法规、组织架构和管理制度。结合当前数据要素化治理面临的主要问题，共治共享的制度体系构建具体应包括三方面工作：

（1）完善数据要素化治理的政策法规。在国家现有立法原则之下，通过总结土地、资本等传统生产要素的制度建设经验，结合各地数据要素化治理实践，持续完善相关政策法规，激励与引导相关市场主体积极参与数据要素化治理活动，规范治理行为，营造良好的市场环境。

（2）构建适应数据要素化治理需求的组织架构。通过设立专门机构、明确相关职能、引入专业力量等方式，优化数据要素化治理的组织框架，落实各方主体责任，明确行为边界和关联关系，实现不同主体间权利责任的合理配置，为数据要素化治理工作的顺利开展提供组织保障。

（3）建立系统、全面的数据要素化治理管理制度。面向各类主体、数据资源、市场规则、基础设施等数据要素化治理的不同方面，理顺工作规则和办事流程，并采用制度化的方式进行固化，形成覆盖数据要素化治理全方位、全流程的制度规则，从而实现治理过程的规范化，保障组织体系的良好运行、治理活动的高效安全运转。

综上，数据要素化治理活动不仅需要采用工程技术手段对数据进行开发利用，使得数据以要素形态进行安全、高效流通；还要做好市场主体间的权益协调，完善市场环境，构建行业生态，充分释放数据价值；同时也需要通过系统、全面的制度体系建设，确保治理过程安全、合法、依规。因此，技术、市场、制度的有机融合是数据要素化治理的重要内涵。

2.4 数据要素化治理工程的理念与思路

数字时代背景下，数据要素化治理需要从系统工程视角综合考虑技术、市场、制度等多维因素，遵循体系化、工程化、市场化的理念，形成与数据要素化治理需求相匹配的新型制度框架，发挥技术与市场的双轮驱动作用，从而更好地推动“发展数据要素市场、激活数据要素潜能”这一目标的实现。

2.4.1 基本理念

数据要素化治理应遵循体系化、工程化、市场化等理念，形成数据要素化治理工程方案，破解数据规模化流通与数据安全的矛盾，解决制度滞后、市场失序等问题。

1. 体系化设计

体系化设计是指按照制度、技术、市场相融合的数据要素化治理总体理念与思路，通过跨学科研究形成数据要素化治理的理论体系和系统方法，并围绕数据要素化治理进行全周期、全覆盖、一体化设计，从而保障数据要素化治理活动的高效、有序开展。

（1）通过跨学科、跨领域研究，建立体系化的数据要素化治理理论。数据要素化治理涉及制度建设、技术突破、市场构建等多项内容，对应着复杂的应用需求，无法运用单一学科的理念和方法进行解决。在制度构建方面，数据要素化治理需要公共管理、法学、社会学等多学科参与；在技术实现方面，数据要素化治理需要电子信息、计算机、信息安全和数据治理等学科力量；在市场建设方面，数据要素化治理需要经济学、金融学等学科支持。围绕数据要素化治理需求，需要不同学科的专家学者和实践团队开展联合研究、集中攻关，在数据要素化治理体制机制构建、技术集成创新、市场行为规范等方面发挥各自优势，初步形成数据要素化治理的理论体系。

（2）围绕数据要素化治理活动，进行全周期、全覆盖、一体化的设计。从数据要素化治理全生命周期的维度，面向数据采集归集、清洗加工、开放共享、流通交易、开发利用等过程进行标准制定、流程再造、系统设计，保障数据要素流通交易高效率、可追溯。从数据要素化治理全方位参与的维度，进行组织架构设计、制度规则设计、技术框架设计、市场机制设计等，保障数据要素化治理活动的协同推进和有序开展。在此基础上，形成制度、技术、市场“三位一体”、有机融合的数据要素化治理工程解决方案。

2. 工程化实践

一般来说，工程化实践强调使用系统性的思想和方法，提高产品的开发效率和质量，同时降低成本和风险。数据要素工程化实践是指在体系化设计的指导下，通过制定统一的标准规范，推进数据要素化治理方案的系统性集成和数据要素的产品化开发，实现数据的安全流通和高效配置。

（1）标准规范。制定覆盖数据要素化治理的技术标准和操作规范，并充分发挥其技术支撑与规则联通作用。技术标准包括数据归集标准、数据资源标准、数据要素标准、数据要素质量标准、系统建设标准等，为具有普遍性和重复性的技术问题提供统一的依据，推动实现数据要素化治理相关产品规格、技术接口等的一致性和通用性，提升产品质量。操作规范包括数据资源存储规范、数据设施管理规范、数据要素加工工艺规范、流通交易规范、安全运行规范等，推动业务活动的专业化和一致性，为数据要素化加工生产体系提供规则保障。

（2）系统集成。数据要素化治理是一项跨系统、跨主体、跨领域的复杂系统工程，涉及数据治理、归集、加工、交易、资产管理等诸多子系统，同时系统整体要满足技术合理、经济性好、运行稳定等要求。因此，需要在系统工程理论和方法的指导下，按照“总分结合”的路径实施。首先，需围绕数据要素化业务流程、关键功能和支撑工具进行子系统的研发，包括数据清洗处理、数据资源管理、数据元件开发、数据要素监管等业务系统，标准系统、安全系统、合规系统、质检系统和评估系统等支撑系统，以及数据归集、数据处理、数据要素开发、数据要素维护等工具系统。然后，按照系统工程的方法，通过统一的标准和运行规则，构建体系化的运行平台，实现子系统的集成和协同，并对进度、任务和资源进行统一调配和管理，确保系统的性能最优和平稳运行。

（3）产品开发。按照产品化理念研发数据要素加工生产系统及数据要素标准产品。一是研发产品级数据要素加工生产系统。按照系统工程路径，将数据要素化治理所需的业务和功能组件集成封装为可规模化复制和推广的基础装备，以便在数据要素加工现场直接进行部署和使用，降低生产环境的部署成本及复杂度，提升数据要素加工的质量控制能力和标准化水平。二是开发数据要素标准产品。遵从数据要素化治理技术标准和操作规范，使用数据要素生产装备，按照“原始数据不出域、数据可用不可见”的原则将数据加工为可计量、可定价的数据初级产品，促进数据要素在更大范围内开展更大规模的交易流通，丰富数据要素市场供给。

3. 市场化机制

市场化机制是指在数据要素配置的过程中发挥市场的决定性作用，充分调动各类市场主体的积极性，协调供需关系、促进市场竞争，通过不同的价格机制，实现数据要素的公平、高效配置。市场化机制主要包括市场和政府两个方面。

（1）发挥市场的决定性作用。发挥市场主体在数据的采集归集、清洗加工、开放共享、开发利用中的积极作用，通过市场化的方式使数据要素的生产、加工和利用更加高效，促进数据要素的价值实现和经济效益的提升。在数据的估值、定价、流通交易等方面，发挥市场的决定性作用，逐渐形成合理的定价机制和数据交易模式。按照要素和劳动共同参与分配的原则，通过成本法、收益法、市场法等定价机制，使数据要素的市场化配置和收益分配更加高效、公平。

（2）发挥政府的引导调节作用。按照国家数据基础制度的指导原则，在政府引导和市场推动下，逐步完善产权界定、交易流通、收益分配等制度和标准，营造良好的数据要素流通配置环境。政府应加强公共数据资源汇聚和共享，推进实施公共数据确权授权机制，同时引导鼓励社会数据资源开放。充分发挥政府有序引导和规范发展的作用，通过明确监管红线和市场协同监管体系，建立数据共治共享机制，保障数据要素市场化机制稳定运行。

2.4.2 总体思路

1. 定义“数据元件”（稳定的要素形态），化解流通与安全的矛盾

数据元件是数据要素化治理的核心概念，是处于数据资源和数据应用之间的“中间态”，是一种面向非特定应用的数据标品。通过将数据加工成为可析权、可计量、可定价且风险可控的数据元件，实现了数据资源的标品化、标准化、规范化。

数据元件可促进数据的安全流通与高效配置，打通以数据要素为核心的数据资产链与价值链，充分挖掘数据所蕴含的信息价值。通过双向隔离技术能够解决数据从资源端到应用端的泄露风险，以及数据从应用端到资源端的篡改风险和滥用风险，促进发展与安全的有机统一。

2. 构建兼顾流通与安全的数据要素化治理模型，解决数据确权授权、流通交易、收益分配、安全管控等关键问题

（1）建立基于数据元件的数据要素流通模型。数据要素流通交易的关键是引入数据元件这种可计量、可定价的“中间态”，作为交易标的物提升供需链接效率，并针对数据资源、数据元件、数据产品进行三阶段确权、三阶段定价，在确保数据价值有效传递的前提下，逐级降低隐私和安全风险，降低确权和定价的复杂度，进而催生新的价值空间。

（2）建立围绕数据金库的数据要素化安全模型。数据要素化治理中存在的数据泄露、数据篡改、数据滥用等风险亟待化解。通过数据金库能够构建起安全可控的数据存储空间和安全计算环境，形成支撑数据要素流通、监测、管理的基础设施，可以解决数据资源安全管控的基础问题。基于跨行业、跨领域、跨区域部署的数据金库可以形成核心数据资源关联网络，支持国家级、省级、市级数据资源的互联互通。

（3）建立兼顾流通与安全的数据要素化治理系统模型。数据要素化治理是一项跨系统、跨主体、跨领域的复杂系统工程。通过定义数据元件、构建数据金库、整合数据要素化流通与安全模型，拓展数据要素化治理理论体系，形成数据要素化治理系统模型，从而确保技术、制度、市场等多方协同共创，为践行“理论指导实践”奠定坚实基础。

3. 形成制度、技术、市场“三位一体”的解决方案，推动数据要素化治理工程实践

数据要素化治理超出了传统以技术为主导的数据治理范畴，包含了数据全生命周期管理、数据开发利用过程中的多主体关系、市场化配置和治理体系构建等方面，需要制度、技术、市场三方进行赋能，形成“三位一体”、有机融合的数据要素化治理工程解决方案。

制度、技术、市场在数据要素化治理工程中各自发挥着重要作用，缺一不可。制度体系可以推动多方主体合法依规开展数据要素化治理活动，规范数据要素市场。技术体系能够支持数据资源化、资源要素化以及数据要素的安全管控，从而支持全周期、一体化数据要素化治理工程落地。市场体系能够建立“数据资源—数据元件—数据产品”的市场生态，激发市场活力，释放数据价值。

原 理 篇

第3章 数据元件

作为连接数据供需两端的“中间态”，数据元件在数据要素化治理中发挥着枢纽作用，是实现数据要素规模化应用、市场化配置与安全流通的核心支点。本章将从数据元件的定义与内涵、类型与属性，以及开发应用的过程等多角度对数据元件进行深入剖析，澄清数据元件的概念及其内涵，解释数据元件开发应用的基本原理。

3.1 数据元件的定义和内涵

3.1.1 数据元件的定义和模型

1. 数据“中间态”

数据元件是连接数据供需两端的“中间态”，是原始数据与应用之间的数据初级产品和交易标的物。通过将数据资源开发为数据初级产品，实现数据可确权、可计量、可定价、可监管和安全流通，真正实现数据资源与数据应用解耦，进而推动数据要素市场化的高效配置。

从技术视角来看，作为近源数据的信息载体，数据元件是具有一定的主题，对数据资源脱敏处理后，根据需要由若干关联字段形成的数据集，或由数据资源的关联字段通过建模形成的数据特征。

从经济视角来看，作为数据与数据应用间的“中间态”，数据元件是基于数据资源形成的，形态稳定、产权清晰、适合市场化流通和规模化应用的数据初级产品。

数据元件类似于电子元件，具有标准化和通用化的特点。通过标准化数据清洗处理流程工序，可形成基于通用需求的标准数据元件。类似于电子元件，数据元件也可通过组合运用，形成满足不同应用需求的数据产品。

与原始数据对比，数据元件具有以下基本特征：

（1）原始数据与应用之间的数据初级产品。

（2）数据交易市场中的交易标的物。

（3）近源数据的信息载体。

（4）数据资产计量和定价的基本单元。

2. 数学模型

引入数据元件这种“中间态”后，以数据元件为中心的数据要素化治理过程被分解成为元件开发和元件应用两个关键环节。首先是基于原始数据，通过特征选择、特征抽取、聚合分析、统计分析、封装测试等方法开发数据元件；再将数据元件作为安全流通、公允定价的数据“中间态”和数据初级产品，以此作为流通的数据要素，并建立相关定价审核机制，赋能于应用。上述过程可通过元件模型和应用模型来进行抽象的刻画，如图 3-1 所示。

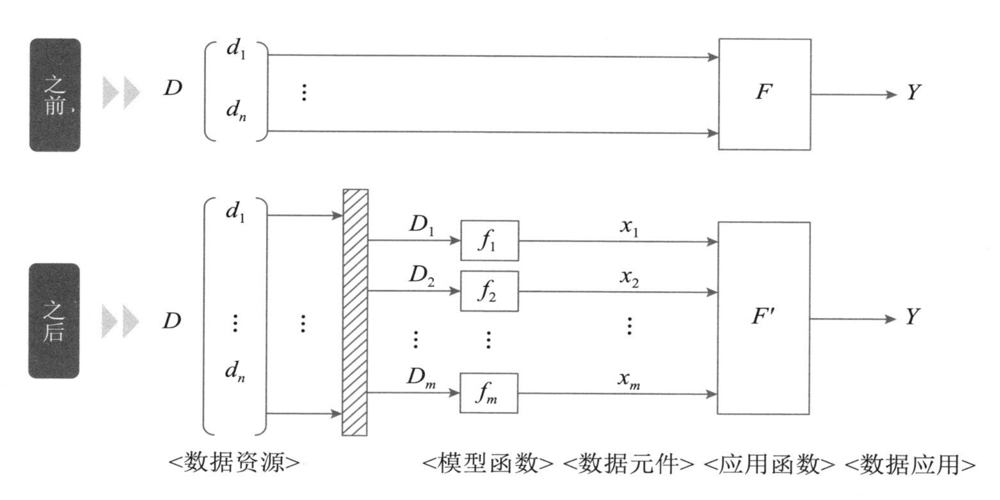

图 3-1　以数据元件为中心的数据要素化模型

元件的数学模型如下：

$$X=f(d_1,d_2,d_3,\cdots,d_n)$$

其中，d 是原始数据中的数据字段；f 是模型函数；X 是数据元件。

一方面，f 模型函数消除了原始数据中的隐私安全风险，使得数据元件作为安全流通对象，在数据元件市场进行交易流转，实现数据从生产资源向生产要素转变；另一方面，数据元件 X 中保留了原始数据中的“信息”，具备消除数据应用中“不确定性”的价值，成为数据元件定价的基础，从而能够形成可析权、可计量、可定价且风险可控的数据初级产品，为数据安全流通奠定基础。

在具体的数据应用过程中，存在多样化、个性化需求。因此，需要结合实际应用场景，将数据元件与应用算法进行深度结合，形成与场景高度匹配的应用模型。

元件应用的数学模型如下：

$$Y=F(x_1,x_2,x_3,\cdots,x_m)$$

其中，x 是数据元件，F 是模型函数，Y 是数据应用。元件应用模型以满足具体应用中各种场景需求为核心，x 通过消除数据应用中的不确定性，实现数据价值变现，形成丰富的数据需求侧市场。

数据元件作为连接数据供需两端的“中间态”，将数据确权和定价划分为数据资源、数据元件、数据产品三个阶段，降低了数据确权和定价的复杂度；同时，数据元件将实现原始数据与数据应用解耦，确保无法从数据产品中逆向获取到原始数据，破解“安全与流通对立”的难题。

3.1.2 数据元件的内涵

仅仅从定义来理解数据元件难免过于抽象，为更好地把握数据元件这一重要概念，本节将分别从信息组织、数据治理、价值开发、市场化配置、风险控制、规模化应用的视角对数据元件的概念和内涵进行更深入和细致的阐述。

1. 数据元件是适应数据要素化需求的数据组织单元

数据具有形态多变的特征。伴随着数据加工和价值释放的过程，数据的形态持续转变，经历了数字化、数据化、知识化的演变过程。数字化将物理世界的状态映射进信息空间，给后续的加工处理提供了基础，进而实现生产方式、分工形式、商业模式的变革；数据化基于数字化的内容，将事实和观察的结果转化成为可制表分析的量化形式；知识化是对数据的深度挖掘，是基于积累的经验和信息挖掘分析数据背后的规律，形成具有泛化和推广价值的知识和技术。值得注意的是，数据在这样一个演变过程中，在数字化、数据化、知识化的不同阶段，不仅其内容发生了变化，信息承载和组织的方式也在不断变化。数字化阶段使用比特作为信息的载体，重点关注物理世界状态变动对应的数据变动；数据化阶段往往使用表格来组织相关的信息，表格中同一行的不同字段代表着一组存在关联的属性；知识化阶段，信息组织方式更加复杂，可用谓词表达、生成式表达、语义网络等承载结构化的领域知识。

基于信息科学的视角，数据的内容与其组织方式同等重要。数据的价值源于其内容，但组织方式在很大程度上影响着数据的可用性，决定了数据能否被高效、便捷地投入应用。因此，不同的应用层级往往需要不同的信息组织方式。举例而言，同样是表格，却可以用完全不同的数据结构来承载，可以用数组，也可以用链表。数组适合存储和处理常规数据，但当数据表中的内容非常稀疏时，链表存储所占用的存储空间更小，处理也更便捷。因此，应用所关注的数据逻辑结构往往和数据实际的存储结构不一致。再比如，在企业级信息系统构建中，往往需要区分联机事务处理（OLTP）和联机分析处理（OLAP），前者强调实时性和规范性，后者更关注强大而灵活的分析能力。因此，即便同一个企业，同样的数据来源，也可能需要两种不同的信息组织方式来满足事务处理和分析处理的不同要求。

数据要素及其市场化配置的需求催生了全新的应用场景。在该场景中，数据需要在不同利益主体之间进行大规模的流通、共享和协同处理。相应地，这种数据要素化过程需要一种便于流通、使用和管理的新的数据组织方式。这种数据形态需要具有两个重要的特点：一是有效性，要能够高效支持大规模的数据应用；二是流通性，要能够便于实现跨利益主体的数据流动。数据元件具有有效性和流通性的基本特点，是满足数据要素化需求的数据形态。

2. 数据元件是数据要素化治理的信息载体

数据的组织方式影响着数据的可用性，决定着数据能否高效便捷地支撑上层应用。伴随信息化的进程，数据的规模和复杂性不断增加。为保障数据的可用性，必须借助技术手段对复杂的数据进行整理和维护。数据治理就是这样一种对数据的组织方式进行规范化处理和维护的过程。

对数据组织方式的规范化处理在信息系统的各个层级不断发生。在数据库产生之初，由众多表格组成的数据库系统中往往存在大量的数据冗余，相同字段在不同表格中重复出现。这种冗余，一方面造成了存储空间的浪费；另一方面当同样的数据在不同表格中重复出现时，可能因为内容不一致而引发冲突和错误。这种情况在频繁的插入、删除和修改操作中变得难以避免和难以决策。为了解决上述问题，需要对数据库的设计进行规范，由此产生了数据库范式。数据库范式规范了数据表的结构，并对数据表所蕴含的关系进行了约束。其根本目标是节省存储空间，避免数据不一致性，提高对关系的操作效率，同时满足应用需求。数据库范式的引入使得跨表的数据操作和流转变得更加顺畅。这种数据库的规范化过程，也可以看作是一种发生在单一信息系统内的数据治理过程。

更复杂的情况发生在企业级数据治理中。企业中往往存在众多独立建设的信息系统，每个系统都拥有各自独立的数据集合，构成了企业复杂而庞大的数据资产。当需要数据跨系统进行流转，以便支持不同业务系统的协同动作时，常常会发生问题。因为各个系统是独立开发的，系统A中被命名为X的数据字段在系统B中很可能被称为Y，而编号为001的产品在另一个系统中完全可能换了另一个不同的编号。也就是说，跨系统的数据流转面临着语义不一致、格式不统一等的问题。为此，需要引入企业级数据治理。企业级数据治理过程将系统地梳理企业的数据资源，通过主数据模型对系统间的共享数据进行规范，以便消除语义分歧，使得跨系统的数据操作和流转更加顺畅。

面对数据要素市场化的新场景，数据将在更大范围内流通和共享。更重要的是，这种数据流动将跨越不同利益主体或治理主体的边界。此时，需要处理的不仅是数据内容的一致性和语义的一致性，更需要注意的是，伴随数据流转而产生的收益和风险将如何在不同利益主体和治理主体之间分摊。因此，数据要素市场化需要新的治理过程，需要对市场化配置和流通的数据进行规范，以便于对收益和风险进行精细化管理。这样的治理过程称之为数据要素化治理，而数据元件就是要素化治理成果的重要载体。

3. 数据元件是连接数据供需两端的“中间态”

数据的价值开发过程伴随着数据形态的演变。数据最初以原始数据的形态出现，是人类对客观事物的数字化记录或描述。由于原始数据是无序的、未经加工处理的素材，尚不具备使用价值，难以直接投入生产。当数据具备了使用价值并能直接投入社会生产经营活动中时，原始数据就转化为数据资源。进一步，数据资源必须进入市场参与流通才能激活价值，当数据通过流通参与到生产经营活动，并为使用者带来经济效益时便成为数据要素。最后，数据经生产形成产品或服务时，数据便以产品和服务的形态呈现出来。这一数据价值开发的过程经历了数据资源化、数据资源要素化、数据要素产品化三次重大的形态转变和价值增值。

由此可以看出，数据的形态十分丰富，但是站在数据价值开发的角度，从生产要素的演变规律来看，数据形态演变的起点和终点相对明确。其中，起点是来源丰富的原始数据，具有来源分散、海量、易变动等特点；终点是最终应用的数据产品和服务，具有应用多样、丰富、易变动等特点。数据形态在起点和终点中间演变，形成无数条从数据来源到数据应用的路径，呈现出复杂多样的特征。正是因为数据规模化应用中，存在价值释放路径复杂多样的特征，导致出现数据确权难、计量难、定价难等问题，并引发安全风险，进而造成直接从原始数据连接到数据产品和服务的路径不通畅。因此，在数据来源和数据应用之间必须经历一个数据“中间态”来解决上述问题。在数据供需两端之间，寻找一个能解决数据流通、安全等问题的数据“中间态”，是打通数据价值链的关键。

数据元件是在数据价值开发链条中插入一个中间环节，充当了连接数据供需两端的“中间态”，成为数据要素的信息载体，如图 3-2 所示。数据元件的引入为数据要素的确权、定价和交易提供了弹性。可在数据资源、数据元件、数据产品的三个阶段分别进行确权，降低确权的复杂度。将定价分解成针对数据资源、数据元件、数据产品的三阶段定价，在确保数据价值有效传递的前提下，降低定价的复杂度。同时，以数据元件为中心的价值开发路径催生出数据资源、数据元件、数据产品三类市场，满足不同主体和不同层级对于数据的不同需求。

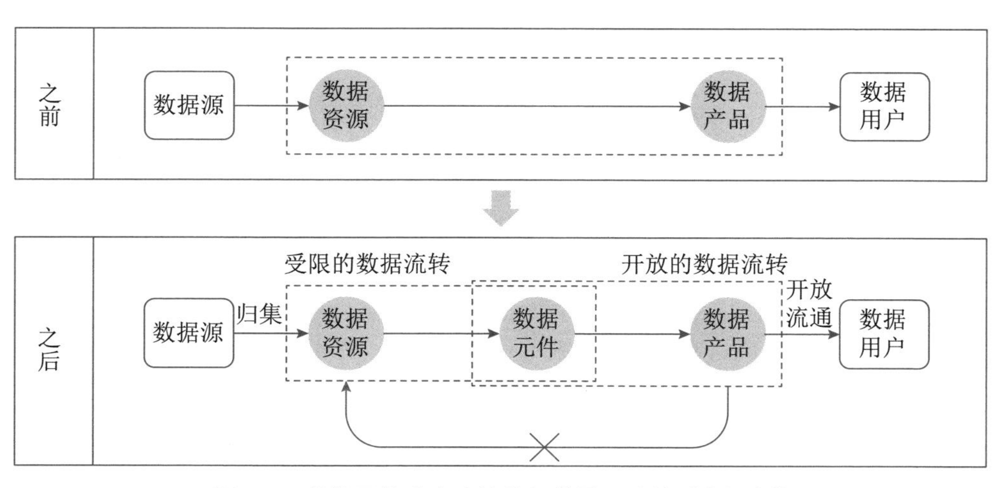

图 3-2　数据元件成为连接数据供需两端的“中间态”

以数据元件为中心，可实现数据价值链和数字资产链“双链融合”。“数据资源—数据元件—数据产品”的形态转变，使得数据更有效地承载高价值信息，推动由“数据资源”转化为“数据资产”，形成“资产链条”。从数据资源到数据元件的转化提升了数据品质，提高了数据价值密度和标准化程度，实现了第一层的数据增值。从数据元件到数据产品的转化完成从标准化的数据元件到特定应用场景和专业化服务的适配，实现了第二层的数据增值。这样两层增值过程形成数据的“价值链条”。通过数据资源两次赋能，打通数据资产链和数据价值链，同步催生数据资源、数据元件和数据产品三类市场，实现数据要素高效配置。

4. 数据元件是可计量、可定价的交易标的物

资源形态的数据虽具备一定的使用价值，但仍难以直接进入市场进行流通交易。数据资源解决了部分的数据权属问题，但尚不满足数据流通和交易市场的准入标准，难以实现要素在市场上进行高效、大规模的流通和交易。

数据流通市场的准入标准是数据标的符合可界定、可流通、可计量、可定价原则。若数据标的符合可界定的原则，例如能清晰界定数据权属和使用范围，就能从根本上确保数据的来源、流通和应用的安全合法，有利于保障数据主体的权益和隐私，降低数据的负外部性；若数据标的符合可流通的原则，例如将数据转化为可计量、易存储的形态，就能确保数据标的明确、标识清晰，降低存储成本，拓展数据应用场景，进而促进数据大规模流通；若数据标的符合可计量、可定价的原则，例如将数据转化为可定价、可计量、易存储、可交易的形态，就能确保流通数据价值可估，降低存储和交易成本，提高交易匹配效率，丰富交易模式，进而实现公正、高效、大规模交易。因此，对数据要素进行市场化的资源配置需要可界定、可计量、可定价的数据形态作为流通和交易的具体标的物。

正是由于缺乏合适的交易标的物，当前多数大数据交易所（中心）主要承担简单的“数据中介”角色，交易模式单一，交易匹配效率低下，导致数据交易规模十分有限。数据元件的引入改变了这一状况，为数据流通市场提供了满足大规模交易的数据标的。

数据元件是对数据资源加工后的结果，在加工过程中，通过数据过滤、数据分选、数据灌装改变了数据的组织方式，使其更便于进行界定、计量和定价。首先，通过数据过滤对数据资源进行提纯和脱敏处理。这种过滤处理提升了数据的价值密度，减少了数据质量的波动，并有助于控制风险。过滤后获得的品质稳定、风险可控的数据更便于计量、定价和流通。接下来，在数据分选环节可以按照数据来源、使用价值、稀缺程度、安全等级等不同维度的考量对数据进行分类，归并形成不同的数据规格。通过数据分选，不同归属、不同价值密度、不同安全性要求的数据被区隔开来，为数据权属的界定、价格的确定、流通范围的确定提供了便利。最后，经过过滤和分选的数据被灌装进不同规格的数据元件之中，封装成为方便计量和定价的基本单元。

5. 数据元件是实现数据风险隔离的必要环节

数据作为一种全新的生产要素参与经济循环时，数据的汇集、融合和流通在释放价值的同时导致数据安全风险急剧增加。有别于面向特定场景的数据应用开发，数据要素市场化的过程将推动数据在众多不同利益主体之间进行规模化的流转，这些主体有各自不同甚至彼此冲突的利益诉求，彼此之间也缺少足够的信任和管理上的制衡与约束能力。这种规模化的跨利益主体的数据流通如果不在技术层面和制度层面进行适度的限制，必将引发敏感信息泄露等安全风险。同时，因为数据具有显著的非排他性、复制成本低，导致未授权使用、数据泄露等违规违法行为难以察觉，加剧了数据流通的安全问题。

数据元件为上述数据要素的市场化流通提供了更好的安全基础。数据元件的引入将数据价值开发链条分割成资源要素化和要素产品化两阶段。这两个阶段以数据元件为衔接，参与主体不同、数据的流通范围不同，为数据的风险隔离提供了可能性。

数据资源要素化阶段完成了数据元件的开发，对数据资源进行脱敏处理后形成了数据初级产品。这一过程是在受限的条件和环境下进行的。首先是参与主体受限，对敏感数据进行加工的数据元件开发商数量必须进行严格控制，必须具备相应的资质，并接受对其开发过程的审核与监管。其次是加工环境受限，关键数据和数据元件均存放于自主安全的数据金库之中，实现对数据存储的本质安全保障。最后，在技术环境方面，可依据不同的业务场景和安全程度选择区块链、数据沙箱、多方安全计算、联邦学习、差分隐私等安全技术增强对数据资源和数据元件的管控。

数据要素产品化阶段是基于数据元件开发数据应用的过程。应用开发商作为该阶段的主体，只能通过被严格监管的元件市场获得相应的数据元件。同时，数据元件对原始的数据资源进行了隔离，应用开发商无法直接接触敏感的数据资源，只能通过对数据元件的组合与再加工形成新的数据产品。此外，数据元件开发商作为数据价值链的重要一环，也必须接受安全管控和流程审计。

经过上述数据资源要素化和数据要素产品化的两级隔离，原始的数据资源被充分过滤和脱敏，最终形成安全的数据产品在公开市场上流通。上述数据价值开发的全过程是在资源管控、元件管控、产品管控这三级安全管控下进行的，三级安全管控围绕技术环境、管理制度、流程审计三方面加强安全措施，控制风险，如图 3-3 所示。

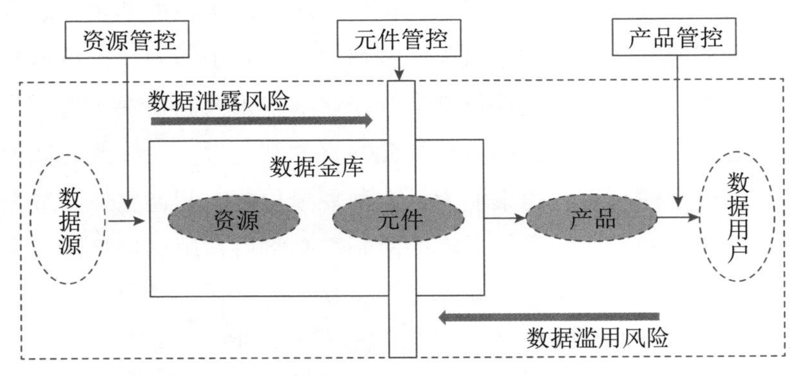

图 3-3　以数据元件为中心的双向风险隔离

综上所述，数据元件实现了数据资源与数据应用的解耦，形成数据有效保护层，从而隔离了数据从资源端到应用端的泄露风险以及从应用端到资源端的篡改风险、滥用风险，促进数据高效流通和安全配置，破解数据流通与安全对立的难题。数据元件具有“数据可用不可见、数据不动程序动、数据不动价值动”的特点，使原始的数据资源在应用过程中不直接流向应用端，隔离了数据泄露的风险；数据应用端在数据使用过程中不直接接触原始数据，隔离了数据被滥用和被篡改的风险。

6. 数据元件是经过封装的对象化的数据标品

数据要素市场化的目标是实现要素跨利益主体的自由流动和规模化应用。在这种大规模数据应用的场景中，一端是品类丰富的原始数据，它具有来源分散、海量、易变动等特点；另一端是海量的数据产品和服务，它具有应用多样、丰富、易变动等特点；而数据元件处于两者之间，呈现出“沙漏”的形态。数据元件的引入使得原本无数条从数据来源到数据应用的价值释放路径发生了聚合，使得数据要素规模化应用的问题得到了简化。

数据元件作为数据要素化治理的输出结果，是一种适合规模化应用的数据初级产品。数据要素化治理通过将众多不同来源、不同品类的数据资源聚合加工成为以元件形态存在的数据标品，进而支持差异化的用户需求和多样化的数据应用。数据在应用侧是开放的，随着技术演进和社会发展，新的需求和新的应用不断产生。当新应用出现时，如果每次都需要重新进行定制化的数据开发，将会极大阻碍数据的应用效率。因此，数据要素的规模化应用要求提高面向非特定应用的数据可用性，通过数据元件这种统一的、标准化的数据形态服务于多种差异化的数据应用，通过数据元件的拼装、组合和再加工创造出新的服务能力，催生出新的应用形态。

这种面向非特定应用的数据可用性，本质上是要求在不同应用之间可以方便地实现数据重用。类比于软件开发中的代码重用，在技术上惯常的解决方案是进行适度的抽象和封装，并对访问接口进行标准化。数据元件的设计正是借鉴了这种思路。

数据元件实现数据与应用分离的基本原理是进行两层的抽象。首先，对多样化的数据应用按照场景进行分类整理，抽象形成场景域。场景域是对场景和应用的合并，同一场景域内的不同应用共享着相同的数据基础；其次，从场景域中抽象形成稳定的数据对象。功能与服务在信息系统中往往会伴随需求反复变动，具有不稳定的特点；而场景中的对象及其属性却相对稳定，不同的功能表现，常常只是一组相同对象的不同组合与协同方式。

数据元件通过对场景域中的数据对象进行抽象和封装形成数据标品。对象化使数据脱离具体的应用功能，以更稳定的形态实现跨应用的数据重用。进而，通过产品化的封装实现数据要素的标准化、规范化。经过封装形成的标准化的数据元件具有统一的标识体系、统一的访问接口，在方便数据重用的同时也可作为计量和定价的基本单位。

3.2 数据元件的类型和属性

3.2.1 数据元件的类型

数据元件按照形态可分为四种类型，分别是组态数据元件、模态数据元件、组合态数据元件和异构态数据元件。组态数据元件是原始数据经过脱敏后，对关联字段进行重新组合加工形成的数据集，常见的加工方法包括数据拼接、数据合并、特征选择、分组和区间化等。模态数据元件是对原始数据进行了一系列数学建模后形成新的数据特征，常见的建模方式包括数据聚合、特征优化、特征提取等。组合态数据元件是以组态和模态数据元件组合而成的数据集。异构态数据元件由结构化数据、半结构化数据、非结构化数据等多种类型的数据构成，是将数据表、图片、音频、视频等多种类型的数据进行统一的标准化加工形成的数据特征或数据集。

根据数据元件制作过程的不同，可以将数据元件分为两大类，一类是标准数据元件，另一类是定制数据元件。标准数据元件是指根据数据的通用要求和使用用途，提前按照标准治理工序进行加工、开发和生产的数据元件。定制数据元件是指根据不同的应用需求开发的数据元件。一般来说，标准数据元件的适用性比较广泛，而定制数据元件具备更强的业务属性，满足某种特定业务需求。

3.2.2 数据元件的属性

数据元件是原始数据与应用之间的数据初级产品和交易标的物，具备价值属性、安全属性和质量属性，在实现数据的风险隔离与安全管控的同时，可提升数据价值密度，实现数据资源的产品化流通和规模化应用。

1. 价值属性

数据在开发利用过程中，其形态不断转化。从数据资源到数据元件，再到数据产品的形态转变，使得数据更有效地承载高价值信息，推动由“数据资源”转化为“数据资产”。

数据在深入挖掘过程中，其价值不断释放。从数据资源到数据元件的转化提升了数据品质，提高了数据价值密度和标准化程度，实现了第一层的数据增值。从数据元件到数据产品的转化完成从标准化的数据元件到特定应用场景和专业化服务的适配，实现了第二层的数据增值。

在这样一个数据价值释放的价值链条中，数据元件处于关键性的位置。数据元件的价值贡献主要体现在两个方面：一方面，数据元件是信息的载体，包含原始数据所携带的信息，满足业务场景的需求；另一方面，数据元件是交易的标的物，可以作为数据资产计量和定价的基本单元，解决数据资产化的问题。因此，可以从以下四个维度说明数据元件的价值属性。

（1）数据元件是一种近数据源的信息载体。数据元件是对归集后的数据资源进行整理和封装的结果，这种形态的转变提高了数据面向规模化应用和市场化流通的可用性。传统的面向应用的数据产品开发过程，针对具体应用的特定要求，对原始数据进行了深度的处理，在提升应用效果的同时也使得数据产品的适用范围显著缩减。而数据元件的引入旨在推动数据要素的规模化应用，重点关注的是提升面向非特定应用的数据可用性，以及跨应用的数据重用能力。通过数据元件这种统一的、标准化的数据形态服务于多种差异化的数据应用，通过数据元件的拼装、组合和再加工创造出新的服务能力，催生出新的应用形态。因此，数据元件是处于数据资源和数据应用之间的“中间态”，但这种“中间态”更偏近数据源，更强调通用性，是对数据资源的初级加工。加工过程中将尽可能保有原始数据中蕴含的全部高价值信息，而将进一步的深度处理放在后续的应用开发阶段。

（2）数据元件是具有稳定形态的数据初级产品。当前数据的应用和流通方式更多是直接基于资源的交换。因为原始数据资源具有来源分散、海量、易变动等特点，虽然已存在诸多数据资源开发应用的成功案例，却很难进行规模化的复制和推广。而从数据资源到数据元件的形态转变，本质上是一种资源产品化的过程。产品化过程实现了数据资源的标准化和规范化，有助于数据的规模化应用和市场化流通。具体而言，数据元件通过对场景域中的数据对象进行抽象和封装形成数据标品，通过元件化的封装实现数据要素的标准化、规范化。经过封装形成的标准化的数据元件具有统一的标识体系、统一的访问接口，更方便进行跨应用的数据重用，同时也可作为计量和定价的基本单位。通过将数据资源开发成为以数据元件为载体的数据初级产品，实现数据可确权、可计量、可定价、可监管和安全流通，实现数据资源与数据应用解耦，推动了数据要素市场化的高效配置。

（3）数据元件是数据交易市场中的交易标的物。为便于通过市场进行大规模的流通和交易，数据交易的标的物需要具备稳定的标准形态、清晰的权属关系。同时，因为数据的特殊性，标的物还需要能够防范数据安全和隐私泄漏的风险。直接交易原始数据情况下，确权难度大、安全风险高。通过引入数据元件，将数据确权分解成针对数据资源、数据元件、数据产品的三阶段确权，在确保数据价值有效传递的前提下，逐级降低隐私和安全风险，降低确权和安全管控的复杂度，使数据交易的复杂问题得到有效解决。因此，数据元件通过将变动的、分散的、海量的数据资源转化为稳定形态的数据产品，相对于原始数据来讲，具备了可确权、可计量、可定价、可监管的优势，更适合取代原始数据作为流通和交易的标的物。

（4）数据元件是数据资产计量和定价的基本单元。数据没有稳定的形态，其价值难以合理计量。而数据元件则可通过建立统一的标准来规范其范围、颗粒度和体量等，形成统一的计量基础。同时，配合安全审核程序和流通协议要求，通过约定数据元件这一交易标的物的规格和属性，明确其用途和交付方式，从而可对交易的数据元件内容进行合理的计量。进而，可基于这一标准形态，通过数据元件的信息密度、体量和质量等因素，构建数据元件价值模型，从而对数据元件信息价值进行评估。以数据元件的信息价值为基础，成本、收益为辅，加入应用场景、收益率等影响因素作为调节系数，构建数据元件定价体系，实现数据元件的价格评定。

2. 安全属性

从数据安全来讲，通过将数据资源加工成数据元件这一数据初级产品，隔离了原始数据与业务应用，面向原始数据通过脱敏和特征提取屏蔽了数据安全风险，面向业务应用又提供了高密度的信息价值。因此，可以从以下三个维度说明数据元件的安全属性。

（1）信息过滤。从数据资源到数据元件的加工过程，不仅仅改变了数据的形态，实现了数据的标准化和规范化的封装，还完成了对原始数据资源中敏感信息的过滤，提高了安全性。具体而言，数据元件的加工中通常采用两种方式实现信息的过滤。第一种是通过对原始数据的关联字段进行数据拼接、合并、分组、区间化等组合加工，形成组态数据元件；第二种是对原始数据进行数据聚合、特征优化、特征提取等一系列数学建模后形成新的数据特征，进而封装，形成模态数据元件。这些对原始数据的重组和特征操作包含了对数据中语义信息的理解，它们也是数据元件的一部分，算法和算法处理形成的数据集共同构成了数据元件。

（2）风险隔离。在风险隔离方面，作为“中间态”的数据元件在起到数据资源与数据应用解耦作用的同时，可以有效形成数据保护层，实现数据从资源端到应用端的泄露风险以及数据从应用端到资源端的滥用风险的双向风险隔离。具体而言，数据元件具有“数据可用不可见、数据不动程序动”的特点，使数据在应用过程中不直接流向应用端，隔离了数据泄露的风险；数据应用端在数据使用过程中不直接接触数据，隔离了数据被滥用和篡改的风险。

（3）安全管控。在安全审核方面，通过对数据字段及其组合关系进行安全审查，消除数据元件交易中的隐私与安全风险，从而为高效流转提供市场和安全保障。在安全监管方面，数据元件作为交易标的物，既精简了数据资源到数据应用之间复杂多样的链接路径，又发挥了数据全生命周期追溯管理的关键节点作用，有效实现对数据流通交易的精准监管。以数据元件为基础，可以围绕技术环境、管理制度、流程审计等三方面的措施，对数据资源、数据元件、数据产品进行三级安全管控，构建数据安全保障，以实现数据要素的安全流动与高效配置。

3. 质量属性

数据元件的开发过程也是数据价值的释放过程。从数据资源到数据元件的转化提升了数据品质，也提高了数据的价值密度。而数据品质的提升与数据元件的质量属性密不可分。作为标准化规范化的数据初级产品，数据元件需要满足完整性、准确性、及时性、规范性等质量属性的要求。

（1）完整性。数据元件往往采用对象化的方式对数据资源进行整理和加工。对于数据元件中所包含的对象，应当尽可能完整地覆盖其静态属性和动态活动。数据的完整性是从数据采集到的程度来衡量的，是应采集和实际采集到的数据之间的比例。在数据元件的加工过程，因为数据源或处理和传输过程的差错，可能导致对象属性信息部分缺失，或者对象活动信息遗漏，造成完整性的变化。

（2）准确性。数据元件的准确性取决于数据来源和数据加工过程两个方面。首先是数据来源。数据来源及其采集方式决定了原始数据的误差和精度。因此在数据元件的开发中需要加强源头治理，厘清数据脉络，做到“一数一源”。其次是数据归集和加工过程的可控程度。可控程度高，可追溯情况好，数据的准确性容易得到保障；而可控程度低将导致数据造假后无法追溯，则准确性难以保证。

（3）及时性。多数数据对象的属性和状态都随时间变化，导致数据的价值随时间的推移不断降低。因此，在数据元件的加工过程中，必须注意数据的时效性。也就是说，不仅要看元件中的数据对象是否完整准确，还需要注意对象的状态更新是否及时。为确保数据元件的时效性，除了保证数据采集的及时和数据处理的效率之外，还需要从制度和流程上保证数据在各个处理环节之间流转的及时性。

（4）规范性。数据元件是规范化的数据初级产品，这种规范性主要体现在三个不同的方面。第一是标识统一。数据元件中涉及众多的数据对象，对象之间往往存在复杂的关联关系，并且可能因为使用的要求被拆分进不同的数据元件之中。此时，为确保不同元件之间对象的关系不被破坏，为数据对象建立统一的标识体系至关重要。第二是接口统一。标准化的元件访问接口和数据交付方式是实现数据元件规模化应用的前提。第三是内容一致。正因为元件中的数据对象存在广泛的关联，导致同样的属性或状态数据可能通过不同的方式被直接或间接地获得。如果这些不同方式所获得的数据之间存在差异，就将造成冲突，进而影响数据的正确使用。为确保数据元件的规范性，实现标识统一、接口统一和内容一致，数据元件的开发必须和数据元件的标准制定同步开展。

3.3 数据元件的开发和应用

3.3.1 数据元件的生成原理

1. 数据元件的生成过程

数据元件是数据要素化治理的成果载体，其生成过程是数据价值持续提升的过程。伴随该过程，数据中的信息密度和数据的可用性均得到显著提升。

数据元件生成的过程模型如图 3-4 所示，涵盖数据归集、数据清洗处理、数据资源管理、数据元件开发、数据元件交易共五个阶段 20 道工序。实际的数据元件加工过程可以使用该模型作为基础，通过剪裁、展开和细化，部署具体的业务流程。

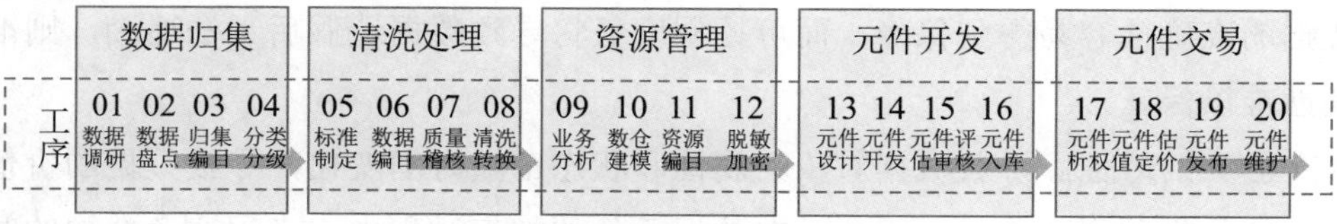

图 3-4 数据元件生成的过程模型

（1）数据归集。数据归集是数据元件生成过程的第一个阶段。该阶段需要完成对数据源的调研和盘点，解决数据源登记问题。数据来源可以是政府、组织（事业单位）、企业和个人。根据《数据安全法》的规定，在原始数据正式进入数据元件加工工序之前，必须对数据来源进行登记管理，确定数据源数据控制方和主体权益方，并留档保存。在此过程中，评估机构也会对其真实性、合规性进行数据资源评估和安全审核。完成数据源登记管理后，根据数据源敏感程度、存储形态等，确定数据归集方式。在此基础上，由技术人员借助数据归集系统完成数据资源归集，同时对归集后的数据进行分类分级管理。

（2）数据清洗处理。数据清洗处理是数据元件生成过程的第二个阶段。该阶段是确保数据元件生成质量的关键环节，除了技术手段和相应工具的支持之外，最重要的是制定完善的数据标准体系。基于统一管理的数据标准体系，技术人员可以对归集数据进行编目处理和清洗加工，提升数据质量，形成标准化的数据资源。此外，审核测试人员也可依据数据标准体系，对清洗加工后的数据资源进行质量稽核，确保数据的品质。

（3）数据资源管理。数据资源管理是数据元件生成过程的第三个阶段。众多来源的原始数据经过归集和清洗后成为加工数据元件的“原料”，但这些“原料”需要以统一的方式进入数据仓库集中管理，以方便后续的加工和使用。数据资源管理完成数据资源从清洗后经数据加工流向数据仓库的过程，提供数据元件开发所需的数据资源，实现对数仓加工流程和任务的统一管控。该过程包括业务分析、数仓建模、资源编目几个关键环节，并在数据进入数仓时通过脱敏和加密等处理进行初步的安全管控。

（4）数据元件开发。数据元件开发是数据元件生成过程的第四个阶段，由具有资质的数据元件开发商在特定的技术平台上完成。该过程主要包括元件设计、元件开发、评估审核和元件入库四道工序。

在元件设计的工序中，数据元件开发商基于市场需求或数据产品要求，通过设计过程完成数据元件的定义。元件定义是元件开发的基础，主要完成元件业务属性的定义，包括元件基本信息定义、开发元件模型所需的数据资源、元件信息项和元件服务配置。

在元件开发的工序中，需完成元件模型开发和元件生产的任务。数据元件模型基于样本数据进行开发训练，通过多次测试调优完成。初步完成模型开发后，调用数据资源的样本数据执行数据元件模型，判断元件模型的可用性。随后，使用全量生产数据调优元件模型，确认元件模型性能达标后提交元件模型审核。完成数据元件模型开发后，将数据元件导入元件生产环境，自动加载预先定义好的全量数据生成数据元件结果。整个过程在特定的生产环境中自动化完成，全量数据对于元件开发商不可见，即“原始数据不出域、数据可用不可见”。

评估审核工作贯穿元件定义、模型开发、元件生产等多个环节。元件定义提交后，数据资源的运营方需对数据资源范围、负面清单、数据元件定义内容进行审核，审批通过后方可启动数据元件模型的开发和调试。元件模型提交后，需要进行代码审计、恶意脚本检测、高危命令检测和已知漏洞检测等评估审核。完成元件生产后，需要对数据元件进行数据元件模型复核、数据元件结果审核和结构化要求审核。

完成所有设计、开发、审核工作后，数据元件入库进入交付和流通环节。

（5）数据元件交易。数据元件交易是数据元件生成过程的最后一个阶段。对入库的数据元件进行析权和估值定价后，数据元件在数据流通平台上发布，供数据应用开发商检索和使用，最终实现数据要素化流通。数据元件交付后，仍需根据数据元件交付方式、更新频率、使用时长等进行数据资源和数据元件的持续、长期的运维和更新。

2. 数据元件的封装准则

数据元件是为应对数据要素大规模应用和市场化流通而产生的新的信息组织方式，是对原始的数据资源进行整理和封装而形成的数据标品。通过适当的抽象和封装，数据元件具备了规范化的数据形态和标准化的访问接口，可以更有效地支持多样化的数据应用，同时也更方便进行共享和流通。为了更好地实现上述目的，在进行数据元件的抽象和封装过程中，需考虑以下的准则。

（1）对象化准则。为实现数据与应用的分离，数据元件对原始的数据资源进行了两层的抽象。首先，对多样化的数据应用按照场景进行分类整理，抽象形成场景域。其次，从场景域中抽象形成稳定的数据对象。场景化和对象化使得数据脱离具体的应用功能，以更稳定的形态实现跨应用的数据重用。功能与服务在信息系统中往往会伴随需求反复变动，具有不稳定的特点；而场景中的对象及其属性却相对稳定，不同的功能表现常常只是一组相同对象的不同组合与协同方式。因此，数据元件是以对象为中心的信息组织方式，在进行对象化封装时，归属于同一对象的属性数据优先考虑封装进同一元件。

（2）规范化准则。数据元件是规范化的数据初级产品。通过元件化的封装可实现数据要素的标准化、规范化。因此，数据元件的开发需要遵循完善的数据标准体系，经过封装形成的标准化的数据元件应该具有统一的标识体系、统一的访问接口，以便在不同应用中高效地进行数据重用，并在大规模的数据共享和流通中进行方便的管控。同时，还需要为场景域内的数据对象建立统一的编码体系，确保跨元件的编码一致性。

（3）信息过滤准则。数据要素市场化的过程推动数据在众多不同利益主体之间进行规模化的流转，加剧了安全风险。因此，必须借助数据元件实现数据风险的双向隔离，以降低数据泄露、数据滥用和数据篡改等风险。在数据元件的封装过程中，也需要妥善考虑数据安全和隐私保护等问题，通过筛选、组合、变换等手段，对涉及安全和隐私的数据进行过滤和脱敏。

（4）场景一致准则。数据对象的应用与其场景密不可分，不同场景往往侧重于关注相同对象的不同属性和状态。同时，不同场景中相同对象的属性和状态数据也可能来源于不同的治理主体或利益主体。正是因为数据来源和应用方式随场景而改变，为便于后续的析权和应用，对于比较复杂的数据对象，可考虑按照场景域对数据对象的属性和状态数据进行切分，封装进不同的数据元件之中。但在切分中需注意，必须确保不同元件中相同的数据对象具有相同的编码和标识，以免在元件组合应用时发生冲突。

（5）风险分级准则。对于复杂的数据对象，其众多的属性和状态数据敏感程度并不相同，泄露可能引发的风险也存在巨大差异。因此，将这些不同风险水平的数据封装进同一个数据元件并不合理，也违背了数据分类分级管理的基本原则。此时，需考虑风险分离的准则，对同一对象不同风险等级的属性和状态数据进行切分，封装进不同数据元件之中。类似于场景分离，风险分离时也必须确保不同元件中相同的数据对象具有相同的编码和标识。

（6）价值分层准则。对于复杂的数据对象，其众多的属性和状态数据因为稀缺程度不同而存在着显著的价值差异。将这些价值差异巨大的数据封装进同一个数据元件也不合理，会影响数据元件后续的定价和价值开发。此时，需考虑价值分离的准则，对同一对象不同价值 / 稀缺等级的属性和状态数据进行切分，封装进不同数据元件之中。价值分离时也必须确保不同元件中相同的数据对象具有相同的编码和标识。

3.3.2 数据元件的应用原理

1. 数据元件应用原理概述

经过五个阶段 20 道工序的加工过程，众多不同来源的原始数据被整理加工成为数据元件，实现了数据资源的要素化。数据元件是数据要素化治理的信息载体，是经过封装的对象化的数据标品。

引入数据元件这种新的数据形态之后，数据资源的价值开发过程在技术上被划分成为数据元件开发和数据元件应用两个阶段。数据元件成为链接分散的数据资源和多样化的数据应用之间的“中间态”。引入数据元件这种“中间态”，完成了数据资源与数据应用的解耦，有助于实现规模化的数据流通和应用、市场化的数据资源配置和更高效的数据风险隔离。从规模化的角度，数据元件使得原本无数条从数据来源到数据应用的价值释放路径发生了聚合，使得数据要素规模化应用的问题得到了简化。从市场化的角度，数据元件相对原始的数据资源在确权、计量、定价、监管等方面具有显著优势，更适合作为数据流通和交易的标的物。从数据安全的角度，数据元件隔离了原始数据与业务应用，面向原始数据通过脱敏和特征提取屏蔽了数据安全风险，面向业务应用又提供了高密度的信息价值。因此，数据元件是适应数据要素化的信息组织方式，可以更有效地支撑起规模化、市场化的数据开发和应用体系。

数据元件的开发和应用体系具有平台化和网络化的特点，以数据元件加工交易中心为基础实现数据元件的开发和交易，以数据要素网为基础实现数据元件的流通和交付。

一方面，数据元件的开发应用涉及众多利益主体、海量分散的数据资源、复杂的业务流程。同时，开发和应用过程还必须做到高度可控、可管、可追溯，以保证加工和应用过程的安全性。为实现上述目标，必须借助统一的技术平台实现对于参与主体、数据资源、业务流程的高效组织和安全管控。因此，需构建数据元件加工交易中心，以数据元件作为加工和交易的基础单元，组织协调相应的主体和资源，围绕数据元件进行规模化开发、产品化流通和平台化运营。

另一方面，数据元件的应用丰富、参与应用开发的主体众多。如何帮助这些在地理空间中分散存在的独立主体快速地查找所需要的数据元件，并完成对数据元件内容的高效访问，是实现规模化应用的另一个重要条件。为此，需要构建数据要素网解决数据元件的高效交付和安全流通问题。通过数据要素网的分区分域统筹构建，结合数据分类分级、存储分层分布、统一设施标准、明确管理权责等一系列措施，既保障数据可控可管，又保障数据要素互联互通。

2. 平台化的数据元件开发应用体系

为确保数据元件的开发应用过程有序、可控地进行，需构建数据元件加工交易中心，采用平台化的方式进行相关过程的管控和运营。数据元件加工交易中心将数据资源加工为可析权、可计量、可定价、可管控的数据元件，实现从数据归集到数据元件加工、流通交易全生命周期的数据要素开发交易流程。

（1）平台化的开发应用将带来以下三方面的能力优势。

确保数据元件开发应用全流程的可控可管。通过对原始数据资源进行治理和加工形成标准化的数据初级产品，降低了原始数据的安全风险，兼顾了数据安全与流通需求。同时，平台围绕数据元件流通交易的全流程设计了数据要素标准化工艺，为数据元件的设计开发、确权授权、收益分配、流通交易、安全合规等提供有效的支撑和保障。

实现数据与算力资源的统一管理。平台围绕数据清洗处理、数据资源管理、数据元件开发及数据元件交易等数据元件开发应用的全流程，实现数据与算力资源的统一管理，向下配置数据中心和算力中心等基础设施资源，向上适配数据归集、数据处理、元件开发、元件维护、元件交易等各类数据治理相关工具和应用。

实现数据治理各项工序与任务的集中调度。平台通过对标准、安全、合规、质检、定价评估等系统进行精细化的控制，可实现软件定义的任务编排和进程管理，提供自主可控、安全可靠、高效流畅的大规模加工数据元件的基础能力，为数据要素安全、规模化地生产和流通提供了可能性。

（2）数据元件加工交易中心主要包括三个部分，即数据要素操作系统、数据元件生产流水线和数据元件交易平台。

数据要素操作系统是数据元件加工交易中心的核心，是对数据要素化流程和任务，以及数据要素化所涉及的软硬件资源、数据资源进行调度管理的系统软件。借助数据要素操作系统，可实现数据和算力资源的统一管理，实现各项工序和任务的集中调度。此外，借助数据要素操作系统还可以实现要素化工艺化全流程的“软件定义”，同时确保数据要素规模化加工的安全可信。

数据元件生产流水线按照五个阶段20道工序的流程实现数据元件的规模化开发、生产和审核。流水线包括生产和审核两条主要的业务线条。生产线链接四个关键的业务系统，包括数据清洗处理平台、数据资源管理平台、数据元件开发平台和监管平台；审核线链接安全、合规、标准、质检四大支撑系统，为数据元件的开发、生产、监管提供全流程的保障。

数据元件交易平台主要面向数据应用开发商，为数据元件供需双方提供数据需求、元件交易、元件交付、售后服务等全流程的服务支撑，构建安全、可控、合规、标准的流通交易通道，并在收益分配方面由定价评估系统进行智能化支持。

3. 网络化的数据元件流通交付体系

数据元件作为支撑数据要素流通和交易的关键标的物，需要为其构建一个流通网络实现其在各方之间的高效分发与安全交付。

数据要素网要能够支撑以下三点基本功能。

统一的数据整合。数据元件的开发需要将各地方、各行业中海量、分散的数据资源重新进行归集、整理和加工。为此，要借助统一的数据要素网完成分散数据资源的汇聚和整合。

高效的数据交付。数据元件是数据产品开发的基础，也是数据流通的基本单位，数据流通网络须高效地支持海量用户高并发实时性的访问需求。

可控的数据流通。数据不同于传统商品，其具有显著的非排他性、复制成本低、未授权使用与数据泄露风险高等特点，易造成数据流通价值的失效。为此，数据流通网络需构建体系性全过程可控的数据流通机制，确保数据元件流通和交易的安全保障与追溯审计。

通过构建全国统一的数据要素网，可打破各地方、各行业之间的数据要素流通壁垒，将各地方、各行业的数据资源基于统一的标准进行整合；从数据要素存储、传输、开发和利用等各个节点着手，实现数据要素的分类分级流转；通过加强安全建设，保障流通网络的数据安全性，并从技术和管理等各个层面落实数据安全保护的要求，实现可控可管的数据要素互联。

数据要素网以数据金库作为核心节点，包括数据金库网和数据要素网（外网），实现核心数据、重要数据的归集以及数据资源和数据元件的安全流通。

数据金库是由主管部门监管，统一标准、自主可控、软硬一体、安全可靠的数据基础设施，用于核心数据、重要数据、敏感数据和数据元件的存储计算和互联互通。同时，以数据金库网作为承载网络，建立配套的安全技术、法律制度、监管体系“三位一体”的保障体系，为确保数据要素安全运行提供支撑。

数据金库网是数据金库内部的基础网络，用于支持数据资源的归集，并实现国家、省、市三级数据金库的互联互通。数据要素网是以数据元件作为流通对象，配套数据交易中心和数据交易所等基础设施，实现数据元件规模化交易和安全流通，是国家数据要素流通、监测、管理的重要基础设施。

通过数据要素网可高效地完成数据元件的交付。元件可以支持多种交付形态，包括结构化数据、半结构化文件和非结构化文件，可以通过 API 接口、库表、文件等方式实时或按照固定频率提供数据服务，交付过程遵循严格的流程管控机制，保证数据安全。

第4章
数据要素流通模型

数据要素流通模型是开展数据流通交易、释放数据价值的重要理论基础。要培育数据要素市场，促进数据要素流通，充分发挥数据要素对经济发展的贡献，就需要对数据要素市场的产权制度、流通体系和分配方式进行科学的设计。本章围绕数据要素的产权体系、市场化流通体系、收益分配制度三个方面构建数据要素的流通模型。通过对数据要素流通的相关概念、内涵及研究进展进行梳理，阐释数据要素的确权模型、市场化流通模型、收益分配模型。在此基础上，提出基于数据元件的数据要素流通模型。

4.1 数据要素产权体系

4.1.1 产权理论

经典经济学理论认为，只有明确生产要素的产权，并使其能够进行定价和流通，要素的价值才能充分释放，资源才能实现有效配置。诺贝尔经济学奖得主道格拉斯•诺思的《西方世界的兴起》认为，近代西方国家之所以快速发展，是因为形成了一套有利于市场发展的制度体系，其中最重要的是产权的确立。德索托则在《资本的秘密》一书中通过对第三世界经济发展的分析指出，很多发展中国家经济发展滞后的主要原因是没有建立完善的产权制度。所以人们普遍的看法是产权界定越清楚越容易发挥市场效率。数据是一种新型生产要素，为了使其进行充分的市场化流通，自然需要清晰界定数据的各种权利。

产权是财产权利的简称，是一种赋予人们对物品（财产）的法律控制权的权利体系，这里的物品可以是任何有形或者无形的资产。产权、所有制的概念早在人类社会早期的氏族社会就已经被孕育。早期人们对产权概念的讨论着重于哲学和伦理学方面的含义，现代产权理论发端于经济学家罗纳德·科斯。虽然科斯并没有具体阐述产权的定义，但他在著作中多次强调了产权对于经济发展的重要性，以及政府在确立产权制度中的作用。

科斯在无线电频率资源分配的文章中阐述了他的观点，相互竞争的广播电台可以使用相同的频率，因此会干扰彼此的广播。科斯提出，只要这些频率资源的产权得到明确界定，在没有交易成本的情况下，两个电台将达成互惠互利的交易，广播权最终将归于能发挥其最大价值的一方。科斯在 1960 年发表的《社会成本问题》一文中将上述论点总结为科斯定理。科斯定理表明了产权对于市场的重要性，只要有清晰的产权，人们自然会“讨价还价”，最终形成一个合理的价格。但是，研究者们认为科斯定理太过理想化，现实中的交易通常成本极高，因此，科斯定理在现实经济中几乎不适用。在交易成本大于零的世界里，不同的权利界定会带来不同效率的资源配置。

交易成本不仅体现在产权确定之后的讨价还价阶段，还体现在产权界定阶段过程中。张五常提出，明晰界定产权和零交易成本是一个问题的两种表述，只要在现实社会中，交易成本就不可能为零，因而产权也必然难以明晰。[①] 因此，我们需要权衡权利界定的交易成本和资源配置效率提升所带来的利益增加，容易界定的权利可以先清晰界定，而界定成本过高的权利则可以留待未来需要的时候再进行界定。在数据要素化过程中，借鉴现代产权理论的基本思想，从界定数据的部分权利开始探讨数据要素的产权问题。

下面我们对数据要素的产权问题进行讨论，重点对数据确权的挑战进行详细分析，最后提出数据要素的确权思路。

4.1.2 数据确权的挑战

数据权属的确定对于数据的大规模市场化流通具有重要意义。数据产权的不清晰会对数字经济发展产生负面影响，已引起国内外学者的广泛关注。虽然许多国家已经围绕数据的使用进行了立法，但大多是从国家信息安全以及个人隐私保护的角度出发，尚未有从产权角度清晰界定各类数据权属关系的立法，数据确权问题仍充满挑战。

---

① 张五常 . 关于新制度经济学 [M]// 沃因，韦坎德 . 契约经济学 . 北京：经济科学出版社，1999.

数据确权之所以困难，一方面是由于数据往往涉及众多参与主体，要同时协调诸多主体的交易成本是相当高的；另一方面是由于人们对数据的利用还处于早期探索阶段，对数据的认识还不够全面，使用数据的模式也在不断演进，存在很强的不确定性。具体而言，数据确权面临如下困难。

数据权利的基本范畴和内涵缺乏共识。比如在数据财产权内容上，有学者认为，该权利属于数据制造者对数据集合的占有、处理、处分的财产权；① 也有学者认为数据财产权包含数据经营权与数据资产权；② 也有学者认为依据以意志论、利益论为代表的传统权利理论，无法给数据确权，而应当通过算法规制反向实现数据确权。③

在确权客体上人们的看法也有较大差异。韩旭至指出，大家探讨的数据确权的客体实际上是指大数据，其中个人对单条数据记录的权利尚未获得认可。④“淘宝诉美景案”的判例说明法院仅认可了包括原始数据与衍生数据的大数据产品具有财产性权益，个人对相关数据是否有财产性权益尚存在争议。而不少实务界的观点则认为，原始数据与衍生数据是不同的确权客体，分别对应个人信息权利与企业数据权利。企业数据权利即企业对于其投入成本收集个人信息，再加工处理而成的各类数据资源，应当可独享与之相关的经济利益的权利，但这种权利与个人信息权利的主张相冲突。④

数据权属的初始分配不仅是一个技术问题，还与数据本身的特性紧密相关。数据的非竞争性、非排他性和非独占性导致数据权属分配异常困难。如果缺少合理的数据权属分配，数据非排他性将导致用户可以免费使用由数据生产者所采集生产的数据，从而降低数据生产者的积极性，减少数据资源供应。如果数据与众多主体权利相关，产权非常零散化，一个所有者的决定会影响其他所有者的权利。⑤

---

① 许可．数据保护的三重进路——评新浪微博诉脉脉不正当竞争案 [J]. 上海大学学报：社会科学版，2017（6）.

② 龙卫球．再论企业数据保护的财产权化路径 [J]. 东方法学，2018（3）.

③ 韩旭至．数据确权的困境及破解之道 [J]. 东方法学，2020，73（1）：97-107.

④ 戴昕．数据隐私问题的维度扩展与议题转换：法律经济学视角 [J]. 交大法学，2019，27（1）：35-50.

⑤ Duch-Brown N, Martens B, Mueller-Langer F. The economics of ownership, access and trade in digital data[Z]. Digital Economy working Paper, JRC Technical Reports, 2017.

消费场景中，隐私成本会影响数据产权的配置。当数据价值较低时，隐私成本超过了数据处理成本，市场倾向于让消费者拥有权利。而当数据价值更高时，市场倾向于让企业拥有权利，这样能更好地利用数据，也可以通过补偿消费者隐私损失让消费者获得更多好处。

此外，学界在讨论数据确权问题时，尚未认识到数据流转过程中复杂的权属结构。数据要素流通交易是一个多主体参与复杂过程的链条，在“数据资源—数据要素—数据产品”的数据流转过程中，涉及数据收集、存储、传输、加工、使用等多方主体，这些主体在数据流转的不同阶段所扮演的角色、贡献的价值不尽相同，若未在产权分配中考虑复杂的数据流转过程，将很难准确反映出不同主体的价值贡献，也难以得到公平的产权分配结果。

针对上述数据确权的挑战，我国已在数据开放共享、数据要素流通、数据要素市场化配置等方面出台了一系列政策文件，以应对数据权利范畴和内涵共识缺乏等问题。具体关于数据要素市场化配置过程的相关方案将在第 9 章详细阐述。

4.1.3 数据要素的确权思路

完整的所有权是未加限定的一束权利，但现实当中经常看到的是所有权中的若干权利内容受到限制。从实践来看，现代企业制度中的所有权与经营权分离、我国的土地所有权和土地使用权分离制度等已经实证，产权相关的各种权利是可以分割的。《民法典》中明确规定的用益物权也说明了用益权作为受限的所有权，是可以和所有权分离的。这种权利的二元分割，为资源的更好利用提供了条件。在土地公有制的背景下，为解决我国土地资源的利用问题而创设的建设用地使用权和土地承包经营权，就是借鉴用益权制度对权利进行分割，实现了土地开发利用过程中多方主体之间的利益协调，为我国经济的高速发展提供了强大支撑。

申卫星认为，在数字经济背景下，将用益权制度扩展至数据领域能够让数据权益在源发者和处理者之间形成合理的分配，能够实现数据用益权人对数据的单独支配，促进企业对数据的积极利用，充分挖掘数据的经济价值，从而大大提高数据的利用效率。[①] 在数据要素流通过程中，企业、个人和各种组

① 申卫星 . 论数据用益权 [J]. 中国社会科学，2020，299（11）：110-131.

织之间的数据权利冲突广泛存在，引入用益权制度能够很好调和各方的利益冲突。

土地、劳动力、资本、技术等要素经历了多轮配置方式的改革探索，已建立起较为完善的产权配置体系，其由资源到要素再进行流通，需经历多环节演进过程，形态、权属、价值等均发生显著变化。

通过对传统生产要素产权化历史演进的考察可以发现，在这四类生产要素产权化的过程中存在产权结构分置的普遍规律。在产权分置的基础上，生产要素市场可进一步划分为三类市场，可从中提炼出“确定中间形态、完成三阶段确权、进行三阶段定价”的普遍规律，如表 4-1 所示。

表 4-1　四类要素产权化过程

要素	初始形态	一次确权	一次定价	中间形态	二次确权	二次定价	最终形态	三次确权	三次定价
土地	土地资源	集体/企业/个人	标准补偿	出让地块	政府	地价评估	房地产/厂房等	开发商	市场定价
劳动力	劳动资源	个人	技能评价	劳动证书	个人	价值共识	生产劳动	用人单位	绩效评定
资本	货币资源	企业/个人	固定利率	金融产品	银行	风险评估	生产资金	企业	资产价格
技术	科技资源	公有/组织/个人	市场定价	科技成果	成果所有人	价值评估	产品/服务	生产主体	市场定价

4.2　数据要素市场化流通体系

4.2.1　市场化流通的意义

流通作为链接生产和消费的桥梁，承担着实现产品价值的职能，早在古典经济学时期就有相关论述。托马斯孟在《英国得自对外贸易的财富》中指出，流通是财富的源泉，对外贸易是增加国家财富的主要途径。亚当·斯密从分工的角度论述了流通和生产之间的关系，认为流通是市场范围扩展的标志，市场范围制约着分工的程度，而分工的发展又能促进生产率增长，因而流通的扩大可以促进分工的深化和生产率提高。马克思主义经济学将社会再生产划分为生产、交换、消费、分配四个环节，流通是交换环节的重要组成部分。分工专业化引起的生产单一化和需求多样化之间的矛盾推动了流通的发展。流通的最终目的是满足不同需求，因此，流通是产品价值实现的重要中间环节。

数据作为一种新型生产要素，其价值的发挥同样离不开高效的数据流通体系设计。各类主体对数据的广泛需求和自身所拥有的数据资源的不匹配性，使得数据流通体系的建设十分迫切。而数据隐私安全的要求和数据流通过程中容易产生的数据泄露和价值减损风险，也对数据流通提出了更高的要求。

根据流通过程中价格机制是否起作用，可以将流通方式分为市场化流通和非市场化流通。数据的流通也可以分为市场化交易而实现的数据流通和非市场化的免费数据开放而实现的数据流通。

数据的开放与共享是一种典型的非市场化流通方式。数据的开放和共享在政务领域已有诸多实践，但在其他领域仍面临较大困难，进展缓慢。以科研数据为例，虽然部分期刊在审阅文章时倡导作者将实验数据共享给其他学者，但是真正这样做的学者数量相对较少。这不仅是因为数据共享需要消耗一定成本，同时也出于对自己学术研究成果的保护。对于企业而言，其在数据收集的过程中往往已经消耗了较大成本，数据的共享也会造成其竞争力下降。因此，企业数据的开放与共享在一定程度上存在较大困难。然而，部分企业收集的数据如果能够开放给更多人使用，其为社会带来的效益可能高于其作为封闭数据的价值。以天气数据为例，此类数据已经在数据交易所进行销售，然而数据的公开或许能够为相关领域的研究提供更多便利，能够让更多学者参与天气变化、雨量预测、温度湿度变化等研究，进而为社会整体带来更多的效益。由平台收集的个人数据也是讨论的焦点之一，其中最为鲜明的例子就是医疗相关数据。当下各医疗机构所拥有的数据往往不对外公布，也极少在行业内相互分享。如果数据经过脱敏处理之后公开，或许能够对疾病的防控、分布、研究等产生积极的作用。总之，由于缺少直接收益的激励，数据提供者很难从数据开放和共享中获得好处，没有对数据开放共享的动力，也就不能推动数据在更大范围内的使用和创造更大的价值。

在一般产品的市场化流通中，由于价格具有信号作用，能够给予提供者和消费者正确的激励，较好地协调供需平衡，从而提升市场的流通效率。因此，通过构建流通体系，能够有效推动数据的市场化交易，激励数据的生产和使用，提升数据生产力。

4.2.2 市场化流通的现状

数据作为商品进行市场化流通由来已久。下面梳理了美国、欧盟和中国的数据市场情况，并进行对比分析。

1. 美国的数据市场

美国市场化流通的数据来源及其流通经营模式主要包括以下几种类型。

（1）自采数据。这类数据的获取通常基于企业自身的经营模式，比如路透社、彭博社、雅虎财经等。这些企业自身就是新闻、财经等数据的采集者和生产者，可对自身所拥有的数据进行分类、整理、储存、维护，进而销售获利。有别于前文提到的数据交易平台，此类企业自身可以保证数据的不间断产生，大多采用会员制，以接入期限为收费标准，对数据产品服务进行销售。

（2）政府数据。此类数据从政府获取，包括联邦政府数据和地方政府数据。在政府数据的流通中，数据运营主体更多扮演的是数据整理者的角色，它们通过引入政府的开放数据，或是将某些已公开但并未数据化的信息进行整合，放入集中的数据库中进行交易。对于数据购买者而言，此类数据运营主体的存在降低了其在数据收集上的成本，推动了政府数据的流通和价值释放。

（3）网络数据。由于互联网的发展，信息的来源不再依赖于传统的信息媒介，可以直接从互联网渠道中获取。比如社交网络中的个人数据等。与政府数据的收集不同，数据收集方在此时更多依靠其自身的技术手段完成数据的收集与整理。

（4）购买数据。有别于其他数据来源及其对应的获取方式，此类模式更多的是向数据服务型企业进行数据购买，通常以数据交易平台为核心，通过购买、撮合等方式实现数据的流通。

作为消费者的保护方，美国联邦贸易委员会（Federal Trade Commission，FTC）负责相关法律的制定和个人隐私的保护。在过去的几年中，FTC 为了保护消费者个人的数据隐私，对大量公司提起诉讼，包括但不限于谷歌、脸书、推特、微软等公司。尽管如此，美国在数据隐私的保护上发展依然较慢，更多依靠各州制定的相关法律对数据商提出约束。这一点从 FTC 在 2021 年 9 月交于美国国会的报告中可以看出，其中能够援引的法案仅有《联邦贸易委员会法案》第 5 条一项，主要工作内容局限在当企业涉及对用户隐私产生侵犯时，FTC 只能督导企业删除相关数据与分析程序。同时，这项工作也并不是一帆风顺的，偶尔会遭到企业的起诉，质疑其处理该事情是否合法。在报告的最后，FTC 也呼吁国会能够进一步对其行使数据的隐私保护提供更多的法律支持。

有学者呼吁，美国当下数据市场的混乱不应长久持续，数据使用方在获取个人数据后，应当珍惜数据的使用，保护数据隐私。数据公司在获取个人数据时，应当用行动证明其对个人数据的尊重，建立起与个人之间的信任。在数据使用中，着力于数据价值的挖掘，提高信息处理能力，同时减少对个人隐私信息的使用，减少或降低敏感数据的转移次数。最后，数据公司应当将数据保护和防窃取作为重要工作，从而不辜负数据提供者对数据公司的信任。

2. 欧盟的数据市场

从已有的资料可知，欧盟的数据交易模式与美国并没有明显的差异，但是欧盟的数据来源与美国相比整体较窄，主要原因在于欧盟通过相关的数据法案进行了更多的限制，不断完善数据的隐私保护、数据市场的反垄断、数据市场的交易等，因此在数据流通，尤其是个人数据的获取与使用方面更加克制。

与世界其他国家和组织相比，欧盟在数据保护方面的立法较早，其中最早针对数据中个人隐私的保护法案可以追溯至欧盟在 1981 年颁布的《个人数据自动化处理中的个人保护公约》，该法案是世界上第一部关于数据保护的国际公约。在 2016 年之后，欧盟在数据保护方面的法律法规不断完善，其立法内容涵盖了个人数据的保护、数据流通的规范、网络安全的建立，以及数据治理等相关要求。其中，欧盟委员会在 2018 年推出了《通用数据保护条例》（General Data Protection Regulation，GDPR），在法律上明确了欧盟个人关于数据保护和隐私，以及欧洲境外的个人数据出口的规范要求。在 2020 年颁布了《数据治理法案》草案，最终在 2022 年获得了议会的批准。该法案的颁布旨在促进欧盟各国间数据的流通与共享，增加公民与公司间的相互信任，提高企业在数字经济时代的竞争力。最重要的是，法案倡导建立非营利性的“数据中介”，从而完善数字时代的基础工程建设。

在 2022 年，欧盟委员会进一步公布了《数据法案》的草案，以此作为《数据治理法案》的补充性法规。在该草案中，欧盟进一步规范了数据市场中数据共享、数据持有人义务、公共机关对数据的访问、数据的保存与传输等细节内容。该草案的发布进一步加强了数据的安全保护和个人隐私数据的保护。

同年，欧洲议会和欧洲理事会就《数据市场法案》的最终稿暂时达成一致意见。根据官方已公布的信息可知，该法案旨在对欧盟的反垄断执法进行补充，对大型的数据公司设置禁止性行为，从而对欧洲数字市场的公平性与竞争性形成强有力的保护。

在完善的法律体系之下，欧盟的数据交易市场比美国更加安全，特别是在个人隐私保护方面和数据应用方面有着较为完善的规范。欧盟数据法案的设立也对我国数据市场相关法案的建立有着积极的示范作用。从法案内容上可知，欧盟的数据相关法案已着手对数据垄断进行一定的规治。同时，严格限制数据公司从第三方获取个人的相关数据，并禁止提供过度的个性化服务。虽然相关法案还并未投入使用，在个人隐私数据保护方面的具体效果还有待观察，但是相关尝试有助于增加个人与企业之间的相互信任，从而使用户在分享相关数据时更加放心。此类措施或将对教育、医疗、农业等公共事业领域的数据流通与价值释放起到积极作用。

3. 中国的数据市场

中国的数据流通市场成长快速，潜力巨大。当前，我国的数据流通模式包括以下几种模式。

（1）自产自销流通模式。与美国类似，我国同样也通过大量的数据库提供相关数据。在免费数据库中，主要由具有公共服务职能的数据主体来提供数据，比如国家统计局、公共数据开放平台等。在付费数据服务中，主要以腾讯、阿里巴巴、百度等平台企业为数据主体代表。例如，阿里巴巴营销引擎云码平台基于母公司的数据资源，精准定位用户的消费行为和购买偏好，按需向客户提供行业数据、精准营销、流量分发等服务。

（2）归集销售流通模式。与自产自销的流通模式不同，这些数据持有者自身并不产出数据，而是通过采集、归集、加工、处理，将数据形成高价值的数据产品，并向需求方提供数据产品及相关服务。例如，美林数据围绕智能制造、智慧能源、智慧水务等领域进行数据归集、治理，通过自身技术提供专业数据运营服务与解决方案；数据堂致力于大数据、人工智能行业数据服务，帮助各行业各地区建立特色的定制化 AI 数据集，提供精细化的服务产品与内容；万得通过采集网络公开数据或向合作伙伴购买相关数据的方式，归集形成具有高价值的金融等数据集，以收费形式向客户提供专业数据解决方案。

（3）平台撮合流通模式。与上述模式不同，平台撮合流通模式主要是通过对数据供需双方提供对接服务，对流通数据进行安全合规审查，实现供需双方间的数据交易。通过大数据交易机构（所）进行数据交易是典型的平台撮合流通模式。当前，大数据交易机构（所）以“国有控股、政府指导、企业参与、市场运营”为原则，[①] 承担中介角色，为数据的供需双方提供撮合交易。例如，北京国际大数据交易所、上海数据交易中心、深圳数据交易所、贵阳大数据交易所等。

我国在数据流通交易方面潜力较大，在数据市场发展过程中，上述模式主要是以数据资源的商品化利用为主，由于缺少有效的市场机制，还未形成规模化的流通交易，市场活力有待进一步激发。

另外，现阶段数据流通交易过程中的标的物有以下三类。

（1）原始数据交易。对于不涉及个人隐私信息、商业秘密等的非敏感数据（如气象数据），可采用原始数据交易的方式进行流通。通常以数据接口或库表交换的方式实现。在现实场景中，由于符合此类条件的数据量极少，此类交易方式难以形成规模。

（2）衍生数据交易。衍生数据专指经过某种方式转换加工的数据，处理手段包括但不限于数据脱敏、数据加密等。生产者为制作衍生数据花费了时间和财力，使其含有较多的信息量，成为更有“价值”的数据。此类数据在交易时能够更好地保护个人隐私信息，同时具有较高的安全性和实用性，比如彭博社、路透社所提供的金融数据集。

（3）产品服务交易。产品服务交易是指结合具体应用场景，基于数据定制开发形成可满足特定需求的产品和服务。例如，阿里巴巴、京东等平台企业通过收集、分析交易数据，了解用户行为偏好，向商家提供精准广告服务。

总之，上述交易均没有标准化的交易标的物，数据类型、产品和服务形

① 让数据变成资本 我国数据交易市场按下“快进键”[EB/OL]. https://mp.weixin.qq.com/s/o2apVpT8ywNxxS7z4mDiUA.

态、购买期限、使用方式、转让条件等均由供需双方“一对一”商定或定制化开发，这种商品化的数据利用方式很难实现数据规模化的开发和市场化的流通配置，不能满足数字经济时代市场对于数据的需求。

4.2.3 数据市场化流通的挑战

与普通商品不同，数据的可复制性、非竞争性和非排他性以及数据交易可能侵犯个人隐私的特点，导致仿照商品市场建立的数据市场面临诸多挑战。

首先，个人隐私泄露。由于个人未直接参与数据交易过程，其遭受的损失无法体现在交易价格中。从社会角度看，这样的交易越多，由个人隐私泄露造成的损失就越大。因此，个人隐私泄露问题是导致数据市场化流通进程缓慢的重要因素。

其次，生产动力不足。由于数据具有非排他性、可复制性等特点，当前数据产品的产权保护还存在诸多困难，数据生产者无法从数据销售中获取足够的利润，从而降低数据产品的生产动力，最终使得市场上的数据产品供给不足。

再次，寡头垄断效应。数据收集整理需要一定的资金技术门槛，掌握数据的企业基于海量数据及其技术优势，改进自身产品和服务的质量以吸引更多用户，逐渐形成寡头垄断。此外，数据的生产加工前期投入成本较高，后期边际成本低，出于竞争考虑，上述企业通常不愿意将有价值的数据进行交易共享，这也会阻碍数据的市场化流通。

最后，收益无法判断。数据使用带来的价值不仅在交易之前无法判断，即使在交易使用之后也很难准确评估。这种巨大的信息不对称在很大程度上抑制了数据市场的发展。

众多数据市场公司的失败也佐证了这一点，成立于2010年左右的数据交易市场在10年间纷纷转型或者消失。微软的Azure数据市场于2018年关闭。巴兹数据（BuzzData）在2010年尝试数据社交化，于2013年关闭。Infochimps在2009年启动数据市场业务，在2013年被收购，并停止数据市场业务。Timetric于2008年开始做统计和时间序列数据的数据市场，2018年被咨询公司GlobalData收购。总的来说，数据市场化流通还面临严峻的挑战。

4.2.4 数据要素流通市场构建思路

针对数据市场化流通中的问题，人们也提出了很多解决方案。

在隐私保护方面，各国政府出台了相关法律，明确了隐私保护的重要性和侵犯隐私的赔偿责任，限制侵犯隐私的数据使用行为等，这些限制可以促使数据交易双方在定价时考虑隐私成本。同时，许多企业和机构也开发了一些技术解决方案，如加密措施，隐私计算等，以确保隐私得到保护。

而对于数据非排他性导致的市场失灵问题，本质上来源于数据作为公共品的负外部性。通常的解决方法是由政府提供公共品，即由政府承担数据基础设施的建设成本，并以较低的价格甚至免费将相关数据供给公众使用。但现实中政府往往没有足够的财力，一种解决方案为引入社会资本参与数据基础设施建设，并允许其对数据使用收取合理的费用。另一种解决方案则来源于科斯定理，如果能够清晰地界定数据产权，将社会收益内化为私人收益，即投资数据生产的企业可以获得对应的收益权，就可以有效解决市场失灵问题。但现实情况是如果数据包含个人信息，则明晰产权过程中涉及的相关主体众多，难以达成共识，交易成本很高，这种类型的数据通过确权解决市场失灵的可操作性较弱。

从各国实践来看，欧洲和美国数据市场的发展与上述两种方案相近。欧洲倡议建立非营利性质的“数据中介机构”，在指定的主管当局进行备案后，为公共数据空间提供基础设施。美国则更偏向于完全市场化，在完善的数据隐私保护相关法律体系下实施较宽松的数据市场政策，允许各种主体自由探索数据交易模式。当然，从实际效果来看，国内外的数据交易市场还处于发展的初步阶段，数据交易并不活跃。如何设计数据市场的交易机制，既能给予数据生产者足够的激励以保证数据供给，又能确保数据消费者能以较低的价格获得数据来提升决策效率，仍然是数据要素流通体系建设中的核心问题。

数据中隐私含量越高，越不适合大规模的市场化交易；数据潜在用途越广泛、应用产生的价值越高，就越不适合限制数据的开发利用。基于这样的原则，隐私含量低、应用范围和使用价值明确的数据可通过许可制度形成数据市场。包含隐私的原始数据应当被限制交易，以保障数据安全和避免隐私泄露。而隐私含量较高同时又有广泛潜在应用的数据则应当通过技术手段降低隐私泄露和安全风险之后再进行流通。为了避免市场垄断，应当通过许可方式引入一定数量的开发企业，便于企业从数据开发中获取利润，提高企业参与数据生产的积极性，促进数据开发企业之间的良性竞争。需要指出的是，要保证数据能够进行有效的市场化流通，还需要有技术手段防止数据进行零成本复制，同时禁止许可的数据进行无偿的分享。

综上所述，数据的隐私保护在数据作为要素流通的过程中显得尤为重要。由于数据要素化过程存在数据元件这一“中间态”，因此数据元件或成为数据要素流通过程中解决安全和市场化配置的重要媒介。本书在数据要素市场化流通体系提出分类市场模型，即数据资源市场、数据元件市场、数据产品市场，由三类市场来隔离风险，保障数据的隐私和安全，相关三类市场体系的构建将在第 9 章中进行详细讨论。

4.3 数据要素收益分配制度

4.3.1 分配理论

经济活动中的分配，即社会在一定时期内所创造的产品或价值在社会成员间的分配，是社会再生产过程中必不可少的环节。马克思认为，物质资料的生产是连续不断进行的社会再生产过程，包括生产、分配、交换和消费四个环节，它们之间相互依存、互相制约，有机统一。分配在社会再生产中起着联接生产和交换、消费的桥梁作用。分配由生产决定，并反作用于生产。一方面，分配的客体是由生产提供的，不仅分配的水平、结构和方式由生产的发展状况决定，而且分配关系的性质也由生产关系的性质决定。另一方面，分配对生产具有反作用，这是分配功能的主要表现之一。分配不仅是生产的实现，而且是生产连续进行的必要条件。如果缺少分配，生产既无意义，也不能连续进行。如果分配与生产相匹配，就会发挥积极作用，推动生产的发展；反之，就会显露它的消极作用，妨碍生产的发展。

围绕如何构建与生产相匹配的分配制度，国内外已有诸多研究与实践。马克思根据其劳动价值论，提出了在公有制基础上实行按劳分配的主张。显然，这在生产资料完全公有制情况下，无论从公平还是效率两方面看，都有积极意义。按劳分配首先是公平的，体现了多劳多得，少劳少得。同时，按劳分配实现了奖勤罚懒，能调动劳动者的劳动积极性，提高效率。但是现阶段的生产力的水平尚不足以支撑生产资料完全公有制，因此多种所有制共存是普遍的现象，而按要素分配则是与之相适应，能够促进生产率提升的分配制度。这也是党的十九届四中全会把“社会主义公有制为主体、多种所有制经济共同发展，按劳分配为主体、多种分配方式并存”作为社会主义基本经济制度的同时，指出要“健全劳动、资本、土地、知识、技术、管理、数据等生产要素由市场评价贡献、按贡献决定报酬的机制”的重要原因。只有通过市场机制合理评价生产要素的贡献，才能充分调动各类生产要素参与生产的积极性、主动性、创造性，迸发各类生产要素的活力，让一切创造社会财富的源泉充分涌流。

由市场来评价贡献，意味着数据要素分配的核心是对数据要素进行市场定价。各类生产要素的所有者在市场交易中，要通过生产要素的供求变化和价格来反映要素的稀缺度，进而评价要素的贡献。何种生产要素更稀缺，这种要素在收入分配中的话语权就更大，市场对其评价就更高，贡献就更大，相应地其分配可能更多。因此，数据要素收益分配的核心就是如何合理衡量数据要素的贡献，给予数据要素合理的价格。

4.3.2 数据交易定价

目前数据的定价方式主要有收益法、市场法、成本法，在实际应用过程中，受诸多因素的影响，这些定价方式需要结合应用场景混合使用。

1. 商品的交易定价

在市场交易活动中，对商品的交易定价通常参考收益法、成本法和市场法三种方式，以及竞价交易和议价交易的规则制度。

收益法是通过将被评估企业预期收益资本化或折现至某特定日期以确定评估对象价值。其理论基础是经济学原理中的贴现理论，即一项资产的价值是利用它所能获取的未来收益的现值，其折现率反映了投资该项资产并获得收益的风险的回报率。收益法的主要方法包括贴现现金流量法、内部收益率法、CAPM 模型和 EVA 估价法等。

成本法是在目标企业资产负债表的基础上，通过合理评估企业各项资产价值和负债，从而确定评估对象价值。理论基础在于任何一个理性人对某项资产的支付价格将不会高于重置或者购买相同用途替代品的价格。成本法的主要方法为重置成本（成本加和）法。

市场法是将评估对象与可参考企业或者在市场上已有交易案例的企业、股东权益、证券等权益性资产进行对比以确定评估对象价值。其应用前提是假设在一个完全市场上相似的资产一定会有相似的价格。市场法中常用的方法是参考企业比较法、并购案例比较法和市盈率法。

竞价交易制度又称集中竞价制，其特征是开市价格由集合竞价形成，随后交易系统对不断进入的投资者交易指令，按价格与时间优先原则排序，将买卖指令配对竞价成交。与“指令驱动”的竞价交易制度相对的是“报价驱动”的交易制度，这两种交易制度是现代证券市场的交易机制两种基本类型。

议价交易是买卖双方直接或通过经纪商或自营商就买卖价格和数量进行相互协商来达成交易。在股票发行中，议价法是指股票发行人直接与股票承销商议定承销价格和公开发行的价格。承销价格与公开发行价格之间的差价为承销商的收入。议价法通常有利于承销商。证券承销商对股票发行人的经营状况、业务状况和财务状况加以考察，再商议应当发行何种股票、数量多少、承销及发行价格等。议价法一般有两种方式，即固定价格方式和市场询价方式。

2. 数据定价的影响因素

裴健指出，合理的定价模型应当具有真实性、无套利、公平性等性质，这也是数据市场有效性的一种体现。[①] 定价的真实性是指价格能够真实反映参与者的估值。无套利指参与者无法通过多个市场的价格差异获利，在基于查询和视图的定价中尤其重要。[②] 价格的公平性是指交易参与者能从交易中获得公平的收入分配，即收入和贡献是匹配的。[③④]

---

① PEI J. A survey on data pricing: from economics to data science[J]. IEEE Transactions on knowledge and Data Engineering, 2020, 34(10), 4586-4608.

② Koutris P, Upadhyaya P, Balazinska M, et al. Query-based data pricing[J]. Journal of the ACM (JACM), 2015, 62(5), 1-44.

③ Ghorbani A, Zou J.Data shapley: Equitable valuation of data for machine learning[C]. International conference on machine learning, PMLR: 2242-2251.

④ Agarwal A, Dahleh M, Sarkar T. A marketplace for data: An algorithmic solution[C]. Proceedings of the 2019 ACM Conference on Economics and Computation, 2019: 701-726.

合理的数据定价必然能够真实反映数据的供求关系，因此数据卖方的成本和数据买方使用数据获得的效用是影响数据价格的最主要因素。国内有众多学者从资产评估的角度探讨了影响数据定价的因素，并构建了数据资产价值评价指标体系。比如中关村数海数据资产评估中心与高德纳咨询公司（Gartner）构造了由 12 个影响因素组成的数据资产价值评价指标体系；高昂等人建立了一个指标体系，包括数据资产成本价值、数据资产标的价值两个大类指标，建设成本、运维成本、管理成本、数据形式、数据内容、数据绩效六个二级指标和数据规划成本、数据存储成本、人力成本、数据易获得性、数据准确性、相关性等 26 个三级指标体系。①

基于这些变量，众多学者提出直接建立数据价格和这些变量之间的联系。赫克曼等人认为可以利用简单的线性模型将数据价值表示为各种描述数据特征的变量的函数，其中的数据特征变量可以分成三类：一是数据交易成本相关的变量，比如数据搜集成本、数据服务经营成本等；二是数据使用价值变量，比如数据使用产生的经济效益、数据是否是排他性使用、数据是完全转让还是限定时间和用途进行使用等；三是数据集合本身的性质，如数据完整性、数据准确性、结构化程度、数据及时性等。②这一模型可以看成一种特殊的市场法定价模型，因为数据价格和数据特征之间的关系需要有市场提供足够的价格观测。类似的市场法定价还有上海德勤资产评估有限公司与阿里研究院提出的用可比数据资产市场交易价格乘以调整系数进行定价；刘琦等人提出的将可比数据资产价格乘以技术、价值密度、期日、容量和其他修正系数进行定价等。③

在数据市场化水平不高、市场不完善的时候，市场法是不可行的，因此大多数学者和机构采用传统的成本法和收益法来评估数据价值。以上海德勤资产评估有限公司与阿里研究院提出的方法为例，基于成本法的评估数据价值应该为重置成本减去贬值因素，其中重置成本为形成数据的合理成本、税费和利润。贬值因素则主要指数据时效性带来的经济性贬值。收益法的评估价值则是基于数据的预期应用场景，对在应用场景下预期未来产生的经济收益进行折现得到

① 高昂，彭云峰，王思睿 . 数据资产价值评价标准化研究 [J]. 中国标准化，2020（5）：90-93.

② Heckman J R, Boehmer E L, peters E H, et al. A Pricing Model for Data Markets[J]. iConterence 2015 Proceedirgs, 2015.

③ 刘琦，童洋，魏永长 . 市场法评估大数据资产的应用 [J]. 中国资产评估，2016（11）：33-37.

的价值。显然从卖方的角度，收益法要求卖方对数据购买者使用数据能产生的未来收益有较准确的评估，这通常只能在数据用途较为确定、买卖双方信息较为对称的情况下才能实现，也因此很大程度上限制了收益法定价的应用范围。

4.3.3 数据要素收益分配思路

一个成熟完善、竞争有序的市场保证了合理的市场价格的产生，也能保证根据这个价格产生的收益分配是公平合理的。因此，在数据要素进行市场化收益分配问题上，最主要的是根据相应的数据市场的市场结构和市场化程度分别探讨合理的数据定价和收益分配。

市场化程度越高，竞争性越强，市场价格就越有效，收益分配越可以依赖市场机制来完成。例如，针对企业的信用打分数据，通常不涉及隐私和国家安全，市场又相对成熟，数据定价就应该由市场自由交易来决定。

市场化程度较低、交易严重受限的数据则可以通过一定程度的价格管制，给交易参与方公平合理的激励。如对于因隐私和安全问题交易受限的原始数据，为了激励数据生产者，需要补偿汇总整理相关数据所付出的成本，原始数据的价格应当为其生产成本之上适当加成。夏皮罗和瓦里安指出，由于信息商品的低复制成本，即销售的边际成本为零，如果产品同质化，竞争将导致产品价格趋于零，意味着不能简单地按照成本定价，必须结合产品差异化进行定价，比如提供不同版本的数据产品。①

而对于市场化程度处于上述两种中间的数据市场，也需要一定的干预措施。通常这个市场上交易的是隐私含量低但是应用范围广泛的数据。数据价格不能太高从而影响数据的广泛使用，数据价格也不能太低从而影响数据生产的热情。因此，从成本出发仍然是可行的。而从机制设计的角度，引入适当的竞争、给予相关企业税收优惠和补贴都是可以考虑的政策工具。如在数据元件市场中，元件开发商有限，而数据元件的用户相对更多，数据元件的定价更多体现为数据元件消费者从使用数据元件中所获得的效用。但出于鼓励数据使用的目的，应当通过发放更多的数据元件生产许可和参考数据生产成本调控数据价格，以限制数据元件生产商可能形成的垄断行为。

---

① Shapiro C,Varian H R. Information rules: A strategic guide to the network economy[M]. Harvard Business Press，1999.

4.4 基于数据元件的数据要素流通模型

数据要素从生产到利用的全流程中，涉及采集、传输、存储、加工、应用等多个环节，每个环节具有不同的主体、数据形态和特征，采用统一的确权定价模式，难以满足数据市场多元化、差异化的需要。基于数据元件的分类确权、分级交易的流通模型为数据要素市场化提供了可行的解决方案。

在数据形态转换过程中，各阶段产物分为数据资源、数据元件和数据产品，对应形成数据资源市场、数据元件市场和数据产品市场，每类市场中存在不同的供给方与需求方。以数据资源为标的物的数据资源市场中，供给方为拥有数据的政府、企业、个人等，需求方主要为数据运营商、数据元件开发商等。以数据元件为交易标的物的数据元件市场，供给方为数据运营商、数据元件开发商，需求方为数据应用开发商。以数据产品为交易标的物的数据产品市场，供给方为数据应用开发商，需求方为各类用户。

4.4.1 基于数据元件的数据要素权利划分

通过将数据元件作为数据资源向数据产品转化这一过程的“中间态”，本书提出了数据要素“三阶段确权、三阶段定价”模型，各主体权属关系如图 4-1 所示。

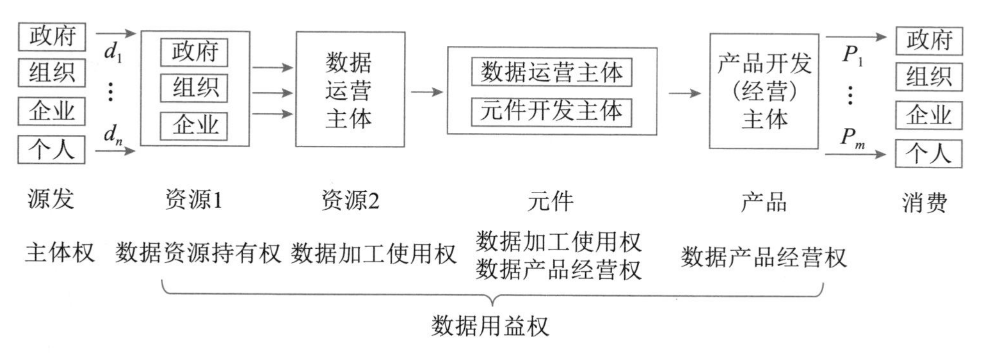

图 4-1 基于数据元件的数据要素化过程各主体权属

基于数据要素权利的划分，采用分类确权的方式以赋予不同主体相应的权利，保证各类主体获得合理的权益与激励。通过在数据资源、数据元件、数据产品三个阶段完成确权，以实现数据资源持有权、数据加工使用权、数据产品经营权的三权分置。

三权分置模式可以有效地破除数据市场发展面临的产权障碍，在保护数据来源者合法权益的基础上，最大限度地促进数据流通利用。首先，数据资源持有者在取得对价后，可以将持有权和加工使用权交给专业的数据处理者，这不仅可以保障数据持有者分享数据红利，还可以促进数据资源的充分利用，避免数据资源的浪费。其次，承认数据处理者基于数据用益权享有数据资源持有权和数据加工使用权，可以有效防止数据被不当爬取，激发数据处理者的创新意愿，推动数据加工技术的不断发展，促使数据处理者利用自身的技术和专业能力对数据进行深度挖掘和加工处理，提高数据的使用价值和经济效益。最后，数据产品经营权的分离能够推动数据产品市场的形成，促进数据产品的多样性和市场竞争，提高数据产品的质量和服务水平。数据产品经营者可以将经过加工的数据产品进行销售和许可使用，提升经济效益。

4.4.2 基于数据元件的数据要素市场分类

基于数据元件这一“中间态”，可以将数据要素市场分成数据资源市场、数据元件市场、数据产品市场三类市场，如图 4-2 所示。

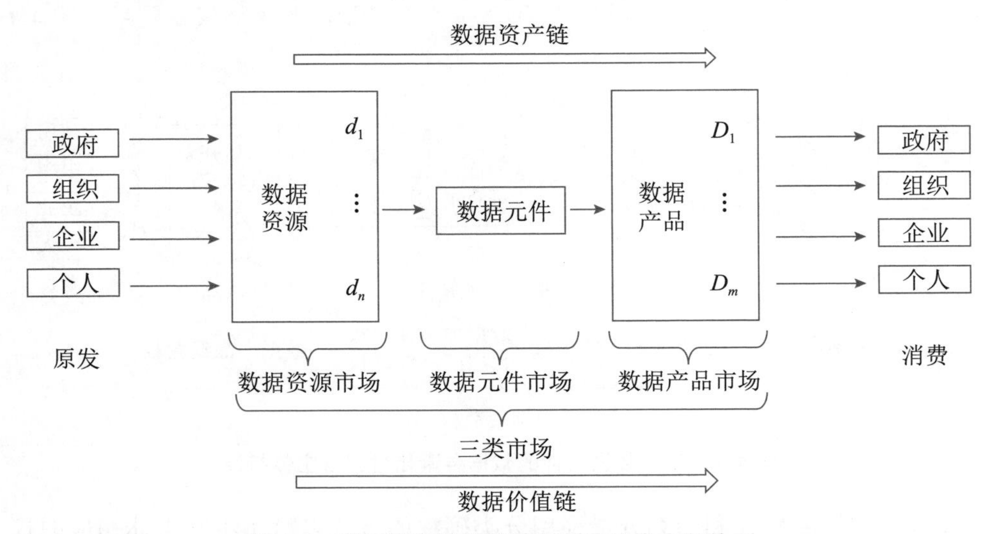

图 4-2 基于数据元件的数据要素三类市场体系

数据资源市场是以数据资源作为交易标的物的市场。原始数据尤其是未经加工清洗的原始数据，在价值评估、加工成本分配、隐私保护等方面存在种种问题和风险，难以直接进入市场交易。因此，需要将原始数据整理为数据资源，出于隐私保护和数据安全的考虑，通过招标等方式赋予特定企业排他的数据运营资格，允许采用市场收购、协议交换等多种方式，从政府、组织、企业、个人等数据持有主体处归集数据。

数据元件市场是以数据元件作为交易标的物的市场。为满足脱敏后的数据集、数据模型等数据初级产品的交易需求，数据运营主体联合具备数据元件开发资质的元件开发商，对数据资源进一步开发加工，形成兼具安全属性和价值属性的标准化数据元件。数据元件将数据和数据处理功能封装在一起，使其在不暴露数据资源内部细节的情况下进行使用，元件开发商只能访问数据的特定部分，无法查看或修改数据的其他部分。因此，数据元件可以起到保护个人信息、商业秘密等作用，能够实现大规模流通交易。

数据产品市场是以数据产品作为交易标的物的市场。数据产品开发商将购买的数据元件开发形成数据产品和服务，以满足多元市场需求，丰富数据产品种类，提升数据服务质量。随着数据产品交易量的增多，可通过发挥市场长尾效应，吸引更多的主体参与数据产品和服务的开发和使用中，以推动形成数据要素市场生态。

三类市场的市场化程度由低到高，可以在隐私保护、数据安全和数据大规模流通之间实现更好的平衡，在保证数据得到有效监管的同时也能够满足多样化数据应用的需求。

4.4.3 基于数据元件的数据要素收益分配

数据要素的收益分配应当在给予参与各方激励的同时兼顾公平。根据三类市场的市场化程度，选择不同的定价模型和分配方案，包括成本法、收益法、市场法等，如图 4-3 所示。

在数据资源市场，如果只允许特定数据运营主体进行数据归集，数据资源持有主体不能以其他方式出售数据，强势的数据运营主体可能会压低数据价格。因此，需要结合数据资源获取的稀缺性、交易成本、数据质量等诸多因素，建立以成本法为主的估值定价机制，以保证数据持有者获得适当的激励。

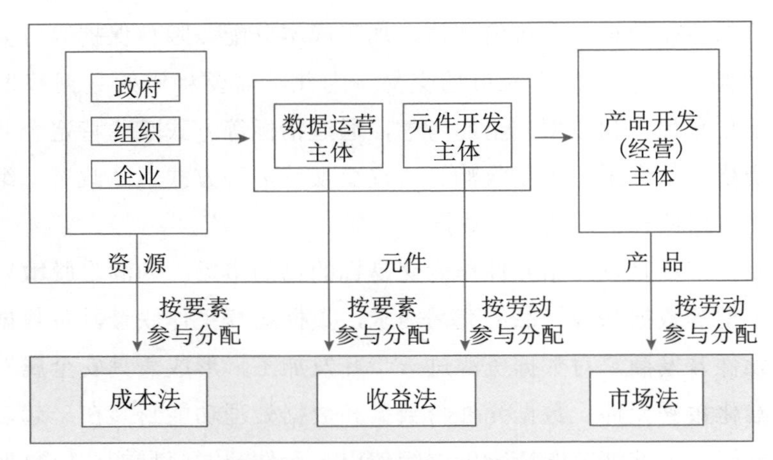

图 4-3　基于数据元件的数据要素收益分配模型

在数据元件市场，由于具有元件开发资质的开发商数量有限，往往容易在市场中形成寡头垄断，使得少数企业财富大量聚集，从而造成分配不均。在此过程中，数据运营主体和数据元件开发商共同享有数据元件的用益权，通过与数据应用开发商进行数据元件交易获取收益。由于元件生产投入成本相对明确，边界清晰，且元件已经开始批量化和公开化交易，因此，可以通过约定数据元件这一交易标的物的规格和属性，考虑开发利用主体的生产加工成本，明确其用途和交付方式，建立收益法的定价机制进行评估、定价。

数据产品市场作为面向用户全面开放的市场，受供求关系、竞争自由度、产品服务质量、企业开放程度等因素影响，应充分应用市场价格机制，全面调动数据要素市场参与者积极性，引培数据应用开发商，形成多元互惠的数据要素生态体系，围绕数据产品价值，建立以市场法为主的数据产品定价与分配机制。

第5章 数据要素化安全模型

数据要素化安全模型是破解数据泄露、滥用、篡改等安全问题的基础支撑。本章从辨析数据要素化安全定义入手，提出数据要素化安全参考架构，指出数据要素化安全关注点，明确基于数据元件的数据要素化安全风险应对措施。在此基础上总结形成基于数据元件的数据要素化安全方案，提炼其中的重要安全模型，即安全输入输出模型、安全存储模型、安全加工模型和安全流通模型。

5.1 数据要素化安全

5.1.1 安全定义

数据安全是指通过采取必要措施，确保数据处于有效保护和合法利用的状态，以及具备保障持续安全状态的能力。数据的存储载体是信息系统，因此信息安全是数据安全的重要组成部分。传统的信息安全是指保持信息的保密性、完整性和可用性。除此之外，还涉及其他属性，如真实性、可核查性、抗抵赖性和可靠性等。同时，数据本身具有隐私性和敏感性等特征，一旦泄露、滥用或篡改，对国家、社会和个人将造成严重影响。因此，数据的隐私安全与信息安全同样重要。

要保障安全，需要先识别安全风险并对风险进行防护和管理。风险是指不确定性对目标的影响，其中影响是指与预期的偏差，可以是积极的或消极的。目标可以有不同的方面和类别，并可以应用于不同的层次。不确定性是指对某一事件的后果或可能性缺乏或部分缺乏相关信息、理解或知识的状态。风险通常以风险源、潜在事件、后果和可能性来表示。数据安全风险可以表示为不确定性对数据安全目标的影响，通常是指负面影响，与数据资产的威胁利用或漏洞对组织造成损害的可能性有关。

安全风险管理围绕着安全的基本属性（简称“安全属性”，比如保密性、完整性、可用性、隐私性）和安全风险的基本要素（简称“风险要素”）展开。首先，从每个安全属性的角度对各个风险要素及其相互关系进行识别、分析和评价，得出反映风险重要程度的风险等级（即“风险评估”）。然后，对照事先确定的风险接受准则，判断风险是否可接受。对于不可接受的风险，针对各个风险要素分别采取相应的控制措施，包括针对资产的保护和备份措施、针对威胁主体的威慑和打击措施、针对威胁行为的防范和抵御措施、针对脆弱性的加固和补丁措施、针对影响的抑制和弥补措施，从而改进和完善现有的控制措施（即“风险处置”，包括风险规避、风险修正、风险保留、风险分担）。

在数据安全和数据安全风险管理的基础上，定义数据要素化安全为：通过采取必要措施，确保数据要素化过程中各种形态的数据及相关处理活动处于有效保护和合法利用的状态，以及具备保障持续安全状态的能力。其中数据形态包括原始数据、数据资源、数据元件、数据产品。各种形态的数据安全是指相应数据涉及的信息安全和隐私安全。相关处理活动包括数据输入输出、存储、加工、流通等过程，相关处理活动的安全是指控制处理过程中数据篡改、数据滥用、数据泄露等风险，确保转化处理过程的可信赖。为保障持续提供安全状态，需加强基础设施的安全管控，包含安全网络设施、安全计算设备和安全计算环境。

数据要素化涉及各参与方、各业务功能、数据的处理活动流程、信息系统以及支撑环境等，数据要素化安全涉及上述各个层面，参考架构如图 5-1 所示。

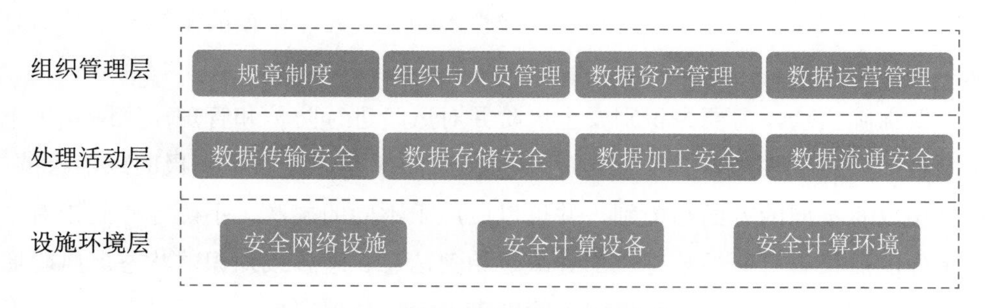

图 5-1　数据要素化安全参考架构

组织管理层，包括在数据要素化治理过程中建立的规章制度、组织与人员管理、数据资产管理和数据运营管理。

处理活动层，包括数据要素化治理过程中的数据传输安全、数据存储安全、数据加工安全和数据流通安全。

设施环境层，包括支撑数据要素化业务的安全网络设施、安全计算设备和安全计算环境。

数据要素化安全并不仅局限于其中的某一层，而是和每层都有关系，需要体系化地展开安全工作，将风险控制在可接受的水平。

5.1.2 安全目标

与网络安全、信息安全相比，数据要素化安全涉及全主体、全周期，以原始数据、数据资源、数据元件和数据产品为管控对象，关注数据全生命周期安全管理，其技术特征为“隐私”，主要安全策略侧重于“隐藏”。数据要素化安全需要解决数据安全和数据流通之间的矛盾，实现数据要素安全流通。通过对数据要素化全过程的安全风险识别、分析和处置，将风险控制在可接受范围内，以确保数据要素化过程中各形态数据的信息安全、隐私安全、转化处理活动的可信赖和基础设施安全。以下是实现数据要素化安全的一些关键安全目标。

信息安全。确保数据要素在传输、存储、加工和流通过程中的保密性、完整性和可用性，防止未经授权的访问、篡改或破坏。

隐私安全。保护数据要素中涉及的国家重要数据和个人隐私信息，遵循相关法律法规，实施数据脱敏、加密等技术手段管控，确保国家重要数据安全和个人隐私不被侵犯。

可信赖的处理活动。确保数据要素化的处理过程具有可信赖性，包括数据传输、存储、加工、流通等环节，确保数据处理的正确性和可靠性。

设施环境安全。确保数据要素化治理全流程的网络设施、计算设备和计算环境的安全。

从全流程安全合规管理的层面来讲，数据要素化安全主要包括数据要素化治理过程的合规性和风险管理。

合规性。遵循国家和地区的法律法规以及行业标准和最佳实践，确保数据要素化过程符合相关规定。

风险管理。通过对数据要素化全过程的风险识别、分析和处置，将风险控制在可接受范围内，提高数据要素化过程的安全性和可靠性。

实现这些安全目标可以帮助确保数据要素化过程中各种形态数据的信息安全、隐私安全、处理过程的可信赖，从而平衡数据安全和数据流通之间的矛盾，实现数据要素的安全处理和安全流通。

5.1.3 安全风险识别

针对数据要素化过程中面临的安全风险，从组织管理层、处理活动层、设施环境层进行解析。

组织管理安全风险。首先，数据在众多不同利益主体之间进行规模化的流转，这些主体有各自不同甚至彼此冲突的利益诉求，共享、交换、流通过程中的权责边界模糊，缺乏明确的安全管理规章制度，彼此之间也缺少足够的信任和管理上的制衡与约束，容易引发敏感信息泄露等安全风险。其次，人为因素是组织管理安全风险中最难预防和控制的一环。内部人员可能无意中泄露数据，或者受到外部攻击者的引导，实施内部攻击。因此，制定严格的组织管理制度，加强组织和人员安全意识培训，实行数据分类分级管理和数据安全运营管理至关重要。

处理活动安全风险。数据具有部分非排他性、复制成本低的特点，导致未授权使用、数据泄露等违法违规行为难以被察觉，并造成数据要素化治理过程中的数据传输风险、数据存储风险、数据加工风险和数据流通风险。

设施环境安全风险。底层网络设施和计算设备等依然存在“卡脖子”现象，尚未实现完全自主可控，可能影响信息系统的持续稳定运行或导致非法入侵。安全计算环境依赖数据中心的物理安全、供电设施的稳定性、通信线路的可靠性等。信息系统可能会受到各种网络攻击，如病毒、蠕虫、僵尸网络等，这些攻击可能导致数据泄露、系统损坏或者业务中断。

5.2 数据要素化安全风险应对

数据要素化过程中，应对好组织管理安全风险、处理活动安全风险、设施环境安全风险是数据要素释放价值的关键。

5.2.1 组织管理安全风险应对

1. 制定规章制度

针对组织管理层面，通过建立数据安全管理制度、制定数据安全策略和规程、制定数据安全和个人信息保护的安全机制与实施细则等方面来应对数据安全风险。

（1）建立数据安全管理制度。明确数据处理的安全方针、目标和原则，明确数据安全责任和范围，将其分发至数据处理活动相关工作的职能部门、岗位和人员，加大各职能部门对数据安全的重视程度。

（2）制定组织开展数据处理活动的数据安全策略与规程。这包括明确数据处理目的、范围、方式、岗位、责任及合规性要求等。建立数据供应链安全管控，以书面协议等方式与供应链上下游组织明确约定交换共享数据的使用目的、范围、数量、供应方式、安全责任与义务、保密要求等内容，在涉及重要数据和敏感个人信息时，还需包括数据服务相关网络产品和服务筛选机制、筛选指标和评价方法的约定。

（3）制定数据安全和个人信息保护的安全机制与实施细则。建立数据安全风险评估和个人信息保护影响评估规程，制定应对数据安全和个人信息保护的实施细则和操作规范，包括依据国家相关规定向主管部门报送安全风险评估报告的制度。建立数据安全和个人信息保护投诉、举报渠道及受理处置规程，公布接受投诉、举报的联系方式等信息，及时受理、处置关于数据安全和个人信息保护的投诉举报，对投诉、举报人的相关信息予以保密，保护投诉、举报人的合法权益，必要时公开披露收到的投诉、受理进度以及最终处理结果，接受社会监督。

在制定上述规章制度后，还要对其进行持续改进，如以定期通过信息安全管理体系认证、网络安全等级保护测评、数据安全风险评估等方式明确数据服务安全能力持续提升计划和实施机制。建立落实数据安全和个人信息保护法律法规及相关数据安全保护的责任考核制度，涉及敏感个人信息处理、重要数据出境等应依据合规性要求做出安全责任的承诺。

2. 强化组织与人员管理

组织与人员管理主要从组织职责、岗位职责、人员管理、培训管理四个方面开展。

组织职责方面，明确数据安全负责人，负责组织日常的数据安全管理工作。成立数据安全管理机构，组织最高管理人员或高级管理人员作为组织数据安全负责人，并配备专职的数据安全管理人员和技术人员。明确数据系统规划、建设和使用相关的工作职能部门，制定各部门网络安全责任清单及追责制度，使数据系统运营安全风险可控和数据服务业务可持续。明确数据安全风险评估、数据安全应急处置等工作的职能部门，明确工作职责。建立有效宣贯机制，使得组织全员了解数据安全工作重要性及相关部门职责。建立有效汇报和沟通机制，保证数据安全事件等安全风险信息能及时汇报给相关职能部门。建立监督考核机制，落实执行对数据安全管理工作的监督检查和考核制度，定期对数据安全工作相关部门进行安全责任评估。

岗位职责方面，围绕数据传输、存储、加工、流通等处理活动设置相应的数据操作岗位，明确岗位的安全职责，设立专职的数据安全管理岗位。列出重要岗位清单，包括能处理大量数据、处理重要数据或处理敏感个人信息等操作的岗位，明确重要岗位的职责和安全责任。建立岗位职责检查机制，定期检查岗位间分离冲突的责任及职责范围，以降低未授权或无意识的修改或者不当使用数据的机会。按照数据技术架构和数据服务业务安全建立数据用户授权策略和访问控制模型，明确不同岗位或用户角色的访问机制安全要求。基于用户访问控制模型建立灵活、实用的授权管理机制，如基于角色的权限分配管理机制或基于上下文的动态授权管理机制。

人员管理方面，制定数据服务人力资源管理安全策略，明确不同职能部门和安全岗位人员的权责和能力等要求。制定人员招聘、录用、培训、考核、选拔、上岗、调岗、离岗等环节中数据服务人员安全管理的操作规程。明确重要岗位的人员能力要求，确定相应的考核内容与考核指标，进行必要的背景调查和签署保密协议。建立人员数据安全责任管理机制，在其调离或终止劳动合同时将其所拥有的角色和责任移交给新的责任人员，并按照制度规范对造成数据安全风险的人员追责，记录人员责任信息。建立第三方人员安全管理制度，并按照数据处理安全合规性要求签署保密协议，定期对第三方人员规范性行为进行安全审查。与所有涉及数据服务岗位人员签订安全责任协议，人员调离或终止劳动合同时归还组织的软硬件资产，及时变更岗位变动人员的数据处理权限，终止离岗人员的所有数据处理权限。

培训管理方面，制定数据开发利用和数据安全保护相关的教育培训计划，每年组织开展全员数据安全教育培训，并依据培训反馈效果定期对教育培训计划进行审核和更新。按计划采取多种方式培养数据开发利用人员和数据安全专业人员，培训内容可包括法规、政策、标准、技术、能力、安全意识等，并对培训结果进行考核、记录和归档。制定重要数据、敏感个人信息等数据处理活动重要岗位的上岗、转岗、晋升等相应的人员安全能力要求的教育培训计划，并对培训计划、培养方式、培训内容定期审核和更新。针对涉及重要数据、敏感个人信息处理等重要岗位的人员，开展数据服务安全操作技能培训与培训效果实践考核。

3. 加强信息资产管理

信息资产管理主要从数据资产和系统资产两方面开展。

数据资产方面，建立数据资产安全管理规范，明确数据资产的安全管理目标和原则。建立数据分类分级策略，明确数据分类分级的制度和操作规程，以及数据分类分级的变更审批流程和机制。建立数据资产清单，明确数据服务相关的数据资产的业务基础属性、类别、级别及相关方的权限和责任等安全属性。建立安全属性标记策略、标记定义和标记变更控制制度与操作规程，对数据资产安全属性自动标记。建立数据资产操作审计机制，实现数据资产管理操作行为的可审计和可追溯。建立数据资产管理平台，制定数据资源整合操作规程，实现对数据资产的数字化管理。定期审核和更新数据资产安全管理相关的分类分级策略、操作规程及其数据资产清单等。

系统资产方面，建立系统资产安全管理规范，明确系统资产安全管理目标和原则。建立系统资产建设和运营管控措施，明确规划、设计、采购、开发、运行、维护及报废等系统资产管理过程的安全要求，包括内外部人员在任职期内领用和归还系统资产，以及在终止任用、合同或协议时归还所使用系统资产的管理制度和机制。建立系统资产登记制度，形成系统资产清单，明确系统资产安全责任主体及相关方权责清单，并定期审核和更新系统资产管理相关的运营管控措施、资产登记制度和系统资产清单等。建立系统资产分类和标记规程，使资产标记易于填写并清晰关联到对应系统资产上。通过系统资产管理的自动化手段，对系统资产的注册、使用、状态监控进行数字化管理，对系统资产清单、系统访问权限清单等进行持续更新。

4. 数据安全运营管理

数据安全运营管理主要从数据安全边界防护、对数据系统的安全控制措施、数据服务应急预案、安全事件处置操作等方面开展。

数据安全边界防护方面，对数据服务涉及的区域边界进行划分，并采取区域边界防护措施，制定区域边界数据流转操作的安全策略和操作规程。对跨区域边界的数据使用、提供、公开等数据处理活动防护措施进行检查，保证数据安全责任不随数据跨区域边界转移而改变，在不同区域间的数据安全策略实施效果保持一致。制定区域边界防护策略和规程的更新维护规则，并采用必要的手段或管控措施使更新后区域边界防护策略与规程得到实施。在涉及重要数据和个人信息的跨组织的区域边界访问时，对应用接口或服务接口等访问进行主客体的双向身份鉴别，保证不同区域边界之间的安全管控措施有效并与风险程度相适应。建立基于主客体属性和区域边界上下文的逻辑访问控制措施及机制，实现跨区域边界的数据使用者动态授权与数据访问控制。

定期对数据系统的安全控制措施进行检查，使所采取的安全措施覆盖不同级别的数据安全防护要求，并与数据系统安全运营风险程度相匹配。按照上级主管部门要求、专业安全机构建议，定期安排或在爆发网络攻击、重大安全漏洞时，及时开展专项安全检查。跟踪数据安全和个人信息保护相关法律法规和管理规定，结合数据系统运营中的数据安全风险情况，及时制定、完善组织内部的数据处理安全检查评估内容，定期开展通用和专项数据安全和供应链安全检查评估工作。在法律法规修订、组织业务重组、组织业务模式或运行环境发生重大变更或发生重大的数据安全事件时，及时对数据保护措施进行安全影响评估。在获得授权同意以及做好风险管理和应急预案等工作的前提下，采取渗透性测试方式对数据处理活动及其组件进行安全风险评估。涉及重要数据的，获得相关主管部门批准后方可实施漏洞探测、渗透性测试等安全检查评估活动。

建立数据服务应急预案，包括应急组织机构与职责、安全事件分类分级、监测与预警、应急处置流程、保障措施等内容，且应急预案经本单位审核通过后，按要求报主管部门备案。开展数据服务应急预案培训，培训内容覆盖全流程的数据处理活动、关键业务及数据安全应急所需的安全应对控制措施。建立数据服务应急预案演练计划，定期开展应急演练，保存演练记录和演练总结报告，在数据系统本身、外界环境发生重大变化时，对应急预案进行更新，保留审核发布记录。与主管部门、第三方安全机构及其他相关职能部门间，建立数据服务应急处理、协调、沟通渠道。建立数据服务安全应急响应知识库，包括数据泄露、数据篡改、数据破坏、网络勒索等不同类型的安全事件及处置办法，并用于应急响应培训及演练计划。

建立安全事件处置操作规程，明确安全事件的处置方法，包括不同安全事件分类分级、启动条件及所需的资源，不同类别、级别事件的响应、处置和报告流程。明确数据系统遭受破坏时，恢复关键数据业务和全部数据业务的预期处理时间，并在数据系统发生故障、受到损害或发生中断时，在指定的时间内完成关键业务的恢复，及时向主管部门、可能受影响的组织和人员通报安全事件。在发生有可能危害重要数据或危害国家安全等关键业务的安全事件时，立即组织研判，在规定时间内形成安全事件报告，按规定及时向数据安全管理机构上报。在安全事件涉及个人信息时，及时告知受影响个人信息主体，涉及一定数量规模的个人信息的，按规定及时向数据安全管理机构上报。在安全事件处置完成后，及时调查安全事件的直接原因和间接原因、经过、责任，评估安全事件造成的影响和损失，总结安全事件防范和应急处置工作的经验教训，提出处理意见和改进措施，形成安全事件处置报告。

5.2.2 处理活动安全风险应对

1. 数据输入输出活动

数据传输活动安全风险应对主要对传输的数据和传输通道进行安全风险管理，通过部署安全通道、数据加密等措施保证数据系统中数据传输的保密性和完整性。

数据层面上，对重要数据应采取加密、验证等安全防护措施，在获取重要数据和敏感个人信息时，应与数据提供方通过签署协议、承诺书等方式，明确双方法律责任及数据安全保护责任和义务。跟踪和记录数据获取操作过程，针对数据获取操作过程进行追溯。在发现可能违反法律法规，或者侵犯他人知识产权等合法权益时，立即停止获取数据操作并采取相应的补救措施。

在传输过程中，针对传输通道的传输策略和传输协议进行管控。制定安全域内、安全域间不同场景的数据传输安全策略，对数据传输安全策略的变更进行审核和监控，包括对通道安全配置、密码算法配置、密钥管理等保护措施的审核及监控。建立数据传输链路的冗余、恢复机制，保证数据传输链路的可靠性，并采用断点续传、超时重新连接等技术机制保障数据传输任务的可靠性。采取物理单向传输、传输协议加密、差分隐私技术等措施，使数据获取工具在获得授权后才能收集数据。对超出法律法规规定和合同约定的规模和范围获取数据的异常行为进行检测告警。

2. 数据存储活动

数据存储活动安全风险应对主要是对数据进行资源管理，按要求对数据进行分区分层分权限管控，支撑数据容错部署及弹性伸缩等能力，对重要数据进行加密存储和备份恢复管理，对访问数据行为进行管控和记录。先落实“关键数据入库”的基本策略，通过安全自主、软硬一体的独立数据基础设施，与现有数据中心物理隔离。对核心数据、重要数据、敏感数据和数据元件采用分类分级管理、分区分域隔离存储的技术模式，使数据资源仓和数据元件仓相分离，数据资源仓实现数据资源的安全存储，数据元件仓实现数据元件的安全存储。数据要素存储安全技术体系融合多种技术路径进行建设，采用硬件设备结合专用协议栈等技术手段实现原始数据单向传输入库。数据资源按照分区分域原则进行隔离存储。基于动态机器学习与深度学习模型技术实现底层资源池管理的动态自适应调整优化。遵循分区分域分权限的原则，按功能和权限划分为数据存储与元件加工区、数据治理运维区、数据金库管理区、数据元件开发区等不同区域，通过物理隔离，依托于数据要素操作系统、数据要素支撑系统，采用指令、模型、数据三通道分开单向物理传输，实现数据归集到数据元件交易全生命周期管理。在数据存储方面，根据数据形态，分为数据金库数据域和数据金库元件域。在数据元件开发生产方面，采取数据元件开发商专柜专仓，使数据元件开发区和数据元件生产区实现物理隔离。

建立数据加密存储和备份恢复管理机制，制定数据加密方式、数据存储冗余策略与操作规范，包括副本数量、访问权限管理、数据同城备份与异地容灾备份方案与机制等。建立数据副本的强一致性、弱一致性等控制策略与操作规范，满足不同一致性级别的数据复制等副本存储管理要求。建立数据副本的定期检查和更新程序，包括数据副本更新频率、保存期限等，定期对数据副本和备份数据的一致性进行检测验证，保证数据副本和备份数据的有效性。对复制、备份等操作生成的数据副本执行和数据源同样的安全管控措施，包括身份鉴别、访问控制、完整性校验等技术机制。建立数据复制、备份和恢复操作的日志记录规范，记录数据复制、备份和恢复等数据副本操作过程，实现数据副本和备份数据管理过程可溯源，提供数据副本和备份数据存储的多种压缩实现技术机制。

3. 数据加工活动

数据加工活动安全风险应对主要是针对数据元件开发过程进行安全审核和全流程安全合规管控，保障数据元件开发过程安全和数据元件结果安全合规。

数据元件开发过程分为元件设计、元件开发、元件评估审核和元件入库等基本工序。数据元件开发过程主要涉及数据元件开发商、数据运营商等角色，依托数据元件开发组件开展数据元件开发工作，由数据金库运营商在关键环节对元件开发进行审核，保证元件开发及元件结果安全合规。在数据元件开发过程中，综合运用多种技术手段进行安全检测和加固，如检测代码中的技术漏洞和逻辑漏洞，通过检测恶意代码防止进行非授权操作以实施破坏或窃取信息。通过内存泄漏检测检查代码的内存运行回收机制，防止恶意占用内存导致内存溢出、执行恶意代码等。数据元件开发平台借鉴“沙箱”技术原理，通过物理隔离数据元件开发区与数据元件生产区，实现了元件调试环境和生产环境的分离，构建安全可控的数据环境，提升数据融合计算过程中的隐私安全水平。在元件开发专区加载样本数据训练数据元件模型，在安全生产计算专区导入训练好的元件模型，同时加载全量数据生产数据元件结果，从而实现“数据可用不可见、数据不动程序动”。数据元件开发区在数据金库的两端隔离区之外，将开发完成的数据元件模型通过模型通道传入数据金库内，进行数据元件的生产计算。数据资源存储于数据金库隔离区内的存储区，样本数据在数据金库隔离区外的数据元件开发区，实现数据资源与样本数据的空间隔离和物理隔离。

4. 数据流通活动

数据流通活动安全风险应对主要是在数据元件交付和流通环节对数据元件进行标准化封装、建设数据要素网和实施安全监管，保障数据元件高质量交付和安全可追溯。

数据元件交付过程中，采用数据元件智能合约技术通过标准化工序对数据元件的核心元数据、交易方、元件用途等进行记录和标识，实现数据元件的规模化市场流通。

建设数据要素网目的就是要打破各地方、各行业之间的数据流通壁垒。通过加强安全建设，保障流通网络的数据安全性，解除相关部门的安全忧虑，从技术和管理等各个层面落实数据安全保护要求，实现可控可管的数据要素互联。一方面，通过数据要素网的分区分域统筹构建，结合数据分类分级、存储分层分布、统一设施标准、明确管理权责等一系列措施，最大程度地限制数据的非法流动，加强数据安全监管。另一方面，大规模开发生产的数据元件通过数据要素网对外进行流通交易，从高密区存储的数据元件流到低密区互联网侧，实现了高密区和低密区之间的桥梁配置，有效屏蔽了核心、重要数据和敏感个人信息的泄露和滥用，既保证了数据资源的安全，又利用了互联网的便利性提供了数据要素市场化配置的功能。

安全监管层面，制定数据元件流通过程安全审计策略和审计日志管理操作规范，记录数据元件活动日志，为数据元件应用的相关安全事件处置、应急响应和事后调查提供证据支撑。建立数据元件流通风险评估办法和安全事件处置机制，涉及数据元件共享、转让或委托处理时应与数据应用开发商通过合同、协议等形式明确双方的数据安全保护责任和义务。依法向其他组织提供其处理的个人信息时，向个人信息主体告知数据接收方的名称、联系人姓名、联系方式、处理目的、处理方式和个人信息的种类，并分别征得个人信息主体的单独同意。发生重大事件时，及时终止提供数据元件，并要求数据应用开发商按要求销毁已接收的数据元件。向境外组织提供重要数据和敏感个人信息前，组织开展数据元件出境安全自评估，并通过法律法规要求的数据元件出境安全评估。

5.2.3 设施环境安全风险应对

设施环境安全风险应对主要从安全网络设施、安全计算设备和安全计算环境方面来进行，包括信息系统供应链、计算环境防护、数据操作防护、数据服务接口防护、威胁信息等方面，其安全保障按照网络安全等级保护和关键信息基础设施安全保护相关法律法规标准执行。

针对供应链存在的安全风险，实施供应链安全风险管控措施，加强供应链安全建设管理，确保重要的底层技术与产品通过网络安全审查。定期对信息系统进行安全审计和评估，发现和修复安全漏洞，确保信息系统的持续安全。同时，根据审计和评估结果，及时调整和完善安全策略和措施。

计算环境防护方面，建立数据感知、保护、预测、响应等多层次一体化的安全防护体系，满足网络安全等级保护等制度的纵深防御要求。根据数据安全风险管理制定安全基线配置清单，启用、禁止或限制数据平台和数据应用特定的功能、端口、协议或服务。建立终端智能设备、第三方或开源系统与服务组件等计算设施接入约束规范。采用技术工具对数据服务的接入设备、服务组件及数据处理系统等计算设施的安全属性进行管理。制定计算环境安全初始化策略，包括数据存储等数据服务模块自启动检查机制，保证计算环境在故障重启后的数据完整性和一致性。制定满足可靠性与可用性的计算环境垂直扩展、水平扩展策略，提供海量数据或复杂类型数据高效处理方法及其安全保护技术与机制。建立统一身份管理技术平台，支持用户账户、授权、认证、审计等安全数据统一管理。为处理重要数据和个人信息用户身份鉴别与授权管理提供独立的物理服务器。提供细粒度授权管理和访问控制功能，如依据资产属性和用户属性设置授权规则和访问控制措施等，以保障分布式计算环境中数据分析及人工智能算法迁移的安全性。具备分布式用户身份鉴别、访问控制，安全审计等安全数据的关联巡检功能，能对数据服务元数据完整性进行核查，提供禁用非法账号、闲置账号、过期账号及彼此间的关联关系分析和管理。

数据操作防护方面，制定数据供应链中数据流转操作安全管控策略，通过技术机制对数据系统以及供应链涉及的数据流转操作进行控制。响应数据主体对于个人信息或数据查询、复制、更正、补充，以及转移至指定数据接收方的请求，在符合数据主体要求条件时，提供个人信息转移的安全途径。建立高风险数据操作清单及其管控措施，如在人工进行高风险数据操作时采用双人、双账户鉴别后协作完成，以及在程序自动进行高风险数据操作时，通过基于密码技术鉴别的数据服务接口进行实现等。部署数据防泄露、数据脱敏、个人信息去标识化等安全功能组件，防范通过网络爬虫技术、数据分析技术等从网络层和应用层获得重要数据和个人信息。在数据服务相关数据操作系统或组件下线，以及相关智能终端设备退网时，执行规范的数据转移、转存或删除操作，防止数据泄露。

数据服务接口防护方面，制定数据服务接口安全控制策略，明确规定使用接口的安全限制条件和安全控制措施，如身份鉴别、授权策略、访问控制、数字签名、时间戳、安全协议、白名单制等。建立数据服务接口清单，明确数据服务接口安全规范，包括接口名称、接口参数、接口安全要求等，对接口不安全的输入参数进行限制或过滤，并提供异常处理功能。对重要数据、个人信息等操作服务接口的调用进行记录、汇聚和集中存储，并通过数据分析技术进行数据服务接口的风险识别和安全性分析。

威胁信息分析方面，对数据处理活动相关的威胁情报数据进行收集、存储、管理和利用，掌握数据服务涉及数据处理活动所面临的威胁信息。对数据资产攻击、系统脆弱性利用等安全事件进行监测，对引起数据服务安全态势发生变化的安全属性进行获取，对数据服务的安全态势进行多维度展示。对威胁情报数据进行关联分析，将威胁情报数据向数据服务安全检测防御规则或控制措施转化。与专业机构建立威胁情报数据共享机制，持续提高数据安全风险和供应链安全风险应对处置和防范能力。采用自动化技术机制，对多源异构威胁情报数据进行归并、融合和分析，对安全事件的发展趋势进行预测，并进行主动、协同式的数据安全威胁检测和应急处置。

5.3 基于数据元件的要素化安全模型

基于数据元件的方案核心思想在于数据资源和应用的解耦及风险隔离。通过将数据资源加工成数据元件这一数据初级产品，能够隔离原始数据与业务应用，面向原始数据通过脱敏和特征提取屏蔽了数据安全风险，面向业务应用又提供了高密度的信息价值。

本书内容重点围绕数据要素化的治理活动展开，而处理活动的安全风险应对是数据要素化安全的核心。因此本节着重总结基于数据元件的数据要素化安全方案的总体思路，以及数据四种不同活动状态的安全模型，即面向传输过程的安全输入输出模型、面向存储过程的安全存储模型、面向加工过程的安全加工模型和面向流通过程的安全流通模型。

5.3.1 要素化安全总体模型

如图 5-2 所示，数据元件作为从数据资源到数据产品加工过程的“中间态”，遵循“数据可用不可见、数据不动程序动”的安全开发利用原则，不仅改变了数据的形态，实现了数据的标准化和规范化封装，还完成了对原始数据中敏感信息的过滤和特征的提取，使数据在应用过程中不直接流向应用端，隔离了数据泄露的风险；同时，数据应用端在数据使用过程中不直接接触数据，隔离了数据被滥用和篡改的风险。

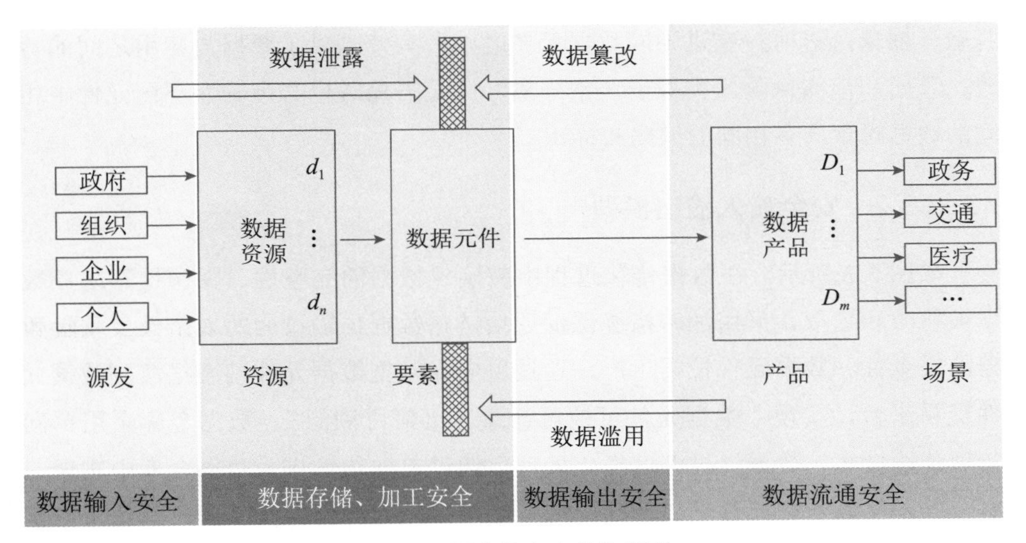

图 5-2 要素化安全总体模型

数据元件在加工使用过程中还需要对信息过滤、场景分离、风险隔离等方面进行综合考虑，以保障其在风险防控方面的防篡改、防滥用、防泄露的优势。

（1）信息过滤。数据要素市场化的过程推动数据在众多不同利益主体之间进行规模化的流转，加剧了安全风险。数据元件可实现数据风险的双向隔离，降低数据泄露、数据滥用和数据篡改等风险。在进行数据元件的封装过程中，也需要妥善考虑数据安全和隐私保护等问题，通过筛选、组合、变换等手段，对涉及安全和隐私的数据进行过滤和脱敏。

（2）场景分离。数据对象的应用与其场景密不可分，不同场景往往侧重于关注相同对象的不同属性和状态。同时，不同场景中相同对象的属性和状态数据也可能来源于不同的治理主体或利益主体。正是因为数据来源和应用方式随场景而改变，为便于后续的析权和应用，对于比较复杂的数据对象，可考虑按照场景域对数据的属性和状态数据进行抽象，封装进不同的数据元件之中。但在封装过程中需注意，必须确保不同元件中相同的数据对象具有相同的编码和标识，以免在元件组合应用时发生冲突。

（3）风险隔离。对于复杂的数据对象，其众多的属性和状态数据敏感程度并不相同，泄漏可能引发的风险也存在巨大差异。因此，将这些不同风险水平的数据封装进同一个数据元件并不合理，也违背了数据分类分级管理的基本原理。在此基础上，需考虑对同一对象不同风险等级的属性和状态数据进行脱敏、抽象，进而封装进不同数据元件之中，有效隔离了数据与应用之间的篡改、滥用和泄露风险。类似于场景分离，风险隔离时也必须确保不同元件中相同的数据对象具有相同的编码和标识。

5.3.2 安全输入输出模型

如图 5-3 所示，在数据传输过程中应确保数据的完整性、保密性，防止数据被篡改和窃取，采用加密措施保证通信链路数据传输过程的安全性及传输数据的安全性。数据元件按需生产，通过单向光闸把数据元件动态摆渡到数据元件交易平台，实现“数据元件可控可计量、可信可溯源”。数据金库采用单向物理传输技术，数据经过深度净化处理后通过单向传输进入数据金库中实现归集存储，再以数据元件结果单向动态摆渡至数据元件缓冲区，通过数据要素网实现流通交易。

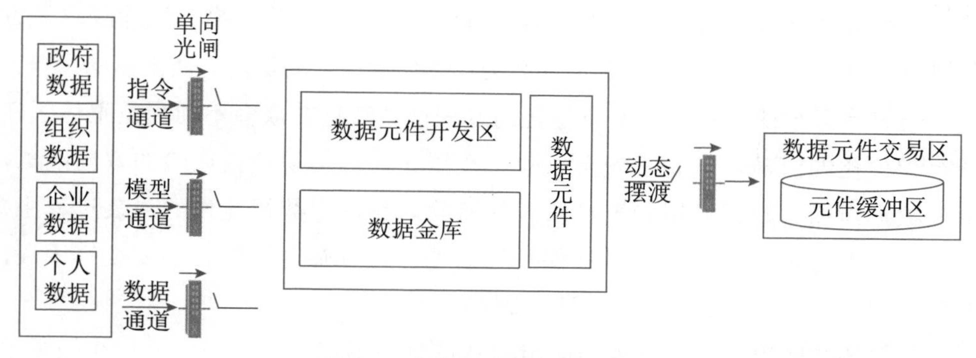

图 5-3 数据安全输入输出模型

在输入机制方面，政府数据、组织数据、企业数据和个人数据，通过数据金库三个单向的传输通道进入数据金库进行归集存储。在输出机制方面，数据元件通过单向传输动态摆渡到数据金库外部的数据元件缓冲区，实现了数据金库“单向数据进、单向元件出”的安全管控和数据要素流通的市场化配置。

数据元件交易区位于互联网侧，提供数据元件的规模化流通和交易机制，属于数据金库的外部区域，数据元件通过市场反馈机制实施按需交易，通过单向传输动态摆渡到数据金库外部的数据元件缓冲区，数据元件在完成实际交付之后，从数据元件缓冲区实施物理销毁。

安全传输模型包括以下几个方面。

数据传输加密。在数据传输过程中，对数据进行加密是确保数据安全的关键手段之一。通过使用加密算法，可以防止数据在传输过程中被截获和解密。

安全传输协议。使用安全的传输协议，如 SSL/TLS、SSH 等，可以在数据传输过程中提供端到端的安全保障。这些协议可以确保数据的保密性、完整性和可靠性。

身份认证和授权。确保只有经过身份认证和授权的用户才能访问和传输数据。这可以通过使用用户名和密码、数字证书、双因素认证等方式实现。

访问控制。对数据传输的访问进行严格的权限管理，限制谁可以访问哪些数据，以及如何访问。访问控制策略可以包括基于角色的访问控制（RBAC）、基于属性的访问控制（ABAC）等。

审计和监控。对数据传输进行审计和监控，以检测和记录潜在的安全事件和异常行为。审计和监控可以帮助追踪数据的传输情况，及时发现并应对安全威胁。

网络安全。保护网络设备和基础设施，防止网络攻击，如分布式拒绝服务（DDoS）攻击、中间人攻击（MITM）等，从而确保数据传输的安全性。

5.3.3 安全存储模型

如图 5-4 所示，秉承“数据不动程序动、数据可用不可见”的安全理念，基于隐私计算沙箱，既不需事先对数据脱敏而丧失其挖掘价值，也不需把原始数据发送给数据使用方而对其失控。通过该创新技术，确保数据所有权和使用权分离，帮助合法合规安全地对外开放数据。

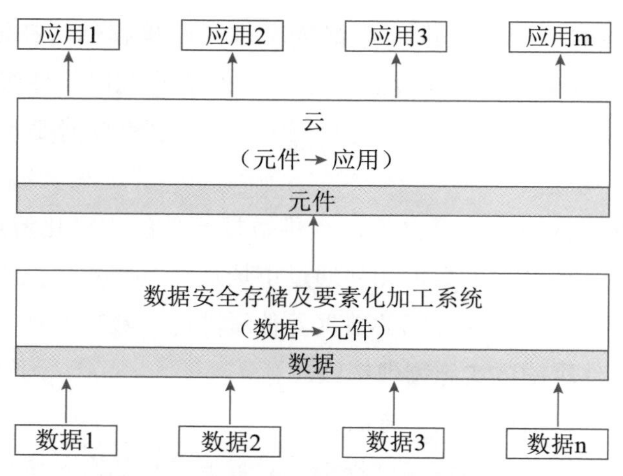

图 5-4　基于数据元件的存用分离模型

基于调试环境与运行环境分离的技术架构，数据分析师在调试环境基于少量脱敏后的样本数据编写和调试数据分析程序，再将程序发送到运行环境执行全量数据进行充分的分析和挖掘，最后带走不含敏感数据的分析模型文件和分析结果，从而实现“数据可用不可见，数据不动程序动”。同时，支持对数据访问权限严格控制，支持对所有数据操作留痕审计，支持行为风险分析和识别，具备数据访问申请与授权体系和输出结果申报与审核机制，保证数据在访问、操作、存储、交互和删除等整个生命周期的安全可控。

为支撑数据要素化过程，解决目前关键数据过于分散、安全保障不足等难题，需建设形成由政府主导的数据要素运行的安全底座，即数据金库，存储影响国家及区域安全发展的核心数据、影响个人隐私以及国家长期发展战略的重要数据，以及对数据进行治理形成的数据元件。数据金库同步建立配套的安全技术、法律制度、监管体系三位一体的保障体系，确保为数据要素提供强有力的安全支撑。

安全存储模型具体包括以下几个方面。

数据存储加密。对存储的数据进行加密是确保数据安全的关键手段之一。加密技术可以防止未经授权的用户访问数据。加密可以应用于数据的不同层次，如磁盘加密、文件系统加密和数据库加密等。

访问控制。对数据的访问进行严格的权限管理，限制谁可以访问哪些数据，以及如何访问。访问控制策略可以包括 RBAC、ABAC 等。

身份认证和授权。确保只有经过身份验证和授权的用户才能访问和使用数据，可以通过使用用户名和密码、数字证书、双因素认证等方式实现。

审计和监控。对数据存储和访问进行审计和监控，以检测和记录潜在的安全事件和异常行为。审计和监控可以帮助追踪数据的使用情况，及时发现并应对安全威胁。

数据备份和恢复。确保定期对数据进行备份，以防数据丢失或损坏。同时，需要制定有效的数据恢复策略，以便在发生意外情况时能够快速恢复数据。

安全标准和合规。遵循国家的数据安全标准和法规，以确保数据存储的安全性和合规性。

5.3.4 安全加工模型

如图 5-5 所示，通过对数据资源、数据元件进行分类分级，夯实数据安全合规的基础，对数据要素化过程的各个环节关键信息进行记录，使安全审计有据可依，对数据生命周期的各个环节应用不同的管控技术，实现数据要素生命周期的全流程管控。

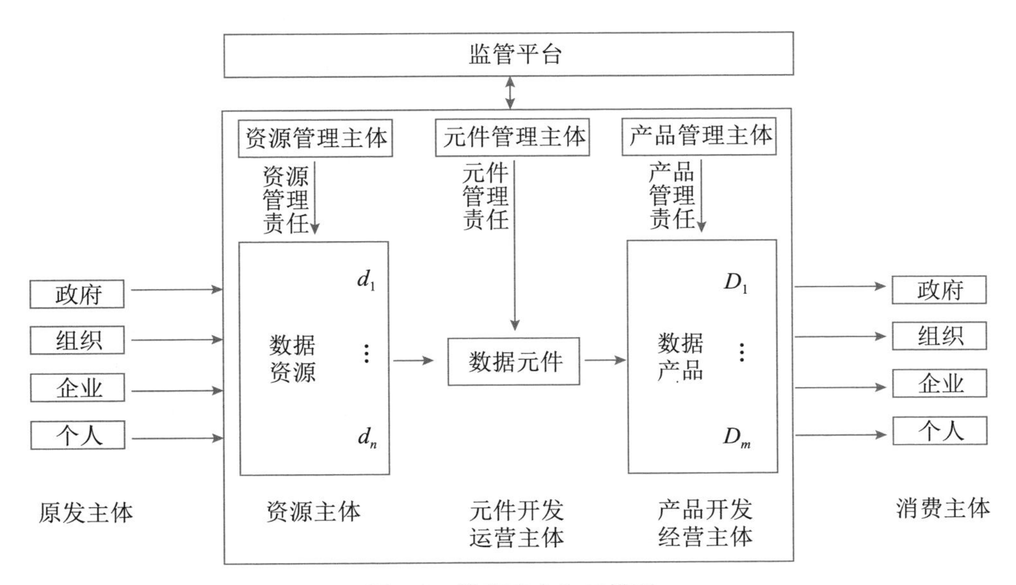

图 5-5 数据安全加工模型

数据元件加工过程是对数据资源进行操作、加工、分析的过程，此环节面临较大的安全风险如数据非授权访问、窃取、泄露、篡改等。因此，应对数据进行安全治理实现数据分类分级；对内部人员特权账号、特权权限、特权行为等进行严格安全管控和审计；数据元件的开发环境与生产环境需物理隔离，数据元件开发商专柜专仓，平台对数据元件开发商的数据资源访问权限、操作进行严格安全管控和审计；采用数据样本脱敏、数据加密等技术确保数据开发利用过程中的安全性；采用数据防泄漏技术防止数据泄露，采用数字水印技术为数据资产提供具有隐蔽性、安全性、鲁棒性、可证明性的水印，实现数据资产的版权保护和溯源追踪。

围绕技术环境、管理制度、流程审计三方面的措施，对数据资源、数据元件、数据产品进行安全管控。

在技术环境方面，依据不同的业务场景和安全程度选择区块链、数据沙箱、多方安全计算、联邦学习等安全技术增强对数据资源、数据元件、数据产品的管控。数据处理采用数据资源和数据元件两种自动化分类分级技术、安全隐私计算技术、等保三级及以上标准、国产化数据安全产品以及同等级双机房灾备设计，实现数据归集、数据清洗处理、数据资源管理、数据元件开发、数据元件流通全覆盖、细粒度、高可靠的过程安全。通过安全大数据支撑匹配三级两网的多级安全态势感知与安全运营平台，实现对安全事件的分层处置、协同响应，对整体事态进行研判处置，并持续优化安全策略，保障数据金库系统的持续、安全运行。

在管理制度方面，围绕数据和数据治理主体、设施、市场等方面，制定各项管理制度。每项管理制度均从不同维度并根据不同安全需求制定相应的安全管理措施，构建形成全方位、多层次的安全管理制度体系。配合整体制度法规体系，从组织架构建设、安全管理制度、安全监管制度三个方面建立全方位的数据安全制度和组织体系。结合具备强本质安全特征的数据安全防护体系，开展数据安全治理，完善数据资源和数据元件的分类分级、重要数据识别、数据合规监管等管理制度，形成管理、技术、运行的有效闭环。

在流程审计方面，构建数据“黑匣子”，用技术和人工的方式，围绕数据要素化治理的全流程，针对数据来源、数据流向、数据开发、元件开发、元件交易、产品开发、产品交易等方面的规范，进行定时和不定期的审查。通过对数据字段数量及其组合关系进行安全审查，消除数据元件交易中的隐私与安全风险，从而为高效流转提供市场和安全保障。

5.3.5 安全流通模型

如图 5-6 所示，数据元件在使用过程中经过标准化和规范化封装，采用数字技术对数据元件进行标识，符合安全合规标准后便可进入数据要素网流通。数据元件在交付过程中，提供数据元件寻址技术和数据溯源技术，实现在数据要素网中对数据元件定位寻址和数据元件追溯等能力。安全流通模型保障了数据元件以安全的形态在数据要素网中流通，同时能够通过数据要素网协议和数据元件标识对数据元件寻址，采用智能合约技术和数字水印技术等对数据元件进行追溯和过程解析。

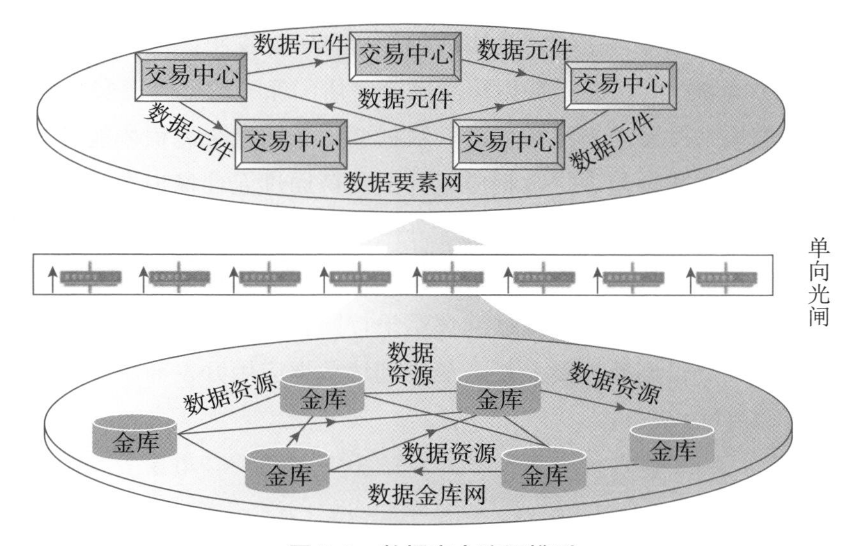

图 5-6 数据安全流通模型

通过打造一张统一的、标准化的数据要素网，从而实现不同地域、不同平台异构数据元件库互联互通，实现跨异构数据库的连接。基于数据元件的标准、数据要素网协议、数据元件的核心元数据对数据元件进行标准化和规范化封装，构建数据元件的数字对象标识解析体系，通过数据元件的数字对象标识解析技术，为数据元件提供全网唯一的数字对象标识生成，设计构建数据要素流通协议，为全网数据元件流通提供统一的标准化协议，各节点基于流通协议接入数据要素网，对数据元件的数字对象标识进行解析，实现数据要素跨域互联和可信追溯。

数据要素网集成了多方面的先进技术。首先，基于区块链共识机制设计智能合约体系，可智能化生成数据元件的交易合约，为交易过程提供信用保障，有效提高数据要素流通交易效率。其次，构建基于数据元件的智能搜索引擎，为全网数据元件提供智能搜索功能的核心技术，便于数据元件的检索。最后，对于重要数据元件采用安全专用网络传输通信和国产加密算法加密传输，使用数据签名技术保证数据的完整性。数据元件进入数据要素网流通交易，原始数据不出数据金库网，确保原始数据安全可控。

安全监管层面，通过对数据要素化处理活动全流程留痕和安全审计，及时审查和发现存在的风险和安全问题，制定相关安全事件的应急处置机制和管理办法，迅速响应安全事件，同时为事后调查提供证据支撑。重要数据和敏感个人信息涉及跨境场景时，开展数据跨境风险评估，保障数据跨境安全合规。

通过以上技术体系的支撑和保障，数据要素流通整个流程才能安全高效运转。在数据元件流通过程中，数据应用开发商可通过元件标识在数据要素网进行全网搜索，利用数据标识解析系统、外网流通协议和数据元件搜索引擎，可实现数据元件的快速精确检索，并解析到元件名称、元件类型、分类分级等数据元件的元数据信息。生产的数据元件结果按照智能合约和内网流通协议通过单向网闸的方式交付到数据要素网，最终到达数据应用开发商手中，完成整个数据元件流通流程。

第6章 数据要素化治理系统模型

数据要素化治理系统模型是开展数据要素化治理工程实践的总体理论框架。本章在明晰治理原则的基础上，以数据元件为核心，整合数据要素化治理的流通模型和安全模型，明确制度、技术、市场三大体系，形成数据要素化治理的模型框架，完成系统模型设计，为数据要素化治理工程实践的开展提供理论基础。

6.1 数据要素化治理原则

6.1.1 体系性安全

体系性安全能够通过规范数据市场主体行为、建立数据资产保护制度、应用数据安全技术等，为组织或个体提供安全可信的数据产品服务，以满足数据元件加工处理及安全流通的需要。体系性安全通常包括生产安全、存储安全、流通安全、使用安全四个方面。

（1）生产安全。根据“原始数据不出域，数据可用不可见”的原则，在数据元件的生产环节，应用去标识化、加密脱敏、隐私计算、区块链等技术，确保在改变数据形态的同时，实现原始数据加工处理、脱敏、封装等过程的安全可控。

（2）存储安全。为有效避免数据泄露、滥用、篡改风险，需在数据资源与元件存储过程中，应用数据金库及以金库为基础的新型数据安全基础设施，以确保数据金库网络和数据要素网物理隔离，实现存储过程安全。

（3）流通安全。为确保数据流通过程中的完整性、安全性，防止数据被篡改和窃取，采用单向光闸等技术手段，将数据元件动态摆渡到数据交易平台，并按需使用区块链、数据沙箱、多方安全计算、联邦学习等技术，实现数据元件可控可计量、流通过程可信可溯源，以保障数据流通交易活动的安全。

（4）使用安全。为应对数据操作、加工、分析等过程中面临的非授权访问、窃取、泄露、篡改等风险，在数据使用过程中，应围绕技术环境、管理制度等方面采取措施，对数据采取分类分级、访问控制、安全审计、数字水印等管理和技术手段，以确保数据开发使用过程中的安全。

6.1.2 规模化开发

规模化开发是通过采用一系列工具、标准、方法等，将分散、无序、海量的数据进行清洗归集与加工生产，形成标准化、可交易、可推广的数据产品服务，并进行规模化流通交易，以提高研发效率，降低生产经营成本。

（1）规模化加工。为提高数据加工效率、规范加工流程，需明确数据加工工序，构建集软件与硬件为一体的大规模、全流程、自动化的数据元件生产流水线，支持数据元件加工生产的专业化活动开展，从而实现数据元件的智慧化、规模化、柔性化加工生产。

（2）规模化流通。为满足数据要素市场化流通配置需求，解决供需两旺与市场缺位的问题，应构建多元主体共同参与的数据要素流通交易市场体系。形成覆盖国家中心枢纽、省、市三级节点的数据要素流通网络，支持跨平台跨区域的数据元件规模化流通交易。

6.1.3 产品化流通

产品化流通是指市场主体运用标准化、规范化的流程把技术、服务以成本可控的方式转化为稳定形态的产品，并通过定价交易等活动使其参与市场化流通，以满足广泛的市场需求。

（1）稳定的标的物。为对数据要素进行计量、定价、流通、交易，需要对数据集的时间、空间、特征等进行准确的描述。可构建由若干关联字段形成的数据集或由数据的关联字段建模形成的数据特征——数据元件，其作为一种具有稳定形态的数据初级产品，在数据的产品化、规模化流通中发挥作用。

（2）满足广泛的市场需求。为满足政府、企业、个人日益增多的数据开发利用需求，需要对数据进行汇聚、封装，形成丰富、多元的产品和服务，以产品化的形式参与流通、释放价值。可通过开发数据元件，以及基于数据元件形成的产品和服务，满足市场对数据产品的广泛需求，培育与发展数据要素市场生态。

6.1.4 平台化运营

平台化运营是基于全局视野对数据要素化治理需求进行全盘考虑，以集约化、生态化、网络化的方式，为数据要素技术、市场、制度体系的构建提供支撑。

（1）技术方面。数据的归集、存储、清洗、加工、流通等工作的开展需要集约化、规模化的技术平台提供支撑，从而提升数据生产加工、流通交易等活动的效率。可通过构建数据清洗处理平台、资源管理平台、元件开发平台等共性技术基础设施，为数据要素化治理活动的开展提供平台化的技术支撑。

（2）市场方面。数据市场的形成与活跃依赖于供需两端的高效对接、多元主体的广泛参与，需要依托体系化、平台化的数据市场，实现数据的广泛流通，形成生态化的网络效应，充分释放数据价值。可通过整合多区域、多领域、多层级的数据交易机构，形成平台化的数据交易市场体系，支持数据要素市场高效、有序运行，提高资源配置效率。

（3）制度方面。数据要素化治理需要对多主体、多进程、多环节进行全周期、全方位、一体化的管理，需要构建体系化、平台化的组织架构、法律法规、管理制度，为数据要素化治理活动的开展提供全面支撑。同时，应将制度规则、市场机制、技术工具等嵌入平台化管控内容中，从而有效规范各相关主体行为，支持数据要素化治理活动有序开展。

6.2 数据要素化治理模型框架

6.2.1 数据要素化治理框架与实现机理

数据要素化治理工程从擘画蓝图到落地实施，需要遵循相应的治理原则，围绕以数据元件为核心的设计理念，基于兼顾流通与安全的模型设计，明确治理工作的主要任务，从而统筹推进“五位一体”总体布局，助力中国式现代化建设。

如图 6-1 所示，数据要素化治理的模型框架以体系性安全、规模化开发、产品化流通、平台化运营为原则，围绕数据元件这一核心设计理念，以数据要素化安全模型为保障，以制度、技术、市场“三位一体”的体系设计为核心内容，通过流通模型有序高效释放数据价值，从而满足经济、政府、社会、文化、生态等各场景域的数据应用需求。其关键要素构成包括以下几方面。

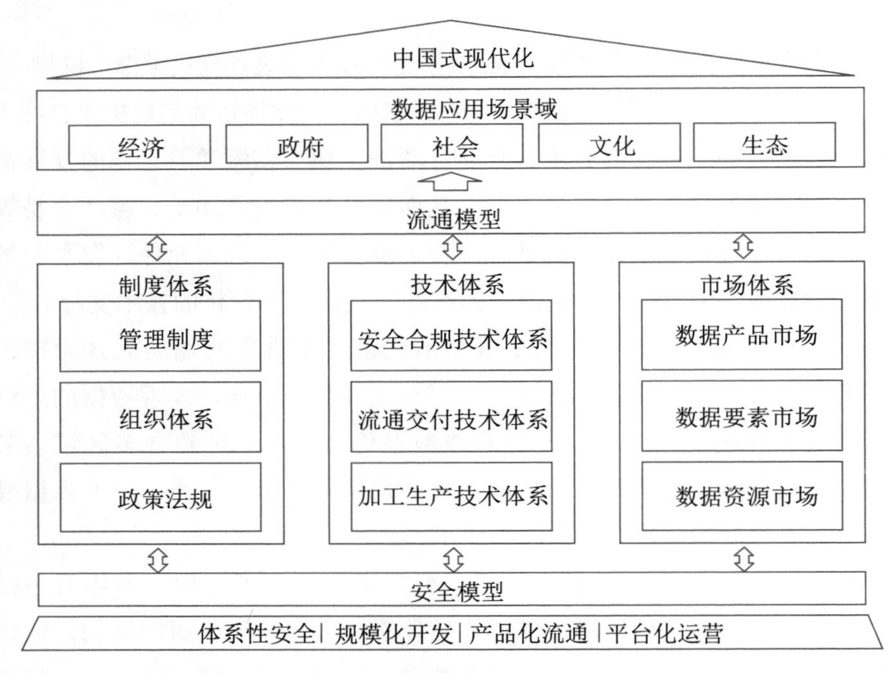

图 6-1　数据要素化治理框架

（1）基于数据元件的流通与安全模型。通过构建数据元件实现原始数据与数据应用解耦，确保数据元件安全流通，是数据要素化治理工程实施的核心要求。本书通过区分数据三种形态，构建分类确权、分级交易的流通模型，为数据要素市场化提供可行的解决方案；并对应数据要素流通过程，提出覆盖数据生产、存储、传输、使用等全生命周期活动的安全模型。

（2）制度、技术、市场“三位一体”的体系设计。数据要素化治理强调制度、技术、市场“三位一体”，有机融合。制度体系通过构建完善的政策法规、组织架构、制度规则，为促进数据价值释放、规范市场行为、实现有效管控等提供基础保障。技术体系包括数据要素的加工生产技术、流通交付技术、安全合规技术等，为数据元件有序高效的开发、交易、应用等提供核心支持。市场体系涵盖数据资源、数据元件、数据产品三类市场，为各种形态的数据价值释放提供公平、可持续的良好环境。

同时，数据要素化治理的实现离不开多元主体的共同参与。在数据归集存储、加工处理、流通交易、开发利用等技术平台的建设中探索共建共用，形成协同高效的技术体系，提高建设管理效能；在数据资源、元件、产品的流通交易中完善市场配置结构，形成规范有序的市场体系，推动数据产品与服务共产共享；在面向数据确权、流通、使用等行为的监管活动中，充分发挥各方主体作用，形成统筹协调的制度体系，强化多元共治，从而形成价值共创的数据要素化治理生态系统，在各项经济社会活动中激发主体活力、充分释放数据价值，如图 6-2 所示。

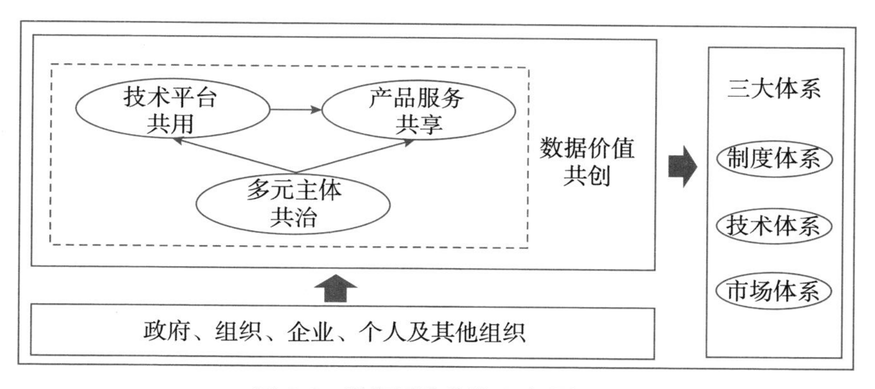

图 6-2　数据要素化治理实现机理

6.2.2　数据要素化治理体系中的交互关系

在数据要素化治理模型中，数据元件是数据资源与数据产品间的“中间态”，是可析权、可计量、可定价且风险可控的交易标的物。制度体系、技术体系、市场体系围绕数据元件，在数据要素化治理工作中持续发挥各自作用，推动数据流通，保障数据安全，是有机融合的整体，缺一不可，数据要素化治理体系中的交互关系如图 6-3 所示。

制度体系发挥统筹、协调、监管作用。一方面，能够通过明确政府、技术与市场主体职责，为新技术使用、新模式建立给予政策支撑，并通过制度规则规范参与主体行为。数据要素化过程中涉及数据管理机构、数据运营机构、元件开发商、应用开发商等多个主体，应通过相关法律法规、管理细则等给予不同主体权益保障；同时，为建立共识与明确分工、支持数据清洗处理、元件开发利用等活动有序开展提供依据。另一方面，通过授权运营、数据分类分级管理、典型场景试点推广等措施，培育数据要素市场生态系统。数据要素市场涵盖数据资源市场、数据元件市场、数据产品市场，每一类市场的有序建立、拓展及自我演进，均不可缺少交易主体、交易客体及有关制度规范。通过建立公共数据、企业数据、个人数据等数据分类体系，面向不同类型的数据，探索流通交易模式，将特定市场内交易主体、交易客体及市场规则进行有机融合，丰富各类数据场景域，以创新数据产业培育机制，推动数据要素市场有序建立。

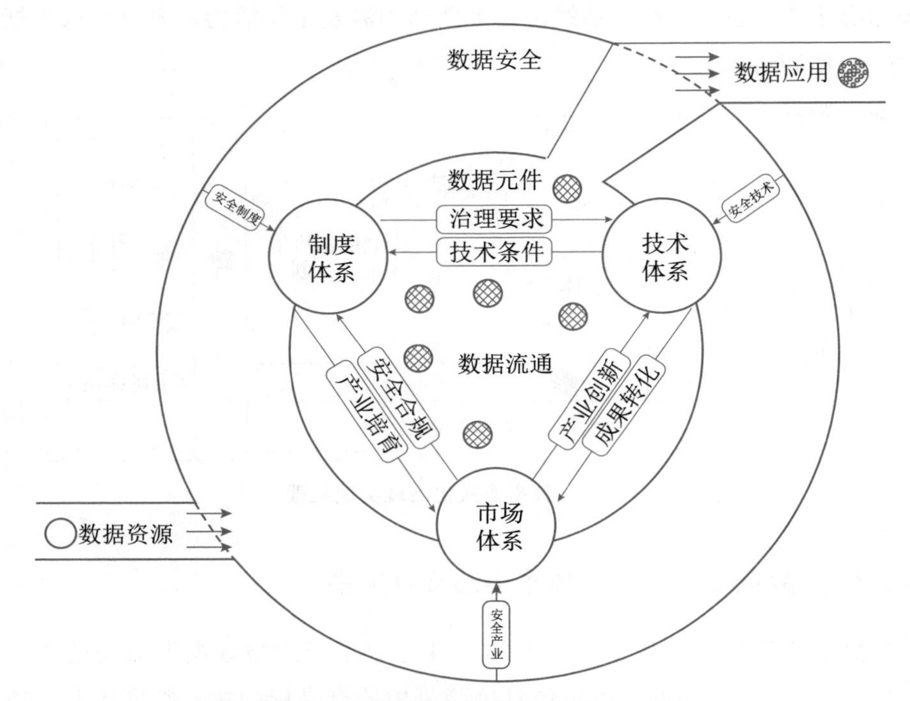

图 6-3 数据要素化治理体系中的交互关系

技术体系发挥支撑、创新、保障作用。一方面，通过数据要素操作系统与四大业务平台支持数据要素规模化开发与平台化流通，并确保数据要素安全可控，支持数据元件、数据产品的生产和投入再生产。原始数据因具有形态多样、价值密度低、敏感性强、可复制等特点难以有效参与市场化流通配置，通过清洗、归集、存储、传输等生产加工过程，确保其形成可析权、可计量的数据元件，能够同时满足数据供需两旺现状。并运用“双向风险隔离、三级安全管控”安全合规技术体系设计，运用单向传输等技术，将数据元件动态摆渡到数据金库外部的数据元件缓冲区，使其在数据要素网中进行流通，为数据安全流通、数据要素市场体系建立提供了充分的保障。另一方面，通过五大支撑系统为全链条数据要素化治理活动提供全方位的技术支撑。支撑系统包括安全、合规、标准、质检和定价评估系统，能够围绕数据要素化流程提供满足数据要素标准体系各项要求的检测、评估、审核和处置策略，为保障数据要素质量、数据要素化治理活动合规运行提供有力支撑。

市场体系发挥供需对接、收益分配、生态营造作用。市场体系一方面，在政府引导下，推动市场主体进行安全合规的数据要素流通交易，满足供需双方诉求，平衡双方主体权益，营造良好的市场竞争环境。数据资源市场、数据元件市场、数据产品市场中的多方参与者能够通过开展合法、依规、可持续的数据要素化市场活动，发挥正向积极的市场化作用，不断落实制度要求，并优化完善制度体系。另一方面，通过加工处理数据资源、生产利用数据元件，不断丰富和创新数据要素、数据产品相关技术体系，包括但不限于加工生产技术、数据安全技术、基础设施保障技术等。并通过创新数据交易模式和业态，助推数据要素市场生态形成。

综上，制度体系明确数据要素化治理的各项要求，并将制度规则与技术系统相融合，从而规范与促进多方主体合法依规开展数据要素市场化相关活动。技术体系响应数据要素市场产业创新需求，并将技术成果在市场中转化应用，通过支持数据资源化、资源要素化、要素产品化，实现全周期、一体化数据要素化治理工程落地。市场体系逐步探索形成安全高效的市场规则，并通过制度规则的持续完善，建立“数据资源—数据元件—数据产品”三类市场生态，助力数据要素相关产业的培育与发展。可见，以“三位一体”的融合优势支持数据要素规模化流通与数据要素安全管控，是数据要素化治理工程实施的关键路径与机制保障。

6.3 数据要素化治理的三大体系

6.3.1 制度体系

制度体系旨在围绕数据要素市场生态培育与发展，建立健全数据管理与安全制度，以更好地推动数据要素市场化实施落地，具体涵盖了政策法规、组织体系、制度规则三个方面。

（1）在政策法规方面，关于数据治理相关法律的基本原则已经明确，而且面向不同数据类型、不同应用场景的数据治理法治体系在逐步完善。需要进一步丰富地方性、领域性的落地政策，以支持数据要素在应用端释放价值潜能。本书以发挥政府引导作用，促进与规范市场主体行为为目标，对国家基础性法规、行业和地方立法、保障性政策法规的设立情况进行了系统性分析，并提出发展完善建议，为数据要素化治理工作的开展提供基础支撑。

（2）在组织体系方面，各地各部门从政策、机构、认识水平等方面积极推动，取得显著进展，制度建设和统筹管理不断加强。在机构设置方面，一些地方相继推进政务数据治理机构建设和职能的调整完善，通过新建机构、明确职能等方式进一步强化政务数据治理能力。本书提出涵盖决策机构、数据监管机构、数据治理专家组、数据研究咨询机构、数据管理机构等的组织体系，能够进一步加强治理主体、市场主体、支撑主体，以及数据主体的有机协同，旨在破解制约数据要素流通的体制机制障碍。

（3）在制度规则方面，围绕数据元件生产与应用、数据要素市场化配置等过程，构建全面系统的数据要素化制度规则。一方面，明确参与主体各方职责与业务要求。通过政府牵头对数据资源、数据元件进行统筹管理，社会主体深入推进数据治理，创新商业模式，推动市场化配置。另一方面，确保数据要素流通中实现生产安全、存储安全、使用安全等。通过设立主体管理制度、设施管理制度、数据管理制度及市场管理制度，实现制度规则与技术系统有机融合，推进数据要素化工程试点应用。

6.3.2 技术体系

数据要素化治理技术体系的设计需要着眼于与制度体系、市场体系相配合解决数据要素化过程中的诸多技术挑战与问题。其中，亟须解决的关键技术问题是如何在保证数据安全的同时，统筹促进数据要素的可信流通。数据元件概念的诞生，为破解安全与流通这一看似难以两全的矛盾提供了新的思路与抓手，也为数据要素化治理技术体系提供了坚实的基础。在同时确保安全与流通的框架下，数据要素化治理技术体系囊括数据要素加工生产技术体系、数据要素流通交付技术体系、数据要素安全合规技术体系。

（1）数据要素加工生产技术体系。现有的数据治理主要面向数据共享开放和数据服务，并没有形成规模化的开发与应用。数据要素化治理基于数据金库等基础设施，构建软硬一体的大规模、全流程、自动化的数据元件加工生产流水线，通过数据要素操作系统进行统一调度管理和工艺控制，支撑数据要素三级蝶变，可实现数据元件的智慧化、规模化、柔性化生产，从而促进数据要素高效流通和应用。核心技术主要包括面向数据要素工艺化全流程“软件定义”的操作系统和数据元件加工生产技术。

（2）数据要素流通交付技术体系。数据要素流通交付面临着风险大、监管难等问题，我国先后出台了多种以加强数据要素安全流通为目的的法律法规，制定了数据流通交易相关的标准规范和管理办法。但就数据要素流通现状来看，数据市场的活力还不够，数据的流动性方面还存在诸多障碍。通过构建数据金库网和数据要素网络，研究数字对象标识技术、数据流通协议技术、空间隔离技术、数据元件搜索引擎技术、智能合约技术等，实现分布式数据资源的高效整合和可控可管的数据要素互联。

（3）数据要素安全合规技术体系。在数据应用过程中，保证原始数据不被泄露、滥用、删除、篡改是数据要素化治理的一大原则性要求，也是数据与数据应用之间解耦的技术目标。传统数据应用模式是将原始数据直接用于业务应用，存在隐私泄露、数据篡改等安全隐患，而且无法规模化流通。以数据元件的数据要素安全模型为理论依据，充分考虑数据要素在生产、存储、流通等方面的特点，采用“双向风险隔离、三级安全管控”的安全架构设计思路，形成了以数据金库为基础设施的安全存储技术、以数据元件为核心的安全流通技术、数据要素分类分级的安全管控技术和数据要素化业务全流程的合规管控技术。

6.3.3 市场体系

以数据元件流通交易为主线，建设“资源市场—元件市场—产品市场”三类市场体系。同时，建立与之配套的市场监管体系，着力塑造公平、透明、有序的市场环境，以建立数据要素驱动的新发展模式，催生数据要素市场生态。三类市场因供需对象不同，具有不同的交易主体、交易客体、交易规则及定价机制。

（1）数据资源市场。数据资源市场形成于原始数据归集阶段，依托各类数据源的归集整合，形成集购买、协议以及激励等多种方式相结合的市场机制体系。

在数据资源市场中，交易主体包括政府、企业、社会组织、个人等持有数据的相关主体。交易客体是各类交易主体所持有的各类原始数据，包括但不限于政府、法人、自然人、设备、物体等数据源发主体的状态和行为的数据集合。交易规则多采用协议购买和协议交换等方式。定价采用以数据规模为基础，成本法为主的定价机制，以降低数据资源市场中的交易成本。

（2）数据元件市场。数据元件是对数据资源的提炼、抽象与封装，是可析权、可计量、可定价且风险可控的交易标的物。对数据元件进行生产利用，能够进一步促进数据价值的释放，为建立数据产品市场奠定基础。因此，应进一步提升数据资源的开发利用程度，快速扩展数据元件品类和数量，并依托规范化的流通平台进行交易流转，建立完善的数据元件市场。

在数据元件市场中，交易主体是以丰富数据元件及各级次数据产品为目标的元件开发商与应用开发商。交易客体是可析权、可计量、可定价的数据元件。相较于数据资源，数据元件能够直接参与要素市场化配置流通。交易规则是内置于数据运营服务中心流通平台的管控细则，其目的是营造良好的营商环境。定价采用以数据价值为基础，收益法为主的定价机制。

（3）数据产品市场。数据产品是基于数据元件加工形成的数据商品或服务，能够满足多种数字化应用场景。数据应用开发商在数据元件市场通过交易获取数据元件，并对数据元件进行加工与开发，面向政府、企业、个人用户的需求，提供数据产品及服务，进而形成丰富的数据产品市场。

在数据产品市场中，交易主体是数据应用开发商和终端用户，其围绕用户需求不断提供数据产品服务，以提升用户满意度，建立数据产品品牌优势。交易客体是基于数据元件和自有数据开发形成的数据产品及服务。交易规则是在供需双方或多方依法达成协议后，进行合法合规的交易，确保满足多方利益相关者的需求。定价采用以产品需求为基础，市场法为主的定价机制。数据产品市场中，市场是由“看不见的手”调节，即由市场需求及产品自身质量决定，形成完全竞争态势。

6.4 数据要素化治理机制设计与实现

数据要素化治理应围绕流通和安全两大核心问题，从制度、技术、市场三大体系入手，进行具体的机制设计与实现。

6.4.1 流通机制设计与实现

依托数据要素化治理中的三大体系和交互关系，设计实现数据要素的规模、高效流通。

首先，基于制度体系，对流通交易的主体、客体、平台、流程管理与市场监管等方面进行全面治理，明确数据资源、数据元件和数据产品流通交易的管理要求，形成权责清晰、层次分明的数据流通交易制度规则。在数据要素化及其相关技术创新与使用的过程中，不同数据形态因属性存在差异而拥有不同的价值，与之相关联的数据治理主体、数据源发主体、数据资源持有主体、数据加工使用主体及数据产品经营主体等，也因分工不同在数据要素化治理过程中产生了不同劳动投入及贡献水平。通过建立健全数据要素基础制度，可维护各类主体的权利，确保其权益获得；并通过在三类市场中分别设定相应的市场准入规则、竞争规则及交易规则等，保障数据要素市场稳定运行。

其次，基于技术体系，实现数据金库网和数据要素网络两张网络部署，以及数据要素化全流程、全栈式安全防护，支撑数据归集、数据元件和数据产品的开发与交易等数据要素全生命周期活动的开展。数据元件生产与存储是数据要素进行大规模流通交易的关键，以数据元件生产流水线为支撑，将清洗处理后的数据元件存储在数据金库中，使之与原始数据隔离，降低了数据篡改、滥用等风险，增大了数据流通的可能性。数据元件开发与交易是数据大规模开发应用的基础，基于开发系统工具、元件交易平台技术等，对数据进行分类分级、元件进行计量计费，支持实现数据安全流通的合约交易。上述复杂过程的开展，得益于安全存储、安全生产、智能合约等安全技术的全程全网管控。

最后，基于市场体系，面向数据资源、数据元件与数据产品三类市场，完成供需对接、计量定价、确权分配等活动，引入数据元件开发商、数据应用开发商及第三方服务机构等主体共同参与数据要素流通交易，充分释放数据价值。在数据要素化治理技术环境下，采用企业引培、主体资质审核、数据分类确权、用户行为追溯等方式，健全数据要素产业链，完善数据要素市场化配置机制，以推动实现数据红利有序释放、数据价值变现等目标。同时，在数据要素化、要素产品化等过程中，数据元件开发商、数据应用开发商等服务提供方通过快速精准定位市场不同需求，并创新数据技术与模式，以成本可控、价格可算、渠道可及等方式，为需求方提供智能化、个性化的需求匹配服务。上述活动的顺利开展，能够为提升自身市场竞争力、丰富数据产品与服务种类、多方价值创造与获取等提供有力保障。

6.4.2 安全机制设计与实现

依托数据要素化治理中的三大体系和交互关系，设计实现数据要素的安全、合规解决方案。

首先，基于制度体系，面向数据和数据主体、设施、市场等方面制定安全管理制度。根据开发与应用环境构建、元件生产与加工技术研发、伦理道德风险防范等不同方面需求，考虑主体、设施等不同维度及其参与过程中利益关联，明确安全管理要求。统筹协调多方开展共治活动，提高安全意识，落实多方安全管理责任，并细化与数据要素化治理各环节相关的安全管理流程和措施，定时、定期地对这一复杂过程进行监控审计，完善相关奖惩机制，以构建形成全方位、多层次的数据要素化安全管理制度体系。

其次，基于技术体系，依据不同的业务场景和安全要求选择区块链、数据沙箱、多方安全计算、联邦学习、差分隐私等安全技术，实现对数据资源、数据元件、数据产品的安全管控，保障生产、存储、加工、使用等数据要素化全生命周期的过程安全。在“原始数据不出域、数据可用不可见、数据不动程序动”等细则约束下，通过分区存储、物流隔离等技术，形成以数据金库为基础设施的安全存储技术；通过元件安全审核、全流程追溯等技术，形成以数据元件为核心的安全流通技术；通过数据分类分级、数据安全审计等技术，形成数据要素分类分级的安全管控技术。

最后，基于市场体系，引导多方市场主体共同承担安全责任，提高安全意识，在数据要素化治理安全工作中发挥各自作用。将安全合规要求嵌入数据要素化市场体系之中，落实政府、行业协会等相关方对市场运行的监督审查要求。依据“三阶段确权”思路，明确确权主体和对象，利用技术手段完成权属分配，通过清晰的数据产权，保障参与主体数据权益，增强数据安全流通的可能性。通过对法律法规、国家标准分析拆解，结合数据要素化的合规要求将其集群化，形成相应的合规功能模块，确保高质量、低风险的数据参与市场化流通。在数据流通交易等过程中，通过自动化监测、收集、处理全过程安全事件，并分析其对数据要素化治理造成的影响，形成风险识别与处理库构建方案设计，为可信、可控的数据要素市场化流通交易提供支持。

工 程 篇

第7章 数据要素化治理的制度体系

作为数据要素市场的规范性框架，制度体系在数据要素化治理中发挥着重要作用，是实现数据要素市场化配置应用、交易开发、安全流通的基础保障。本章将以数据要素化治理制度体系架构为基础和切入点，遵循自顶而下、领域深化的建设逻辑，对其所包含的政策法规、组织体系、管理制度等具体内容进行深入剖析，厘清数据要素化治理制度体系架构及其各部分间相互关系，解释制度体系的基本内容、原理、功能、定位等。

7.1 制度体系架构

一般而言，制度体系是指组织为保证各项政策、制度、措施顺利实施和日常工作的正常开展，而构建的规定与准则的总称，包括法规、政策、章程、规范、公约等法理文件以及相关主体所构成的组织框架。

在数字时代，数据要素化治理的制度体系是实现数据要素化的重要制度保障，对数据要素化治理过程具有指导性、约束性、规范性等作用。可以将该体系理解为组织在参与、管理和利用数据资源、数据元件、数据产品的过程中，为保证相关主体有序参与数据要素化治理活动及市场运行规范和顺畅而构建的秩序系统总称。因此，构建完善、科学、系统的制度体系是推动数据要素化治理实践落地的有效之策。

数据要素化治理制度体系的逻辑性、体系性、完善性关系着数据要素化治理实践过程中运行环境的优劣和治理能力的强弱。可以将数据要素化治理的制度体系划分为三个层面，分别为规范层面的法规框架——政策法规，运行层面的组织框架——组织体系，以及操作层面的管理框架——管理制度，三个层面的关系如图 7-1 所示。

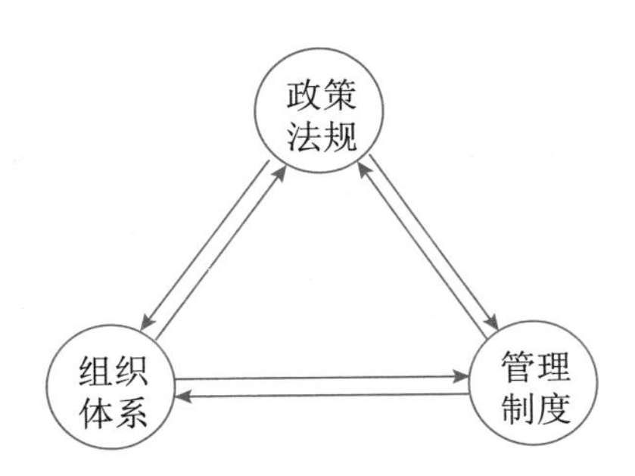

图 7-1　数据要素化治理制度体系内容关系示意

在规范层面，政策法规是数据要素化治理的重要依据。数据要素化治理政策法规是指在数据要素化治理过程中，为维护市场秩序、保障数据要素安全流通交易而颁布施行的法律、行政法规、部门规章、标准规范、政策措施等规制性、指导性文件的总称。其核心内容和主要任务聚焦于构建数据要素化治理的法理基础和原则框架，根本目的在于建立和维护良好的要素市场秩序。政策法规定义了数据要素化治理的基本内容和基本规则，对于治理手段和治理方式具有原则性指导作用，对于治理实践过程中保障各项要求的全面落实具有重要意义，是治理实践取得良好成效的重要保障，是数据要素化治理工作长期、持续、规范开展的坚实基础。

在运行层面，组织体系是数据要素化治理的组织基础和运行基础。数据要素化治理组织体系是指在数据要素化治理过程中，通过履行职能、承担责任、发挥作用参与到数据治理实践的各类型组织和机构，主要包括以统筹领导机构（小组）、数据主管部门、数据管理机构等为主的治理主体，以数据运营商、服务商、开发商、交易机构为主的市场主体，以专家咨询机构、研究支撑机构、法律服务机构、评估认证机构为主的支撑主体，以及包括政府、组织、企业、个人在内进行数据提供的数据主体。其核心内容和主要任务聚焦于明确各方主体责任，实现不同主体间权力责任的合理剥离和配置，本质上在于通过明确任务、目标、责任、权力、人员、资源等内容，实现整个治理系统的有效运行，防止因权责模糊导致的各主体间冲突和矛盾，是数据要素化治理工作能够顺利开展的前提条件。

在操作层面，面向主体、数据、市场、基础设施等多个方面的管理制度构成了数据要素化治理实现规范运营的重要前提。管理制度是指在数据要素化治理过程中，为实现高效、安全运转而采取的各类型制度、规则、办法、守则、约定的总称，可以视之为更加具体、更具实践性和实操性的规范。但同时，它又不同于法律法规，法律法规是从合法性出发而划定的行为边界，具有底线意味、非触及不发生效果，而管理制度则在日常运营过程中时刻发生着效力。管理制度具有规范和引导双重性质，主要包括主体管理制度、数据资源制度、市场规则制度、基础设施制度等具体内容。管理制度的核心内容和任务目标聚焦于理顺工作规则和办事流程，根本目的在于通过营造一个运行有序、沟通顺畅、办事简洁的客观环境来提升治理和运行效能，是数据要素化治理工作取得实效的基础保障。其中，安全相关管理制度更加具有技术性特质，其核心内容和主要任务聚焦于规范治理过程中的方式方法，根本目的在于通过规则的技术性约束来确保治理过程中各手段和方法的规范性和有效性，进而推进治理能力的提升，是数据要素化治理工作安全开展的有力支撑。

综上，数据要素化治理制度体系在政策法规、组织体系、管理制度三方面相互支撑、相互促进，能够形成协调统一、统筹推进的有机系统。政策法规作为数据要素化治理制度体系的法理基础，为管理制度、组织体系的构建提供了最为基本的方向指引和原则规范，其内容完善性和逻辑合理性不仅关系着管理制度、组织体系等内容的科学性和有效性，更对其运行和发展发挥着重要作用。政策法规的变化往往会导致组织性质及其运行制度的重大变化。管理制度是政策法规的重要变现和运行实践，更是组织体系实现良好运行的重要基础，其实践经验不仅对于进一步反馈、纠正、完善政策法规内容具有重要意义，更对于组织体系生存变革具有直接影响。在实际运行过程中，管理制度的严重缺陷往往会增加组织体系的维护成本、缩短组织寿命，使之陷入危机，进而导致其崩溃和瓦解。各类型组织及其所组成的组织体系是数据要素化治理行为的直接参与者和基础载体，各类型组织所产生的数据要素化治理行为受政策法规、管理制度的约束和规制，需要在一定的规范性制度框架下运行。

因此，理顺数据要素化治理制度体系各部分间关系、认清其逻辑关联，搭建科学、系统、完善的数据要素化治理制度体系运行框架，对于提升数据要素化治理能力和水平具有重要意义。

7.2 政策法规

7.2.1 国家基础性法规

国家基础性法规旨在解决数据要素开发利用的体制机制和一般规则问题，国内外已经出台了一系列基础性的数据战略、数据条例和技术标准等文件，对数据的基本概念和目标做出界定，规划了数据制度体系及数据产业布局，并提出数据流通利用障碍的破解机制。通过这些基础性制度设计，为产业发展战略、行政管理体制、数据基础设施、公共数据开放、个人数据授权使用、数据交易平台等指明了发展方向。

在数据基本概念和目标方面，需要明确数据要素市场中参与主体的法律身份、数据要素的客体类别、数据交易的基本形式等内容。我国《中共中央 国务院关于构建数据基础制度更好发挥数据要素作用的意见》、欧盟《欧洲数据战略》、日本《综合数据战略》、美国《联邦数据战略与2020年行动计划》都不同程度地对数据的基本术语、不同主体的市场地位和数据要素发展的基本目标做出了规定，但是在数据要素市场尚未成熟的情况下，没有形成体系化和清晰的内涵概念。2021年9月27日，美国法学会和欧洲法学会共同发布《美国法学会、欧洲法学会数据交易和数据权利基本原则》，旨在以跨国视角整合和统一现有与数据经济相关的法律和法律概念，分别对数据控制者、数据的共同控制者、数据处理者、数据主体、数据生成者和接收者做出界定，减少法律规则适用的不确定性，为未来世界各国继续发展和深化相关规则提供参考。

在数据制度体系规划方面，我国《关于构建数据基础制度更好发挥数据要素作用的意见》（简称“数据二十条”）设计了公共数据、企业数据和个人数据的三分类制度体系；欧盟《欧洲数据战略》明确提出建立欧盟内部跨部门的统一数据获取与利用的治理框架；日本《综合数据战略》设计了全日本所有涉及数据的参与者共享的整体数据生态架构，以明确每个措施在社会整体中的定位。中国和欧洲在数据制度体系规划方面已经形成了较为明晰的体系化规划，我国“数据二十条”对全国人大常委会法工委、国家发改委、中央网信办、最高人民法院等机构分别提出了制度体系规划的工作要求；欧盟的《欧洲数据战略》则提出了按照行业数据进行建设的制度规划以及《数字市场法》《数字服务法》《数据治理法》《数据法》等系列的综合立法措施。

在数据产业布局方面，数据基础制度主要通过政策促进数据应用场景发展。《“十四五”大数据产业发展规划》提出了我国数据产业的发展方向，数据要素价值评估体系初步建立，关键核心技术取得突破，数据采集、标注、存储、传输、管理、应用、安全等全生命周期产业体系统筹发展，与创新链、价值链深度融合，新模式新业态不断涌现，力争形成一批技术领先、应用广泛的大数据产品和服务，创新力强、附加值高、自主可控的现代化大数据产业体系基本形成。在此基础上，将加快培育数据要素市场，发挥大数据特性优势，夯实产业发展基础，构建稳定高效产业链，打造繁荣有序产业生态，筑牢数据安全保障防线。《欧洲数据战略》概述了欧盟未来五年实现数据经济所需的政策措施和投资策略，其最终目的在于创建一个整体的欧洲数据公共空间——一个真正的数据单一市场。2022 年 2 月《关于欧洲公共数据空间的欧盟委员会工作人员文件》第六章中专门对欧洲公共数据空间的运行现状做了分领域的详细介绍。2022 年 3 月欧盟发布的报告《欧洲共同数据空间：进展与挑战》中则重点评估了欧洲公共数据空间中数个核心项目架构的运行，包括国际数据空间协会（International Data Spaces Association，IDSA）、欧洲云和数据基础架构项目（Gaia-X）、欧洲工业数字化开放平台和大规模试点项目（Open DEI）等，并着重分析了欧盟开放数据门户在数据空间中已有的作用和潜在的效用。

在数据流通利用障碍处置方面，数据基础制度旨在破除数据供给不足、流通安全风险高、数据权益保障弱等问题。例如，2021 年 10 月，经济合作与发展组织（Organization of Economic Cooperation and Development，OECD）发布了《增强数据访问和共享的委员会建议》，提出了最大化数据共享优势的通用原则和政策指导。欧洲《数据治理法案》设立了数据利他主义组织，该实体是为了实现通用利益目标而成立的法人实体，独立于任何以营利为基础运营的实体之外，以非营利为基础来运营。该实体通过法律上独立的架构从事数据利他相关活动，并与其从事的其他活动相区分。为扩大公共数据的利用效益，美国联邦出台了《开放政府数据法案》，对数据开放主体责任与数据质量提出明确要求。欧盟通过《开放数据指令》确立了欧盟范围内开放数据可得性、可获取性和透明度的框架规则。英国《自由保护法》将政府部门和其他公共机构发布可重复使用的数据集列为法定义务。这些立法举措有力保障了数据供给源头的活性和质量，为数字经济发展提供源源不断的数据“活水”。

此外，为促进数据在全社会范围内的顺畅流通，欧盟以建立“单一数据市场”为目标，陆续推出《促进非个人数据自由流通条例》《数据治理法案》《数据法案》等，初步构建起全欧盟范围内数据流通的制度、技术和市场体系。英国提出《数据改革法案》，提高个人数据的可用性，加快构建利于增长的数据保护框架。日本制定了《官民数据活用推进基本法》，促进公共数据和私人数据的使用。韩国出台《数据产业振兴和利用促进基本法》，强化全国数据交易市场的统筹安排。这些立法举措明确了数据流通和开发利用的基本规则，有力促进了数据要素市场的形成。

面向数据要素化治理工程的需要，我国还需要在数据产权领域加强基础性制度保障。根据《中华人民共和国立法法》的权限设置，基本民事权利只能通过国家立法确立，《中华人民共和国物权法》的“物权法定”原则也要求新兴物权需要通过国家立法确立。在此背景之下，尽管各个地方和行业高度关注数据产权设置，部门规章和地方立法依然只能做出原则性的规定或者留白，需要全国人大作为国家立法机关来解决数据产权的空白。同时，《民法典》在数据产权缺乏规定的情况下也为地方留出了空间。根据《民法典》第 10 条的规定，处理民事纠纷，应当依照法律；法律没有规定的，可以适用习惯，但是不得违背公序良俗。地方立法或者行业自治规则可以结合行业最大的共识订立确权规则，并将其作为一个商业惯例通过司法程序得到确认。此外，可通过标准合同约定数据产权分配规则。数据财产可以通过数据采集合同约定相关各方的财产权益，增强合同的公平性从而提高合同的司法认可度。

7.2.2 行业和地方立法

数据要素流通利用具有场景化特征，故而需要针对特定行业建立不同的数据要素制度；数据要素流通具有创新性特征，故而需要各个地方先行先试地探索数据流通利用新路。我国“数据二十条”提出，在智能制造、节能降碳、绿色建造、新能源、智慧城市等重点领域，大力培育贴近业务需求的行业性、产业化数据商，鼓励多种所有制数据商共同发展、平等竞争；有序培育数据集成、数据经纪、合规认证、安全审计、数据公证、数据保险、数据托管、资产评估、争议仲裁、风险评估、人才培训等第三方专业服务机构，提升数据流通和交易全流程服务能力；鼓励有条件的地方和行业在制度建设、技术路径、发展模式等方面先行先试，鼓励企业创新内部数据合规管理体系，不断探索完善数据基础制度。

在行业领域，国内外在健康数据、地理数据、交通数据、气象数据等领域已经形成一些法规制度。例如，在健康数据领域，《山东省健康医疗大数据管理办法》发布后，山东设立了北方健康数据中心，推动了健康数据的授权运营模式。欧洲正在起草中的《欧洲健康数据空间条例的提案》旨在充分利用健康数据，提供高质量的医疗保健，减少不平等现象，为预防、诊断和治疗，科研创新，决策和立法决定提供数据支持，同时确保欧盟公民对其个人健康数据享有更大的控制权。2023 年，欧盟委员会就欧洲健康数据空间的提案达成一致意见，欧盟公共卫生工作组已经在 2023 年 1 月就委员会提案第四章有关“数据二次使用”内容达成一致。在欧洲数据战略颁布后，欧盟委员会在《数据治理法案》以及《智能和可持续交通战略》（*Smart and Sustainable Mobility Strategy*）等文件中，进一步强调了建立交通数据空间的必要性以及后续的相关措施。欧洲共同数据空间（CEDS）将促进今后交通数据的访问、汇集和共享，从而使数据的经济和社会价值最大化，同时也使得作为数据来源的公司和个人更好地控制数据。

在数据立法的地方探索中，我国各个省份在多个方面存在共通之处。其一，在相关用语的定义方面，大多数省份在“数据”“数据处理”“数据安全”三个定义上保持了基本的一致。对于“公共数据”的定义，各个省份都明确了制度规范的组织包括行政机构和公共机构，也都明确了非法的或公共机构实施公共服务以外涉及的数据不被视为公共数据。其二，在数据权益相关保护方面，多数省份在规定中确定了数据权益的相关保护，明确了告知与同意、个人数据处理、维护公共利益和个人权益、数据财产权益的保护。其三，在公共数据的管理、开放与利用方面，各个省份对于“公共数据”做出了相似的规定，并在管理、开放与利用方面保持了相同的原则。例如，公共数据资源由省市大数据中心统一管理；对于公共数据实施分类分级管理；建立公共数据目录管理体系；共享为原则，不共享为例外等。其四，在数据安全方面，各个省份对于数据安全方面的要求基本与上位法《数据安全法》保持一致。以数据处理者为责任主体，建立分类分级的数据安全保护机制，并由省份网信部门制定重要数据目录，对列入目录的数据进行重点保护。

然而，目前各省份在数据立法中也存在一些差异：

其一，在公共数据的定义和范围方面，各个省份基本将公共数据定义为“行政机构，以及具有公共事务职能的组织所产生或获取的数据”，将定义落实到了“公共”上。但具体而言，各省份对于公共数据的定义，主要还有以下的不同点：①在一些省份，例如浙江、广东、上海等地，在表述中特意给出了示例，如“供水、供电、供气、公共交通”属于公共机构，其他一些省份则只进行了笼统的表述。②《江苏省公共数据管理办法》第二条中额外增加了“具有公共使用价值”的要求，这样的定义并没有出现在其他省份的公共数据制度中。

其二，在立法模式方面，虽然各个省份都出台了数据相关的法律制度，但是数据立法的模式有所不同。以浙江、广东、河南为代表的“数字经济促进条例”，以促进数字经济发展为核心，以基础设施、数据资源、产业化和数字化发展为主要内容。以深圳和上海为代表的“数据条例”，以保护数据权益、规范数据处理活动为目的，以个人数据、公共数据、数据要素市场、数据安全为主要内容。以湖南为代表的“网络安全和信息化条例”，以保障网络安全、促进信息化发展为主。

其三，在地方立法的侧重方面，以贵州省为例，出台了全国首部大数据地方法规《贵州省大数据发展应用促进条例》后，又制定了《贵州省大数据安全保障条例》《贵州省政府数据共享开放条例》。上述三部法规构建了贵州省大数据地方立法体系，之间有所联系但是侧重不同。《贵州省大数据发展应用促进条例》明确了贵州省大数据产业的发展方向，规定大数据发展应用应当坚持服务和应用导向，突出创新引领和应用驱动，从实际需要出发，着力解决实际问题；《贵州省大数据安全保障条例》则是从保障数据安全和个人信息安全的角度出发，明确大数据安全责任，促进大数据发展应用；而《贵州省政府数据共享开放条例》则是从政府服务的角度，明确以促进政府数据汇聚、融通、应用，培育发展数据要素市场，提升政府社会治理能力和公共服务水平，促进经济社会发展为目的。

其四，在数据治理方面，各地数据立法有先后，在数据治理方面呈现不平衡性。具体来看，既有综合性立法，如《深圳经济特区数据条例》涵盖了个人数据、公共数据、数据要素市场、数据安全等方面，是国内数据领域首部基础性、综合性立法；也有数据领域的分类立法，如贵州省三部法规。在数据立法之外，各地关于数据资源治理的举措还体现在促进数字经济发展的相关条例中。比如，在《浙江省数字经济促进条例》中，就设有“数据资源”专章。《广东省数字经济促进条例》对数据资源开发利用保护做出明确规定，探索数据交易模式，培育数据要素市场，规范数据交易行为，促进数据高效流通。

其五，在数据交易方面，各个省份对于数据交易的相应规定有所不同。以广东的深圳和上海为例，尽管深圳就数据交易做出了少量相应规定，但是《上海市数据条例》中则明确，将应国家要求在浦东新区设立并运营数据交易所，并支持数据交易服务机构有序发展。目前大湾区和京津冀地区的数据交易所也在大力发展中。

其六，在区域数据合作方面，形成了地方和区域特色。以上海为例，《上海市数据条例》首次提出长三角区域数据合作的概念，指出上海将与长三角地区其他省一同建设全国一体化大数据中心体系长三角国家枢纽节点，并共同开展长三角区域数据标准化体系建设，按照区域数据共享需要，共同建立数据资源目录、基础库、专题库、主题库、数据共享、数据质量和安全管理等基础性标准和规范，促进数据资源共享和利用。大湾区、京津冀等区域也将在未来进行区域数据合作。

数据的流通利用具有高度的行业化和区域性需求，未来的数据流通利用需要在行业特色和区域需求方面加强制度的细化支撑。对于通用需求的数据，可以参照欧洲公共数据空间的模式，按照交通数据、金融数据、地理数据、健康数据等类别分别探索不同的数据流通利用经验，并转化为法规机制。对于区域或者行业联盟内的需求，可以通过数据合作社、个人数据空间、数据联盟等方式构建数据流通利用制度，为场内数据流通提供通道。

7.2.3 保障性政策法规

数据要素开发利用中也需要以安全为底线，“数据二十条”也强调了个人信息保护、数据跨境安全、数据风险治理等要求，这些要求已经在现有的法律法规体系中形成了具体的制度。2021 年，由《网络安全法》《数据安全法》和《个人信息保护法》构成的网络空间监管和数据保护的“三驾马车”正式成型。在法律规范范围上，《网络安全法》涵盖的内容最广泛，是网络空间领域第一部综合性立法。在法律合规义务上，《个人信息保护法》的内容更具体、要求更严格，是各方数据处理者要研究应对的重点。《数据安全法》尽管是一部以“安全”为名的法律，但是该法律明确了开发利用与安全保障并重的原则，国家保护个人、组织与数据有关的权益，鼓励数据依法合理有效利用，保障数据依法有序自由流动，促进以数据为关键要素的数字经济发展。国家统筹发展和安全，坚持以数据开发利用和产业发展促进数据安全，以数据安全保障数据开发利用和产业发展。

《数据安全法》的目标有四项：①数据是国家基础性战略资源，没有数据安全就没有国家安全。因此，应当按照总体国家安全观的要求，通过《数据安全法》加强数据安全保护，提升国家数据安全保障能力，有效应对数据这一非传统领域的国家安全风险与挑战，切实维护国家主权、安全和发展利益。②各类数据的拥有主体多样，处理活动复杂，安全风险加大，通过《数据安全法》建立健全各项制度措施，切实加强数据安全保护，维护公民、组织的合法权益。③发挥数据的基础资源作用和创新引擎作用，加快形成以创新为主要引领和支撑的数字经济，更好服务我国经济社会发展，需要通过《数据安全法》规范数据活动，完善数据安全治理体系，以安全保发展、以发展促安全。④为适应电子政务发展的需要，提升政府决策、管理、服务的科学性和效率，需要通过《数据安全法》明确政务数据安全管理制度和开放利用规则，大力推进政务数据资源开放和开发利用。

《个人信息保护法》的目标主要包括三项：①进一步加强个人信息保护法制保障，增强法律规范的系统性、针对性和可操作性，在个人信息保护方面形成更加完备的制度，提供更加有力的法律保障。②维护网络空间良好生态，以严密的制度、严格的标准、严苛的责任规范个人信息处理活动，落实企业、机构等个人信息处理者的法律义务和责任，维护网络空间良好生态。③促进数字经济健康发展，建立权责明确、保护有效、利用规范的制度规则，在保障个人信息权益的基础上，促进信息数据依法合理有效利用，推动数字经济持续健康发展。

数据安全制度是数据要素利用的基本保障，需要在安全与发展的平衡中做好制度衔接。面向数据要素市场，数据的匿名化认定标准、已经公开数据的利用、科研或统计等特定领域的数据需求、隐私计算技术的包容认可、数据跨境流动的高效评估等可以在数据安全制度中进一步优化，从而在安全保障的基础上为数据的流通利用提供必要的便利。

7.3 组织体系

数据要素化治理组织体系是在数据要素化治理过程中，通过履行职能、承担责任、发挥作用参与到数据治理实践的各类组织和机构。构建数据要素化治理组织体系旨在明确各方主体责任、行为边界和关联影响，实现不同主体间权力责任的合理剥离和配置，为数据要素化治理的决策、执行、反馈等运行过程提供支持。

数据要素化治理组织体系可以分为四个部分：以统筹领导机构（小组）、数据主管部门和数据管理机构（如大数据中心、数据运营服务中心等）为主的治理主体，以数据运营商、数据服务商、数据开发商、数据资源提供方、数据交易机构为主的市场主体，以专家咨询机构、研究支撑机构、法律服务机构和评估认证机构为主的支撑主体，以及包括政府、组织、企业、个人在内的数据主体（数据源发者）。这些构成了数据要素化治理的组织运行基础，如图 7-2 所示。治理主体、市场主体、支撑主体、数据主体之间存在互相配合、相辅相成的关系，共同维护了数据要素化治理的运行秩序，如图 7-3 所示。

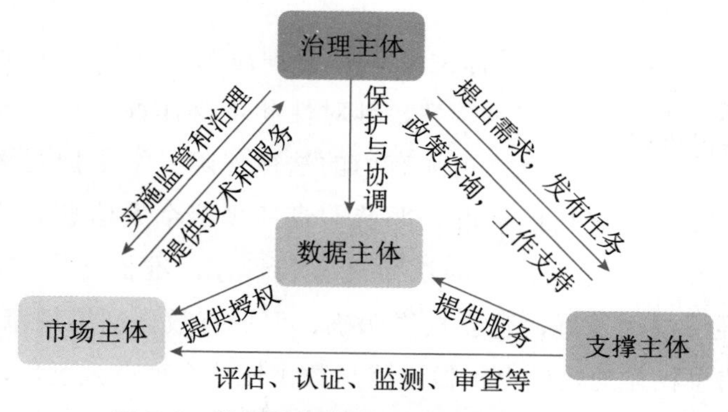

图 7-2　数据要素化治理组织体系四类主体

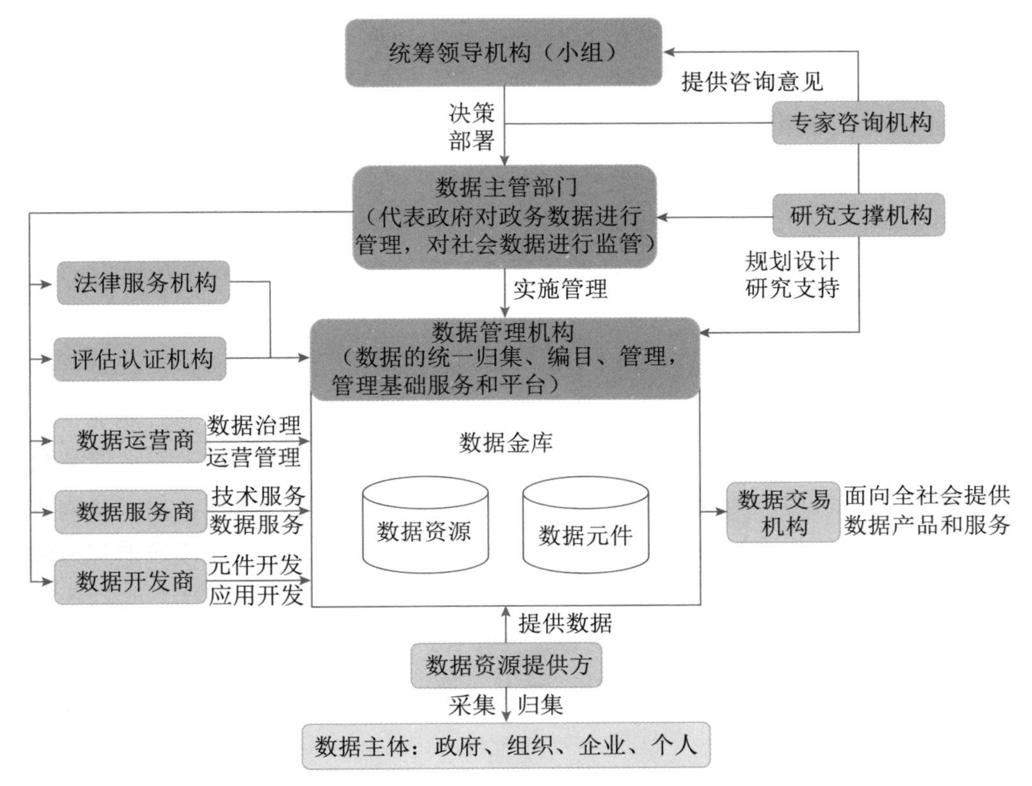

图 7-3　数据要素化治理组织体系各主体关系

在治理主体中，统筹领导机构（小组）作为决策核心，主要承担顶层设计、决策部署、监管督查等职能，对数据主管部门、数据管理机构及其他政府部门等治理主体，以及市场主体、支撑主体和数据主体具有监管、指导和保护作用。数据主管部门主要承担实际政务数据管理和社会数据监管职能，依托数据管理机构，对研究支撑机构、法律服务机构、评估认证机构等支撑主体，以及数据运营商、开发商、服务商和交易机构等市场主体的行为进行监管，对数据主体的数据提供活动进行保护和协调。

以数据运营商、数据服务商、数据开发商、数据资源提供方、数据交易机构为主的市场主体，则作为市场的基本单元参与数据资源至数据产品转变，以及后续流通交易的全生命周期过程，如生产数据元件、开发数据产品、对数据金库进行运行维护等。

在支撑主体中，专家咨询机构、研究支撑机构主要对统筹领导机构（小组）、数据主管部门和数据管理机构等治理主体提供政策咨询和智力支持等保障服务，如支撑开展规划设计、需求整合、提供意见建议等。法律服务机构、评估认证机构主要针对数据领域的专业化需求，为数据主管部门、管理机构和相关市场主体、数据主体提供法律咨询、争议仲裁、价值评估等服务。

数据主体是数据源发者，是数据描述和关联的对象，一般包括政府、组织、企业和个人。

7.3.1 治理主体

治理主体是指在数据要素化治理过程中履行实际管理职能、主导治理实践方向的组织和机构，是数据要素化治理组织体系的重要组成部分，其主要载体是履行法定职责、承担公共管理和服务职能的公共部门。治理主体的主要功能是对数据要素化治理的全过程进行科学决策、行为监管和治理支持，其目标在于实现数据要素化治理的合法性、稳定性和合理性。

数据要素化治理中的治理主体分类及主要职能如表 7-1 所示，其承担以下三个方面的重要责任。

表 7-1 数据要素化治理中的治理主体分类

机构名称	主要职能
统筹领导机构（小组）	统筹制定数据发展战略、地方性法规、规章草案和标准规范等工作；规划协调、指导监督数据要素市场治理和建设工作等
数据主管部门	协调推进数据基础制度、数据要素市场规范和标准等建设；组织实施国家数据战略；统筹数字基础设施布局建设；统筹推进数字中国、数字经济、数字社会规划和建设；协调推动公共服务和社会治理信息化；推进数据资源普查、整合共享、评估检测、确权授权、监管登记、流通交易、利益分配等工作；推进数据交易场所和平台建设等
数据管理机构	区域数据的统一归集、编目、管理等；为数据运营商、服务商、开发商提供基础性数据服务；为数据资源市场、数据要素市场的数据交易行为提供平台支持，并对数据交易行为进行记录和管理等

（1）协调实现科学决策。决策的科学性、可行性对于数据要素市场的完善和治理具有重要意义。为此，将数据要素化治理过程中决策部分的职能进行剥离，成立专项负责决策的组织机构——统筹领导机构（小组）是实现科

学决策的有效手段。统筹领导机构应由相关部门或区域的主要领导牵头，整合相关职能部门成立临时或长期性组织，如数据要素化治理领导小组、领导协调小组等。其主要职责是在数据要素化治理过程中对关键性、核心性、系统性、全局性问题和风险进行研判、决策和协调。统筹领导机构的权力等级（主要负责人员）、人员的构成情况往往会对数据要素化治理成效的好坏产生深远影响。

（2）开展市场监管。有效的市场监管是数据要素市场良性发展的有力保障，也是提升数据要素化治理水平的重要手段。为此，对数据要素化治理过程中的监管职能进行剥离，进而成立专项负责市场监管的组织机构——数据主管部门，是规范市场运行、防范市场风险、维护市场秩序的关键举措。数据主管部门应涵盖具有相关领域监管职能和权限的政府部门，该组织应当具有专业性、技术性、监督性，可代表区域政府实施数据治理的规划计划、政策标准、行为规范，对区域数据的归集、处理、开发、流通、交易、应用的全生命周期，以及数据治理相关市场主体实施监督管理。数据主管部门应在全面整合大数据相关管理职能，统筹管理信息化基础设施、数据资源、应用开发等环节发挥积极作用。

（3）提供治理支持。高效、专业的运行管理是实现数据要素化治理过程持续稳定开展的关键因素，同时也是规范运行管理过程、打造良好运营生态、降低治理成本的重要手段。承担运行管理职能的数据管理机构主要为地方的大数据中心。其主要职能为面向治理主体提供数据治理方面的基础性信息、专业技术及配套人员等可持续性的运行支持，并在政府授权下，对公共数据资源进行统一的运营管理。其主要工作内容包括区域数据的统一归集、编目、管理等；为数据运营商、服务商、开发商提供基础性数据服务；为数据资源市场、数据要素市场的数据交易行为提供平台支持，并对数据流通交易行为进行记录和管理；推动开展数据交易，促进数据价值释放。数据管理机构也是数据金库的运行管理单位，通过政府数据主管部门获取政务数据、通过数据资源市场获取社会数据，在数据运营商、服务商、开发商的技术和服务支撑下开展数据治理实践，并通过数据交易机构实现数据流通，是数据资源流通、交易和应用活动的枢纽。

此外，在社会主义市场经济条件下，正确处理政府与市场关系，积极发挥政府部门在顶层设计、宏观调控、市场监管、风险防治等方面的作用能够有效防范逆向选择、不正当竞争、垄断等市场风险。在数据主管部门进行数据要素化治理的过程中，要注意平衡充分授权和有效监督间的关系。管理权限的有限性往往会导致出现政令难行、相互推诿、办事效率低下等现象，而缺乏监督往往会导致出现权力滥用和灰色交易等现象。尤其在资金分配、项目立项、人员管理等方面，不仅要给予数据主管部门充分授权，同时要进行监督制约。数据主管部门还应当注重政务数据资源整合，统一交由专业数据管理机构进行规范管理，并在此基础上充分挖掘数据价值，满足各业务的数据需求。数据管理机构职责的履行将为数据要素化治理工作的高效、集约、协同、有序开展提供支持。

7.3.2　市场主体

市场主体是指在数据要素化治理过程中从事市场交易活动的组织、机构和个人，是数据要素化治理组织体系的重要组成和主要参与者，其主要载体为具有专业技术性的企业组织及其相关从业人员。作为数据要素市场的基础单元，其主要功能是进行数据市场开发和开展市场化经营，并在数据要素化治理过程中为相关治理主体提供技术和服务支持，其目标在于挖掘数据要素价值、推进数据资源安全流通交易，进而繁荣数据要素市场。数据要素化治理的市场主体行为不涉及公共事务，其市场行为仅仅是针对其自身的市场运营而展开，所提供的产品和服务主要为市场上流通的数据商品。

就数据要素化过程而言，必然会经历数据由资源向产品过渡的阶段，而数据运营商、数据服务商、数据开发商、数据资源提供方、数据交易机构是这一过程中必不可少的市场参与主体。

其中，数据运营商是数据要素价值释放的重要推动者。运营商的主要目标和责任是在获得授权运营的前提下，广泛对接政府、企业等各数据资源提供方，收集不同场景的数据应用需求，全面整合政务数据、社会数据等资源，推动数据深度融合和价值的充分挖掘释放。在数据要素化治理工程实践中，由数据金库专营商承担着数据运营商的角色，其主要工作内容包括支持实现可参与流通的数据资源的全面逻辑汇聚，以及部分基础、高频数据的物理集中；对数据进行脱密、清洗、基础模型构建等基础处理，将原始数据加工为数据资源；

建设并维护数据交易平台；对部分数据进行基础开发，形成通用性的数据元件；支撑主管部门营造数据市场环境等。其基本定位为数据资源归集者和数据要素市场的核心参与者。

许多地方将平台型公司作为数据管理和运营支撑的重要力量。这主要是由于数字化建设和运营投资规模大且回收周期长，传统单纯依赖政府投资建设的运营模式，受到政府财政收支平衡等问题的限制，面临后期运营、推广、维护等困难，在长期可持续发展方面较为局限。根据中国信通院《数字孪生城市化产业图谱研究报告（2022 年）》，在其开展数据监测的 657 个城市（地级及以上城市和重点区县）中，探索以平台型公司来推动数字化项目建设和运营的城市数量达到 433 个，占比 65.91%。该种类型组织一般为国有企业或国有控股型企业，其主要职责和业务范围涉及：提供大数据行业应用解决方案和数据全生命周期管理与分析展现服务；参与数字化、智能安防及信息系统安全工程等项目建设；提供基础设施运营服务等。其核心任务是为地方数字化转型和政府数字化转型提供顶层设计、平台建设、业务创新、运维保障及运营等服务。

另外，随着上海数据交易所在浦东挂牌成立、《中华人民共和国数据安全法》《上海市数据条例》等一系列法律法规颁布执行，上海市率先提出“数商”概念。就目前而言，“数商”的内涵和边界尚无定论，但业界一般将其定义为以数据作为业务活动的主要对象或主要生产原料的经济主体，可以理解为“数商”在数据要素市场中扮演着重要角色。当数据成为关键生产要素，“数商”是数据要素价值的挖掘者和数据价值实现的赋能者，也是跨组织数据要素的连接者和服务提供者，在数据产生、创新使用、数据流通与交易、数据技术创新、数据治理与管理等方面均承担着不可或缺的作用。

数据服务商是数据要素化治理活动的重要参与者。服务商的主要目标和责任是通过现代电子信息技术对数字基础设施、软件产品、交易平台等进行建设、维护，具有较强的依附性。服务商的主要功能是为其他组织提供专业性技术产品及相关服务，如为相关管理机构和企业组织提供运维服务和技术支撑、部分数据交易设施和平台的基础建设和维护等。其基本定位为数据要素市场的技术性维护者和数据要素市场的环境建设者。

数据开发商是数据要素化治理过程中的主要创新者。开发商的主要目标和责任是通过对数据资源的开发利用实现数据价值增值，进而通过产品开发实现市场化盈利。在激烈的市场竞争和利益驱动之下，开发商天然地具有创新和探索性特征，其存在对于数据要素流通、数据资源价值增值、数据要素市场开发具有重要意义。开发商的主要功能可以归结成推动数据要素市场化和实现数据资源价值增值，其基本定位为数据要素市场活力的核心源泉。

就经营内容而言，开发商可以分为两种类型：一为数据元件开发商。主要是指从事相关数据元件开发、加工的企业组织。此类型开发商在市场上可以存在多家，但需要由数据主管部门进行准入管理。在政府授权许可下，数据元件开发商可以基于自身的技术能力和应用实践，对数据金库中的数据资源进行开发和利用，并加工形成具有通用性和定制化的数据元件产品，通过数据元件市场进行元件交易，进而获取经济利益。二为数据应用开发商。主要是指从事数据产品和服务的开发、交易的企业组织。此类型开发商在市场上应存在多家，一般无须进行准入管理。数据应用开发商可以基于购买的各类数据元件，进行数据产品和服务的策划开发、形成数据产品，在数据产品市场进行交易，面向政府、组织、企业、个人等数据用户提供服务，并从中获取经济利益。

数据资源提供方掌握了数据要素市场最为基础的数据资源，是数据要素市场的核心参与者之一。数据资源提供方的主要目标和责任是通过大数据挖掘、区块链、人工智能等新技术手段将分散、杂乱、混沌的数据和信息进行统一汇集、整合、归类，成为具有一定规则和规范排列的数据资源，为实现进一步开发和利用提供“物质基础”。数据资源提供方的主要功能是向其他主体供给基础性数据资源，其基本定位为数据资源初步整理者和数据要素市场重要参与者。此外，就微观视角而言，众多数据和信息生产个体在一定程度上也可以被称为数据资源提供方，但在数据要素市场化背景条件下，这种零散的、杂乱的数据和信息显然不具备被独立开发和利用的价值基础。

数据交易机构是数据要素市场流通活动的重要枢纽。交易机构的主要目标和责任是为数据交易活动提供供需对接服务，发挥磋商、中介作用，动态地调节供需双方关系，实现数据产品和服务的流通交易。同时，数据交易机构作为交易活动的中间方，可发挥监督、规范交易行为的作用，确保数据安全与保护个人隐私。其基本定位为数据要素市场流通交易的前端界面和物理载体。

7.3.3 支撑主体

支撑主体是指在数据要素化治理实践中提供支撑性服务的组织和机构，是数据要素化治理组织体系的重要组成和支撑保障，其主要载体是专门成立的、与政府部门密切联系的，或直接由其指定的专业性非营利机构。支撑主体的主要功能是在数据要素化治理过程中为治理主体的科学决策、市场监管和数据治理行为提供策略咨询、法律建议、登记评估等服务，以及其他数据业务支撑，其自身并不承担实际的决策和监管职能，其目标在于为数据要素化治理过程提供完善、系统、科学、专业的智力支持及服务支撑。

数据要素治理中的支撑主体分类及主要职能如表 7-2 所示，其支撑性内容主要可以分为以下两个方面。

表 7-2 数据要素化治理中的支撑主体分类

机构名称	主要职能
专家咨询机构	对数据治理发展战略规划、政策措施及重大问题等提出意见建议；对数据治理总体技术方案和各项标准规范进行论证和评估；对数据治理相关制度设计、体制机制改革及绩效评估等关键环节进行技术性督导；在数据汇聚、管理、融合、应用需求分析与场景设计等方面进行技术论证；对数据治理重大项目的立项提供咨询等
研究支撑机构	区域数据治理相关规划计划、实施方案、政策措施的研究起草；区域各领域、各部门数据治理需求的调研分析；区域数据治理重大项目的整体策划设计；数据治理相关工作成效的评估分析；数据治理相关项目及成果的汇总报告等
法律服务机构	利用法律知识和技能，为数据的收集、存储、治理、使用、加工、传输、提供、公开、监管等活动提供法律咨询、合同起草、风险评估、纠纷解决等服务
评估认证机构	提供数据价值评估、交易存证、数据安全评估、风险防控等服务；开展数据管理能力的评估、认证、监督、指导和培训等

（1）智力支持。充分的智力支持是实现数据要素化治理过程科学决策的重要支撑，同时也是正确处理管理过程中遇到的问题和瓶颈、妥善预防和化解风险的重要保障。根据治理主体的组织和功能，智力性支撑机构可以大体划分为两种类型：专家咨询机构和研究支撑机构。

专家咨询机构的主要职能为面向治理主体，尤其是统筹领导机构（小组）提供系统性、可持续性策略建议，辅助其实现科学决策。常见的专家咨询机构的组织形式主要为专家咨询小组，在数据要素化治理方面为数据治理专家组。数据治理专家组由数据治理领域的知名专家学者、企业高管、政府智库等人员组成，人数一般为 5 ～ 10 人，其主要履职方式为通过定期或不定期召开专家咨询会议，为以统筹领导机构（小组）为代表的治理主体提供政策咨询。其主要工作内容包括对数据治理发展战略规划、政策措施及重大问题等提出意见建议，并承担一定的技术决策职能；对数据治理总体技术方案和各项标准规范进行论证和评估；对数据治理相关制度设计、体制机制改革以及绩效评估等关键环节进行指导和专业技术性督导；在数据汇聚、管理、融合、应用需求分析与场景设计等方面进行技术论证；对数据治理重大项目的立项提供咨询等。值得注意的是，专家咨询机构一般不承担具体运行过程和专业技术相关指导，对于战略规划、政策措施、技术方案、绩效评估以及重大问题等方面的咨询及建议一般不承担主要责任。换言之，专家咨询机构仅仅是作为技术性、策略性智囊而存在，具体决策的科学性、可行性、可靠性关键在于统筹领导机构（小组）。

研究支撑机构的主要职能是为治理主体，尤其是为数据主管部门提供数据治理方面的策略、建议等，其主要工作内容应当涵盖：区域数据治理相关规划计划、实施方案、政策措施的研究起草；区域各领域、各部门数据治理需求的调研分析；区域数据治理重大项目的整体策划设计；数据治理相关工作成效的总结分析；数据治理相关项目及成果的汇总报告等。

（2）专业服务支撑。专业化的服务是为适应数据要素市场发展要求，充分利用社会力量提高数据治理的水平和效果，实现数据治理合规、安全、高效的重要保障。目前在数据领域常见的专业服务支撑机构主要包括法律服务机构和评估认证机构两种类型。

法律服务机构的主要职能是利用法律知识和技能，为数据的收集、存储、治理、使用、加工、传输、提供、公开、监管等活动提供法律咨询、合同起草、风险评估、纠纷解决等服务。其一方面要帮助数据主管部门、数据管理机构合法、合规地开展数据归集、监管、应用等活动；另一方面也可为数据运营商、服务商、开发商和交易机构等市场主体提供法律咨询服务。法律服务的内容可包括数据安全法律服务、数据隐私保护法律服务、数据交易法律服务、数据开发应用法律服务等诸多方面。

评估认证机构的主要职能是：提供数据价值评估、交易存证、数据安全评估、风险防控等服务；开展数据管理能力的评估、认证、监督、指导和培训等。数据评估认证机构作为一种更为技术性和专业性的支撑机构，由专业组织和专业人员组成，依据国家、地方、行业数据治理的相关规定，遵循适当的原则、方法和标准，对数据资产、数据价值、数据安全等开展评定、认定和估算，对于数据要素化治理活动的开展具有重要意义，应当予以重视。

7.3.4 数据主体

数据主体是指数据的源发者，是数据描述和关联的对象。数据主体一般包括政府（各级具有独立法人性质的政府机构）、组织（事业单位和社会组织）、企业（各级各类具有独立法人性质的企业）和个人。

7.4 管理制度

数据要素化治理的管理制度是指在数据要素化治理过程中，为实现高效、安全运转而采取的各类型制度、规则、办法、守则、约定的总称，包括主体管理制度、数据资源制度、市场规则制度、基础设施制度等内容。这些制度是数据要素化治理规范运营和健康发展的重要前提，其核心内容在于理顺工作规则和办事流程、实现治理过程的规范化是政策法规的重要变现和运行实践，更是组织体系实现良好运行的重要基础。管理制度中的促进发展和安全管控两方面的制度并非相互独立、相互割裂的，而是存在实践交叉性。主体管理制度、数据资源制度、市场规则制度、基础设施制度等均在数据要素化治理过程中发挥着重要作用，通过相互配合，共同作用于数据要素市场，实现对主体、资源、规则及基础设施的规范约束，进而达到数据要素化治理良性运行的目标，如图 7-4 所示。

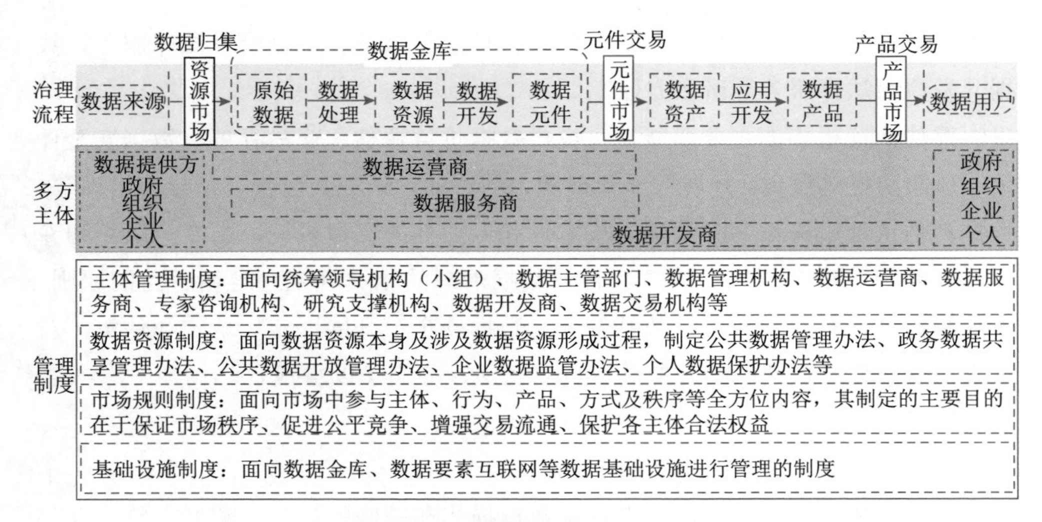

图 7-4　数据管理制度示意

7.4.1　主体管理制度

主体管理制度是对参与到数据要素化治理过程中各主体进行管理的制度，是数据要素化治理运营制度体系的主要组成部分和重要制度规范。数据要素化治理本质上是要建立一个规范、有序、安全、顺畅的数据要素市场，而对数据要素市场的治理最为直接的表现即为对各类型市场参与主体的约束、规制和监督。正如前文所述，数据要素化治理过程中涉及治理主体、市场主体、支撑主体、数据主体四大类，包括统筹领导机构（小组）、数据主管部门、数据管理机构、数据运营商、数据服务商、数据开发商、数据交易机构、专家咨询机构、研究支撑机构等参与主体。不同性质的参与主体所承担的职能与发挥的作用也存在巨大差异性，如治理主体主要目的在于公共服务和监管，而市场主体则主要以获得利润为首要目的。因此，在对不同主体的管理制度设计和实行上必然存在本质差异，这也要求在数据要素化治理运营制度体系的设计过程中，根据不同主体的特质制定不同的制度规范。

主体管理制度的主要适用对象是参与数据要素化治理的各类主体，其制定的主要目的是规范其行为，促进其合法经营，保障市场良性运行以及数据治理工作的有序开展。根据主体的类型可以将主体管理制度分类为治理主体管理办法、市场主体管理办法、支撑主体管理办法、数据主体管理办法四类，包括数据金库专营商管理办法、数据元件开发商管理办法、数据产品开发商管理办法、专家咨询机构（数据治理专家组）管理办法、研究支撑机构（数据研究咨询机构）管理办法等制度规范。同时，为保证相关制度规范的有效性、科学性和可行性，不仅应当在相应机构的成立建设过程中及时制定出台，还应当根据市场环境变化及时进行调整和完善。

部分市场主体和支撑主体管理制度的定位和目标如下：

数据元件开发商管理办法是对开展数据元件开发业务的企业组织进行约束的制度规范，主要涉及企业准入机制、监督审查机制以及违规处罚制度等内容。其根本目的在于明确其行为边界、权责关系，并确保接受正当的监管以及违规处罚措施等，以维护市场秩序、防止恶性竞争。

数据产品开发商管理办法是对开展数据应用开发业务的企业组织进行约束的制度规范，主要涉及企业准入机制和违规处罚制度等内容。其根本目的在于为数据产品和服务的开发、创新等活动营造规范、安全的良性市场环境。

专家咨询机构（数据治理专家组）管理办法是对专家咨询机构（数据治理专家组）及其构成人员（专家或技术骨干）进行管理的制度规范，主要涉及专家咨询会议程序、具体专家选拔聘用机制、相应的奖惩机制以及监督追责机制等内容。其根本目的在于规范专家咨询的各项流程，以及保证专家咨询的有效性和策略建议的科学性。

研究支撑机构（数据研究咨询机构）管理办法是对研究支撑机构（数据研究咨询机构）及其构成人员进行管理约束的制度规范，主要涉及数据研究咨询机构的日常管理制度、项目管理制度、人事选拔任免制度、绩效及奖惩机制及监督追责机制等内容。其根本目的在于规范相关研究机构的运行和管理，提高研究咨询的水平。

7.4.2 数据资源制度

数据资源制度是对数据资源本身进行管理的一种制度，是数据要素化治理运营制度体系的基础性制度规范。数据资源是数据要素市场形成的前提条件和最重要的“物质基础”，没有数据资源即不存在数据要素市场。同时，数据要素化治理的一项重要目标是对数据资源的有效管理和合理开发利用，数据资源构成了数据要素化治理的重要治理对象和主要内容。数据资源制度的完善性和科学性不仅关系数据要素市场秩序的稳定性，同时也是数据要素化治理能力和水平的重要体现。因此，应当将加强数据资源制度建设作为基础性工程来开展和推进。

数据资源制度的主要适用对象是数据资源本身以及数据资源形成过程，其制定的主要目的在于保护数据资源不被非法侵占和规范数据资源加工、处理、利用过程中的行为，进而实现数据资源的共享开放、合法交易和合理利用，维护数据要素市场交易基础，以及推进数据治理工作的有序开展。在实际工作中，数据往往来源于政府、组织、企业、个人等不同主体，而不同主体性质也决定了不同数据资源管理上的差异，如政务数据、公共数据多强调公共性质，而企业和个人数据更多强调安全性、隐私性等。因此，在对不同性质数据资源的管理上和制度设计过程中，应当依据其特性制定不同的制度规范。依照不同数据类型和应用需求可以将数据资源制度分为公共数据管理办法、政务数据共享管理办法、公共数据开放管理办法、企业数据监管办法、个人数据保护办法、数据交易与应用管理办法等制度规范。同时，为保证相关制度规范的有效性、科学性和可行性，应当根据市场环境变化和数据治理实践及时进行调整、修订和完善，为数据治理工作提供相应的依据。

结合当前制度建设的实际情况，部分典型的数据资源管理制度的定位和构成如下。

公共数据管理办法是对公共管理和服务过程中采集、产生的数据进行管理的制度规范。公共数据作为数据资源的重要组成部分，具有公共性和有限性的特征。公共数据管理办法可包括公共数据采集归集要求、公共数据开放管理要求、公共数据授权运营要求等内容。其根本目的在于为社会提供公开有效的数据资源，助力数据要素市场的形成和完善。

政务数据共享管理办法是对政务部门因依法履行具体职责需要，使用其他部门的政务数据或者为其他政务部门提供政务数据的行为进行管理的制度规范。高质量的政务数据共享，有助于提高行政效率，提升政府服务水平。政务数据共享管理办法可包括政务数据共享目录编制要求、共享技术支撑要求、共享数据使用要求等。其根本目的在于提升政府治理效能，提高国家治理体系和治理能力现代化水平。

企业数据监管办法是对企业采集数据、掌握数据、利用数据等活动进行监管的制度规范。企业数据作为数据资源的主要来源，其本身具有隐私性、分散性、混沌性特征。企业数据监管办法主要涉及企业数据采集归集要求、企业数据使用管理要求、个人隐私保护要求等内容。其根本目的在于扩大数据资源供给，构建更为完善的数据要素市场。

7.4.3 市场规则制度

市场规则制度是为了保证市场有序运行而依据市场运行规律所制定的规范市场主体活动的各种规章制度，同时也是对市场本身进行框架性约束和原则性规制的制度总称，是数据要素化治理运营制度体系的宏观性制度规范和数据要素市场的核心内容。科学合理的市场规则是发挥市场调节作用、打造良性要素市场的重要制度基础。数据要素化治理的首要任务是将数据资源推向市场，构建完善数据要素市场生态，最终实现“数据资源—数据要素—数据产品”过程的嬗变。市场规则制度的科学性、合理性和完善性对于市场参与者的利益和行为具有重要影响，关系着数据要素市场秩序的稳定性，对于数据要素化治理具有框架性、原则性指导作用。

涉及市场规则的政策文件和制度规范的适用对象主要是市场本身，也可以将其理解为市场中的参与主体、行为、产品、方式及秩序等全方位内容，其制定的主要目的在于保证市场秩序、促进公平竞争、增强流通交易、保护各主体合法权益。市场规则制度是参与市场活动的各主体必须共同遵守的行为准则，其一般由具有公共权力性质的部门和机构制定，如政府部门和行业协会等。就其内容而言，主要包括了市场准入规则、市场竞争规则、市场交易规则、市场仲裁规则等方面内容，包括法律、法规、契约和公约等多种形式。

市场准入规则制度是对市场主体和市场客体（商品）进入或退出市场行为进行管理的制度规范。市场主体进出市场规则主要包括三方面的内容，市场主体进入市场的资格规范、市场主体的性质规范、市场主体退出市场的规范。市场客体进出市场规则主要包括两方面的内容，市场客体的交易合法性及其产品本身质量的合规性。其根本目的在于市场主体和客体进出市场的行为规范化，保证市场有序运行。

市场竞争规则制度是对市场主体间竞争行为进行管理的制度规范。市场竞争规则制度是各市场主体间地位平等、机会均等竞争关系的制度体现，是市场经济可持续发展的内在要求。其内容主要涉及禁止不正当竞争行为、禁止限制竞争行为、禁止垄断行为等方面。其主要目的在于促进市场各主体间等价交换、公平竞争，维护市场秩序稳定，促进要素市场良性运行。

市场交易规则制度是对市场主体间交易行为和活动进行管理的制度规范。其内容主要涉及市场交易方式的规范性和市场交易行为过程的规范性。主要目的在于促进市场公平交易，增强要素市场流通效率。

市场仲裁规则制度是市场仲裁机构对各市场主体间存在的经济纠纷进行仲裁时必须遵守的行为准则和规范，其核心价值在于公平性和公正性。市场仲裁规则制度需要以国家法律法规和制度规范体系为依据，没有完善和合理的法律法规和制度规范体系必然导致诸多不公平现象产生。市场仲裁规则制度制定的根本目的在于维护市场竞争和交易的公平性。在社会主义市场经济条件下，应当通过加快市场经济的法制建设，形成完善、系统的市场经济法规体系来保障市场仲裁的合理性。

7.4.4 基础设施制度

基础设施制度是对数据金库、数据要素网等数据基础设施进行管理的制度总称，是数据要素市场的重要制度规范。基础设施作为数据资源和数据产品及服务得以存在、流通、交易的物理载体，其相关制度具有基础性和决定性作用，在数据要素化治理的全过程中具有举足轻重的地位。数据要素化治理的一项重要内容是维护数据基础设施的高效、安全、稳定运行，高效和安全体现了基础设施制度的核心和本质需求，是贯穿治理全过程的主线任务。基础设施制度的科学性、合理性和完善性关系着数据要素市场的运行效率和安全状况。因此，应当将加强基础设施制度建设作为基础性工程来重点开展和推进。

涉及基础设施制度的政策文件和制度规范的适用对象主要是基础设施本身及相关工作人员，其制定的主要目的在于明确各级管理架构，明确相关部门工作职责、工作程序和协调机制，确保各部门内外部管理的完整性，实现工作高效协调和统筹管理。

基础设施制度可以分为两个方面的内容。

（1）建立数据金库相关制度。这是对数据金库这一基础设施进行管理的制度规范，主要涉及数据金库的建设规范、运行管理制度、检查维护制度、各级各类数据存储计算和管理规范、数据金库管理人员规范等。其根本目的在于规范数据金库管理，维护数据金库的高效、安全运行，为数据的处理、开发、管理等活动营造规范、安全的运行环境。

（2）建立数据要素网相关制度。这是对数据要素网建设、运行、管理等相关活动的约束，主要涉及数据要素网建设规范、运行管理制度、检查维护制度、数据元件流通规则、数据要素网管理人员规范等。其根本目的在于规范数据要素网的建设、运行和管理，为数据元件的高效、安全流通提供保障。同时，为保证相关制度规范的有效性、科学性和可行性，应根据数据流通、数据安全治理实践及时进行调整、修订和完善，为数据治理工作提供相应的依据。

第8章 数据要素化治理的技术体系

传统的数据治理的主要目的是进行数据质量管理和开放共享。区别于传统的数据治理，数据要素化治理的主要目的是通过技术手段保障数据在要素化过程中的安全使用和流通。本章将以设计目标为导向，以技术架构为切入点，主要介绍数据要素化治理的技术体系，包括数据要素加工生产技术、数据要素流通交付技术和数据要素安全合规技术。

8.1 技术体系架构

8.1.1 设计目标

数据要素化治理是指通过构建制度、技术、市场有机融合的体制机制，组织与协调各参与主体，安全、合规、高效推进数据加工处理、多元主体协调、市场化配置等数据要素体系化的活动集合。为实现数据要素的规模化应用、市场化配置与安全流通等活动，需要构建制度、技术、市场有机融合的治理体系，突破数据要素化治理过程中机制体制的限制和诸多执行障碍。

数据要素化治理的技术体系在治理过程中承担着重要的支撑作用。首先，要素化治理是数据形态转化的过程。治理过程中，分散的数据资源经归集、整理、加工形成标准化、规范化的数据元件。该过程涉及的工序烦琐，参与主体众多，所涉及的数据资源、计算资源、存储资源复杂。因此，必须设计合理的技术体系，构建统一的平台，提供适当的技术工具以便完成对上述复杂过程的组织和调度。其次，数据要素化治理的目标是促成数据在不同主体之间的流通和共享，进而实现数据要素的市场化配置。数据要素的流通，不仅仅是数据在多主体之间的传输和交换过程，还是价值在多主体之间的分享过程。因此，需要在技术上提供一种有别于数据网络的新网络形态，以便支持上述的数据要素流通。最后，数据要素的规模化应用和市场化流通带来了更严峻的安全风险和合规性挑战，亟须构建面向数据要素化治理的安全合规技术体系，在保障数据安全的同时，统筹促进数据要素的可信流通。

综上所述，为了满足国家、社会、个人等众多主体对数据要素在安全、流通、应用等多个维度的要求，必须构建完善的数据要素化治理技术体系，以数据元件作为核心支点，支撑规模化的数据要素开发应用、网络化的数据要素流通共享，并确保数据要素的生产、存储与流通过程安全可控。

1. 支撑规模化的数据要素开发应用

有别于小规模、定制化的数据应用开发，数据要素开发将通过定义标准化、规范化的开发流程，实现产品化的数据元件的生产加工，进而推动规模化的数据要素应用。为此，数据要素化治理的技术体系需提供以下能力：①资源整合能力，能够实现数据与算力资源的统一管理；②管理调度能力，能够实现数据要素化治理各项工序与任务的集中调度；③柔性生产能力，能够以“软件定义”的方式快速组织并整合生产过程，实现流水线式的数据元件生产和加工。

2. 支撑网络化的数据要素流通共享

数据要素的流通共享需要专用的数据要素网，以数据元件作为数据要素的承载形态，实现数据要素在众多主体之间的高效分发与可信流通。为此，数据要素化治理的技术体系需提供以下能力：①分级流转能力，对于数据资源和数据元件，依照其敏感程度与安全风险的差异提供分立的承载网络和安全可控、可信和可追溯能力；②内容交付能力，支持海量用户对于数据元件高并发实时性的访问需求；③计量计费能力，充分考虑数据要素本身的特殊性，构建统一的计量标准和规范性要求，为数据要素构建可衡量的计量计费体系。

3. 确保数据要素的生产、存储与流通过程安全可控

数据要素化治理涉及数据元件的生产、存储、流通等众多环节，保证其过程的安全可控也是数据要素化治理的技术难点。为此，数据要素化治理的技术体系需实现：①安全生产能力，实现数据元件生产加工过程中全周期、全流程的安全和合规管控；②安全存储能力，实现分布式数据资源的高效整合和安全管理；③安全流通能力，实现分类分级的数据流转，实现可控、可管的数据要素互联。

8.1.2 技术架构

数据要素化治理提出了对数据传输、处理、存储等相关技术工程化和体系化的要求。为实现规模化的数据要素开发应用、网络化的数据要素流通共享，并确保数据要素的生产、存储与流通过程安全可控，数据要素化治理技术体系需要囊括数据要素加工生产技术、数据要素流通交付技术和数据要素安全合规技术。

数据要素化治理技术体系的总体架构如图 8-1 所示。技术体系以数据元件作为核心，以数据金库作为关键节点。数据金库在技术体系中具有以下三方面的职能。

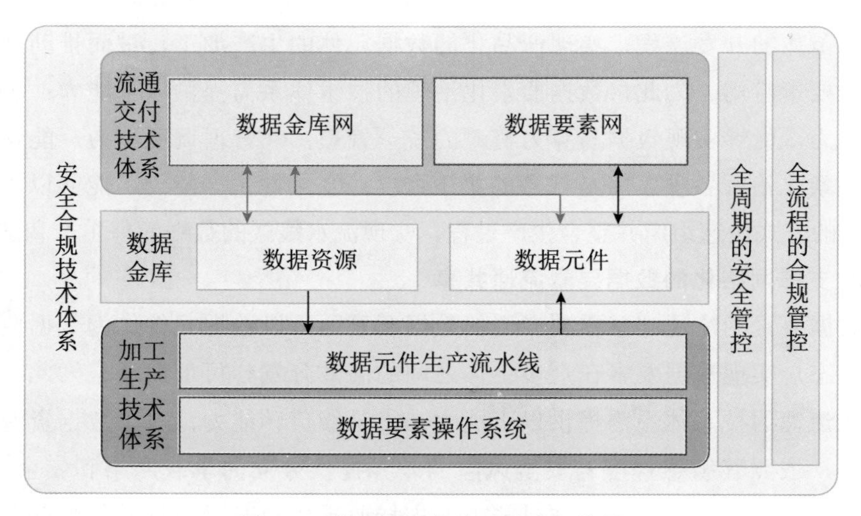

图 8-1 数据要素化治理技术架构图

安全存储环境。数据元件以及敏感性的数据资源被置入数据金库实现安全存储。

安全计算环境。数据元件的生产加工在数据金库提供的安全环境中进行。

数据交换节点。以数据元件加工交易中心作为数据交换节点支撑起数据要素网。以数据元件和数据金库为中心支撑起加工生产体系、流通交付体系和安全合规体系。加工生产体系依托数据金库提供的安全计算环境，实现从数据资源到数据元件的生产加工过程。流通交付体系以数据金库作为核心的网络节点，组建起数据金库网和数据要素网。安全合规体系以数据金库为基础实现安全存储、以数据元件为核心实现安全流通，进而实现数据元件生产加工过程中全周期、全流程的安全、合规管控。

1. 数据要素加工生产技术

数据要素加工生产技术通过将分散的数据资源加工成为标准化的数据元件，实现原始数据与数据应用的解耦，为数据要素规模化应用提供了可行路径。加工生产技术体系的基础是数据要素操作系统，是对数据要素化的流程和任务、软硬件资源、数据资源进行调度管理的系统软件。数据要素操作系统面向数据要素工艺化全流程提供“软件定义”的全局管理调度能力。在此基础之上，可以对多类型、多来源、多层级的数据构建软硬一体的大规模、全流程、自动化的数据元件生产流水线，实现数据资源以及算力资源的整合与利用。

2. 数据要素流通交付技术

数据要素流通交付技术体系以数据金库作为关键节点，构建起数据金库网和数据要素网，完成分散数据资源的汇聚和整合，实现数据要素在众多主体之间的高效分发与可信流通。数据金库网是数据要素流通体系中的内网，实现数据资源跨区域、跨部门、跨层级互联互通，并形成安全隔离的网络环境，支撑数据元件开发者在安全环境中进行数据元件模型的开发、调试和维护。数据要素网是数据要素流通体系中的外网，解决跨平台、跨区域数据元件库的互通互联，实现高速便捷的数据元件访问，并提供计价能力和审核能力，确保数据要素流通全程可管、可控、可追溯。

3. 数据要素安全合规技术

数据要素安全合规技术体系包含以数据金库为基础设施的安全存储技术、以数据元件为核心的安全流通技术，也涵盖数据全生命周期的安全技术和全流程合规技术。以数据金库为基础设施的安全存储技术主要是构建数据安全环境的物理层安全屏障，对原始数据和数据元件构建自主可控的软硬件数据底座，实现“关键数据入库”并安全存储。以数据元件为核心的安全流通技术包括对数据元件开发、生产、流通等过程中的算法安全、不可逆审查、敏感信息审查等技术。数据全生命周期安全管控包含对数据的采集、传输、存储、处理、流通过程的安全管控技术。全流程合规管控是对数据要素全流程合规进行管理和控制。

8.2 数据要素加工生产技术体系

8.2.1 作用与价值

为支撑数据要素的规模化、产品化开发利用，必须构建数据要素加工生产技术体系，实现原始数据和数据应用的充分解耦、数据与算力资源的统一管理、数据治理各项工序与任务的集中调度，并辅助构建数据要素开发的生态环境。

1. 实现原始数据和数据应用的充分解耦

技术体系以数据元件作为加工生产的基础单元，围绕数据元件进行规模化开发、产品化流通和平台化运营。通过对原始数据资源进行治理和加工形成标准化的数据元件，完成数据形态的转换，一方面实现了原始数据和数据应用的充分解耦，另一方面降低了原始数据的隐私和安全风险，兼顾了数据安全与流通需求。同时，技术体系将围绕从数据归集到数据元件流通交易全流程设计数据要素标准化工艺，为数据元件的设计开发、确权授权、收益分配、流通交易、安全合规等提供有效支撑和保障。

2. 实现数据与算力资源的统一管理

以数据要素操作系统为基础，技术体系涵盖数据清洗处理、数据资源管理、数据元件开发及数据元件交易等数据要素化全流程的各项技术。数据要素操作系统实现数据资源与算力资源的统一管理，向下配置数据金库和算力中心等基础设施资源，向上适配数据归集、数据处理、元件开发、元件维护、元件交易等各类数据要素化治理的相关工具和应用。数据要素化治理工程以数据要素操作系统为核心构建了数据与算力资源统一管理的技术架构体系，为数据要素汇聚、加工、定价、流通、交易一体化奠定了重要基础。

3. 实现数据治理各项工序与任务的集中调度

技术体系通过数据要素操作系统管控数据要素化工艺流程，管理数据金库、算力资源、数据要素工具以及各种业务系统。通过对标准、安全、合规、质检、定价评估等系统算子级别的控制，可实现“软件定义”的任务编排和进程管理，从而提供自主可控、安全可靠、高效流畅的大规模数据元件加工的基础能力。以此为基础，可灵活搭建数据元件生产流水线，实现数据元件的柔性化生产，为数据要素的规模化开发、产品化流通、平台化运营提供了可能性。

4. 构建数据要素开发的生态环境

数据要素的加工生产涉及数据金库运营商、数据元件开发商和数据应用开发商等多种不同角色，涵盖数据归集、清洗处理、资源管理、元件开发、元件交易共 5 个阶段 20 道工序，因此，技术体系需提供链接数据要素化生态产业链的核心能力平台，以数据要素操作系统为统一适配器，提供统一接口链接各生态数据资源、算力资源、数据工具和第三方监管平台等。以数据元件生产流水线为统一的业务平台，衔接不同主体和不同工序，屏蔽了工程系统的底层差异，为构建繁荣、有序、敏捷的数据要素生态环境奠定技术基础。

8.2.2 体系构成

数据要素加工生产技术体系围绕数据要素化工艺流程，可实现数据元件大规模、全流程、自动化加工生产。技术体系的架构如图 8-2 所示，以数据要素操作系统为微内核，实现底层的数据资源与算力资源整合，并与具体业务解耦。进一步围绕数据要素化流程提供满足数据要素标准体系各项要求的检测、评估、审核和处置策略，与数据要素操作系统共同形成宏内核。

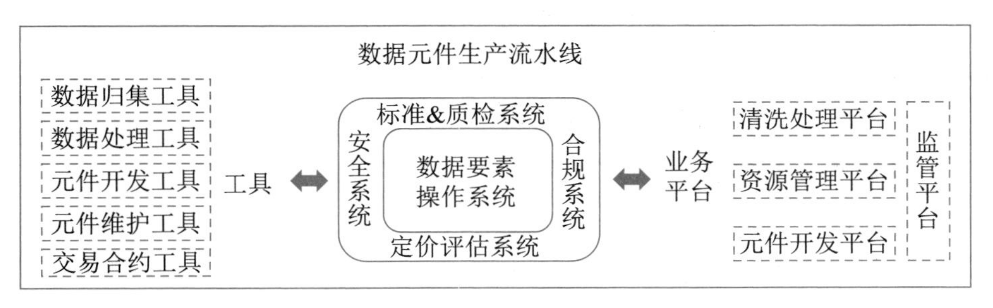

图 8-2 数据元件生产流水线

以业务操作和业务监管为目标构建数据要素业务平台，通过调用宏内核实现数据元件的大规模开发操作和智能化监管，并配合归集、处理、开发、运维等多种数据工具，共同构成“软件定义”的数据元件生产流水线。数据元件生产流水线所需的各类数据工具和数据资源，均通过数据要素操作系统与之进行适配，并通过业务平台在数据资源归集、处理和数据元件加工、生产、交易等过程中对其进行调度和管理。

总体而言，数据要素加工生产技术体系由以下部分构成。

1. 数据要素操作系统

数据要素操作系统用以管控数据要素化工艺流程，管理数据金库、算力资源、数据要素工具以及各种应用系统，实现“软件定义”的任务编排和进程管理，同时又是链接数据要素生态产业链的核心能力平台。按照功能划分，数据要素操作系统包含业务交互器、任务调度器、资源管理器、金库配置器、进程管理器和系统管理器等功能。

2. 数据要素业务平台

数据要素业务平台包括数据清洗处理、数据资源管理、数据元件开发和监管四大平台。围绕数据要素化加工工艺流程，进行数据资源归集、清洗处理、数仓建模、样本管理和数据元件开发生产，实现数据要素高效、集约、安全和规模化加工。同时，面向监管机构构建监管平台，对数据要素化全过程安全和合规问题进行监测和审计，确保数据元件的安全生产和安全流通。

3. 数据要素支撑系统

数据要素支撑系统包括安全、合规、标准、质检和定价评估系统，提供各项关键节点审核和评估算子，实现“原始数据—数据资源—数据元件—数据产品”三级蝶变。五大支撑系统围绕数据要素化流程提供满足数据要素标准体系各项要求的检测、评估、审核和处置策略，与数据要素操作系统共同形成宏内核，支撑数据安全与数据要素化系统标准化、定量化、安全合规化运行。

4. 数据要素工具箱

数据要素工具箱封装了数据要素加工生产过程中所需的通用工具，包含数据归集、数据处理、元件开发和元件维护四大类。数据要素工具箱可通过数据要素操作系统进行调用。数据要素操作系统将为工具的使用分配适当的计算资源，并协调处理过程对数据金库中数据资源和数据元件的并发访问。

5. 数据元件生产流水线

数据元件生产流水线是以数据要素操作系统为基础，是对数据要素业务平台、数据要素支撑系统和数据要素工具箱的综合集成。数据要素操作系统提供了资源管理、业务定制和任务调度能力。以此为基础，数据要素操作系统适配了数据元件加工生产所需的各类数据工具和数据资源，并通过业务平台在数据资源归集、处理和数据元件加工、生产、交易等过程中对其进行调度和管理，最终形成“软件定义”的数据元件生产流水线。

8.2.3 数据要素操作系统

数据要素操作系统是数据要素加工生产技术体系的核心，是对数据要素化流程和任务，以及数据金库的软硬件资源、数据资源和数据元件进行调度管理的系统软件。数据要素操作系统面向数据要素化工艺流程提供“软件定义”的全局管理调度能力，包括统一的要素化流程管理、统一的任务和进程管理、统一的数据金库资源管理、统一的标准接口管理等功能。此外，数据要素操作系统在提供安全可信计算能力的同时，也是链接数据要素化生态产业链的核心能力平台。

1. 面向数据要素化工艺流程“软件定义”的操作系统

在计算机体系结构中，操作系统是最基本，也是最为重要的基础性系统软件。操作系统是一组相互关联的系统软件程序，主管并控制计算机的操作和运用，管理软硬件资源，并提供公共服务来组织用户交互。在功能构成上，操作系统包括处理器管理、存储器管理、设备管理、文件管理、作业管理等组件。

本书借鉴计算机操作系统的原理和构成，创新性地提出并实现了数据要素操作系统。数据要素操作系统是面向数据要素化工艺流程的操作环境，其核心任务是要实现管资源、管调度、管任务、管进程和管交互等。如图 8-3 所示，在功能上，数据要素操作系统主要包含业务交互器、任务调度器、资源管理器、金库配置器、进程管理器和系统管理器。通过上述功能组件，数据要素操作系统管理并配置着软硬件资源，决定着系统资源供需的优先次序，控制各工具进程，管理对象存储等基本事务，同时也提供一个让用户与系统交互的操作界面。

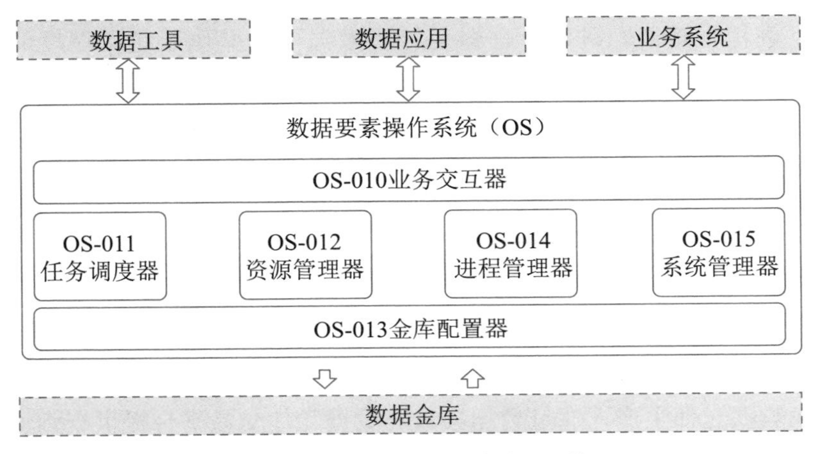

图 8-3 数据要素操作系统功能架构图

（1）业务交互器。业务交互器是数据要素操作系统与业务平台和数据工具箱的交互接口。为了提高平台操作的工作效率，业务交互器规范了业务交互的行为和过程，定义了数据金库运营商、数据元件开发商和数据应用开发商等不同角色、不同权限下与各业务系统交互的界面和内容，使之更加人性化且便于操作。业务交互器包含统一认证、统一交互桌面、协议接口等功能。

（2）任务调度器。任务调度器的目标是解决各种不同任务在高并发环境中出现的资源争用问题。调度器将根据任务类型、任务优先级、全局资源配置等情况，动态调整任务进程执行的队列。任务管理器在缺省条件下按照任务进程队列的顺序，以先进先出的原则执行各任务，在必要的时候可以根据资源的需求情况，中断执行中的低优先级任务，为更高优先级任务让路。

（3）资源管理器。数据要素生产加工过程中执行各种任务需要各种不同的资源，如数据资源、算力资源、模型资源、存储资源等。通过资源管理器可以对上述各类资源进行有效管理，针对数据要素加工生产所需的文件、缓存、消息、元数据等提供统一的资源分配能力，并提供泛化的数据业务处理组件。通过资源管理器可以在任务执行之前，按照任务的优先等级提前将资源池中的资源进行划分与限定。

（4）金库配置器。金库配置器用于管理对数据金库的连接和配置，旨在屏蔽底层不同类型数据库适配的难题，并大幅提升数据金库与数据元件生产流水线之间数据传输与调用的性能，主要包括金库目录管理、金库接口管理和金库调度管理三大功能模块。

（5）进程管理器。进程管理器是针对数据要素操作系统所调度的任务进程，进行统一的进程上下架管理以及路由配置管理工作。该模块包括服务进程管理、服务进程发现、命名空间管理、进程自动化部署、配置管理等功能。其中，服务进程管理和服务进程发现是该模块的核心。

（6）系统管理器。系统管理器为数据要素操作系统提供资源、空间、进程目录及权限管理，同时完成对各任务、各进程的实时监测。

参考上述数据要素操作系统的构成，本书将结合数据元件生产调度场景，介绍数据要素操作系统的工作原理。数据要素操作系统通过任务调度和计算调度来完成数据元件生产，通过数据接口对数据元件交易平台提供查询服务。整个调度过程如图 8-4 所示。

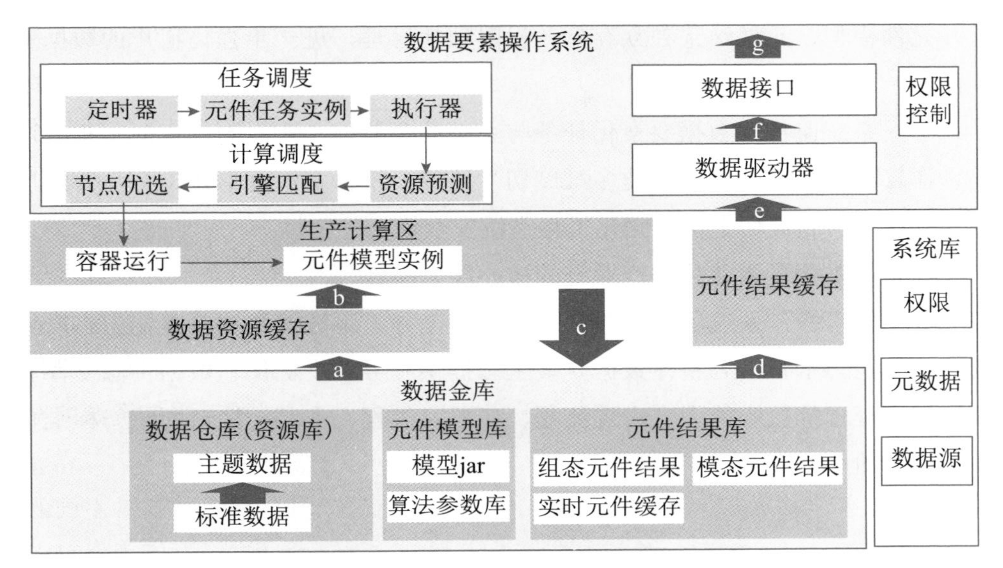

图 8-4 数据元件生产调度流程

全过程主要包括以下关键环节：

a 数据资源的热数据进入缓存。

b 任务调度启动元件模型实例，读取数据资源进行计算。

c 模型计算结果写入元件结果库。

d 元件结果转载进元件结果缓存中。

e 数据驱动器连接缓存读取元件结果。

f 元件结果转为接口服务。

g 接口服务对应用开放查询，通过权限控制是否输出结果数据。

2. 实现数据要素规模化加工的安全可信计算平台

数据要素操作系统提供以安全计算、资源隔离、系统监控为核心的可信计算能力，实现“原始数据不出域、数据可用不可见、数据不动程序动、计算过程全隔离、异常访问全管控”的强安全管理能力。基于数据要素特有的双层调度模式及拓扑排序能力，保证在高并发情况下的任务实时计算处理。

（1）安全计算。任务调度按计算过程切分阶段定向取数、定向出数、计算隔离，在阻断了系统异常访问、代码攻击等日常安全威胁的情况下，通过对整体资源的智能分配，优化计算任务的处理速度。

（2）资源隔离。租户资源物理隔离，实现租户任务请求与资源的独立式管理，元件模型、元件结果独立存储，权限独立管理，进一步强化租户的数据安全保障。

（3）系统监控。数据要素化任务与系统的全监控，实现硬件资源、租户情况、计算流量与容器进程等的多维度切片监控，统计多维度量化指标，并通过算法预测与问题评估定位，强化工程系统安全性与稳定性。

3. 链接数据要素化生态产业链的核心能力平台

数据要素操作系统屏蔽工程系统的底层差异，是链接数据要素化生态产业链的核心能力平台，为整体数据要素生态提供任务调度优化、数据资源支撑和计算进程管理等核心能力，实现流程、任务、进程、资源、接口的统一标准化管理（如图 8-5 所示）。

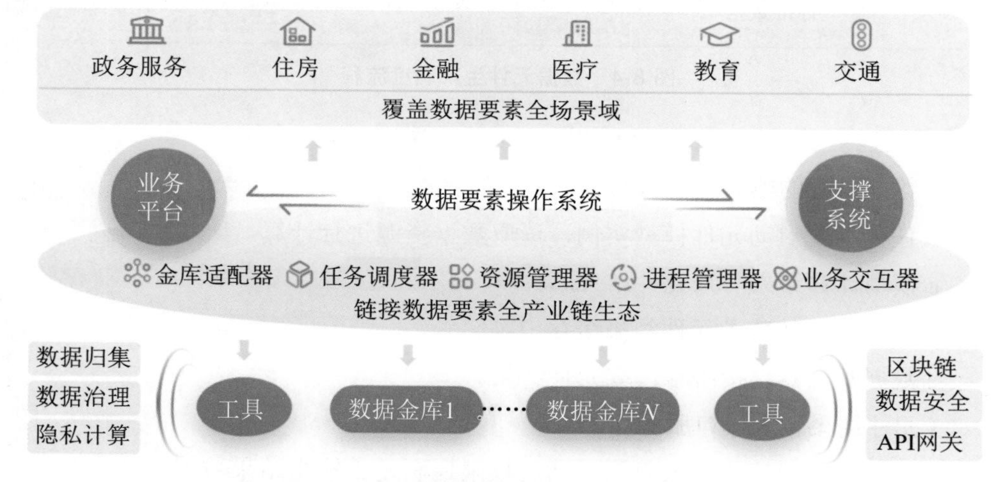

图 8-5 链接数据要素化生态产业链的核心能力平台

（1）统一管理入口。数据要素操作系统统合支撑系统、业务系统、数据要素工具箱的管理口径，实现访问控制、权限鉴别、监控管理、元数据管理等多种场景与能力的整合管理配置，赋能数据要素核心业务场景，为用户提供便捷化的管理与操作入口。

（2）外部能力对接。数据要素操作系统能够支撑业界主流数据存储结构、多种数据、计算与算法接口，保障最大化地支持外部能力横向扩展，实现用户各种复杂现场环境无缝切换迁移，极大地降低用户适应、学习、使用成本及后续维护成本。

（3）全局智能调度。数据要素操作系统实现全局资源的动态监管与智能化调度，最大化发挥现有资源价值，通过高效地调度、编排、资源使用预测、资源弹性控制，满足数据要素全局的任务执行需求与应用响应需求。

8.2.4 数据元件生产流水线

数据元件生产流水线按照五大阶段 20 道工艺的标准流程实现数据元件的规模化开发、生产与审核，可分为生产线、保障线、数据要素工具箱三大部分。生产线包括以业务操作和业务监管为目标的四大业务平台，分别为数据清洗处理平台、数据资源管理平台、数据元件开发平台和监管平台，实现数据元件的大规模开发操作和半智能化的合规监管。保障线即数据要素支撑系统，构建数据资源化、资产化、资本化三级蝶变器，从安全、合规、标准、质检等方面提供技术保障，从而确保“原始数据不出域、数据可用不可见”和“数据可控可计量”，同时在合规维度能够满足“三法一条例”（《数据安全法》《个人信息保护法》《网络安全法》《关键信息基础设施安全保护条例》）的法律法规监管要求。在整个数据要素化治理过程中需要使用各种先进、稳定、成熟的数据工具，包括数据归集工具、数据处理工具、元件开发工具、元件维护工具等。此类通用化的数据工具构成了数据要素工具箱，通过数据要素操作系统与之进行适配，并通过四大业务平台在数据资源归集、处理和数据元件加工、生产、监管等过程中对其进行调度和管理。

1. 数据元件加工生产的基本工序

数据元件的生产加工贯穿原始数据归集、数据清洗、基础数据整合、数据元件开发、数据元件流通交易和维护五大阶段，形成 20 道标准化的工序，如图 8-6 所示。通过标准化的流程定义和工序要求可实现规模化、产品化的数据元件开发，并明确数据融合、共享和可信流通的实现路径。

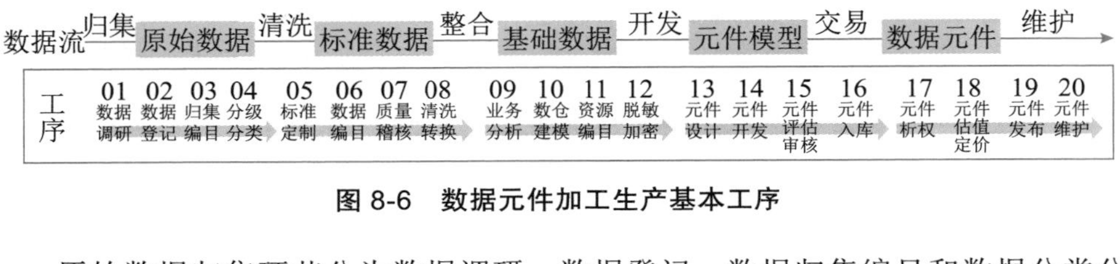

数据流 —归集→ 原始数据 —清洗→ 标准数据 —整合→ 基础数据 —开发→ 元件模型 —交易→ 数据元件 —维护→

工序	01	02	03	04	05	06	07	08	09	10	11	12	13	14	15	16	17	18	19	20
	数据调研	数据登记	归集编目	分级分类	标准定制	数据编目	质量稽核	清洗转换	业务分析	数仓建模	资源编目	脱敏加密	元件设计	元件开发	元件评估审核	元件入库	元件析权	元件估值定价	元件发布	元件维护

图 8-6 数据元件加工生产基本工序

原始数据归集环节分为数据调研、数据登记、数据归集编目和数据分类分级等基本工序。在归集过程中，基于多源异构数据融合、在线实时归集和离线归集等技术实现路径，实现全方位的全域数据归集管理与服务，促进数据资源互联互通，为数据要素化治理体系提供统一管理的数据资源。

标准数据清洗环节分为标准制定、数据编目、质量稽核、清洗转换等基本工序。基于标准化的协议框架，集成数据清洗预处理等组件，对结构化、半结构化与非结构化异构数据进行解析和加工处理。在统一的数据资源目录框架管理下，通过数据质量和数据标准体系进行质量监测和评估，完成标准数据的建模和转换，为数据元件的开发和生产提供高质量、标准化的数据支撑。

基础数据整合环节分为业务分析、数仓建模、资源编目、脱敏加密等基本工序。在清洗转换后的标准化数据基础上，数据资源完成要素化的前期准备工作。在基础数据整合环节，数据资源要适应业务的要求，在平台化的系统中完成建模入仓工作。为了更好地利用数据资源，应完成资源的编目与脱敏加密工序，方便数据元件的开发、流通交易与维护。

数据元件开发环节分为元件设计、元件开发、元件评估审核和元件入库等基本工序。数据元件开发阶段主要涉及数据元件开发商、数据运营商等市场主体，依托数据元件开发组件开展数据元件开发工作。由金库运营商在关键环节对元件开发进行审核，保证元件开发过程以及元件内容的安全合规。

数据元件交易维护环节分为元件析权、元件估值定价、元件发布和元件维护等基本工序。基于数据元件的规模化流通和交易机制，在数据金库的外部隔离区域，数据元件通过市场反馈机制实施按需交易，通过单向动态传输机制进行数据元件交付。完成数据元件交付之后，数据元件要在缓冲区中实施物理销毁，结合交付方式和更新频率，对元件进行动态维护。

2. 生产线：四大数据要素业务平台

如图 8-7 所示，数据要素业务平台主要包含数据清洗处理平台、数据资源管理平台、数据元件开发平台和监管平台四个部分，围绕数据元件加工生产的工艺流程，实现数据要素高效、集约、安全和规模化加工。同时，面向监管机构构建监管平台，对数据要素化全过程安全和合规问题进行监测和审计，有效加强对核心数据、重要数据、企业机密数据和个人隐私数据的识别和监管，加强对数据归集、处理和数据元件生产过程中的合规性审查工作，确保数据元件的安全生产和安全流通。

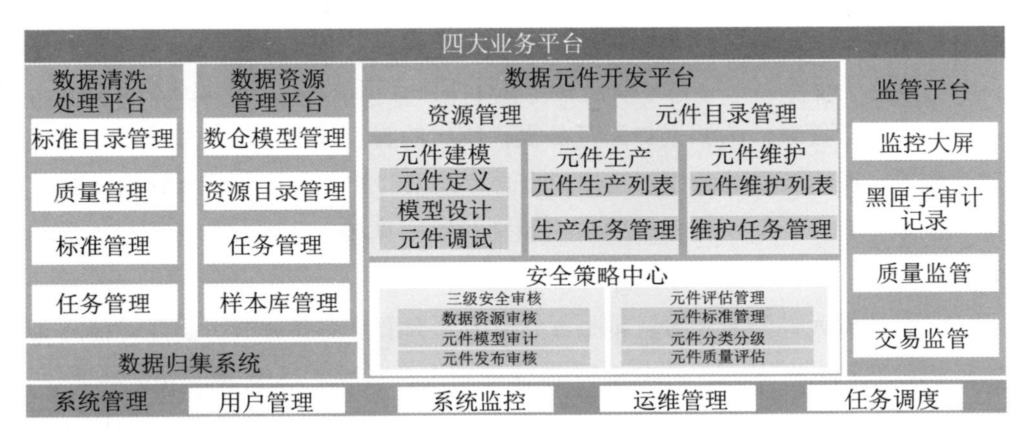

图 8-7　四大业务平台功能架构图

（1）数据清洗处理平台。数据清洗处理平台负责对数据标准化、数据清洗、质量管理等任务、流程进行调度和管理，通过数据处理工具将归集后的数据进行标准化，主要包括标准管理、目录管理、质量管理和任务管理模块。

标准管理。制定数据治理的管理标准，便于数据处理工具采用统一具体的代码标准、数据元标准、数据表的命名标准、字典码表标准等。

目录管理。支持对目录的查询和元数据的管理，可根据分类、关键词、核心元数据等多种方式查询标准化库中的数据。

质量管理。底层对接数据处理工具，实现工具数据质量稽核规则和数据质量报告同步。

任务管理。实现对清洗治理业务的管控，便于数据治理团队落实对数据清洗处理任务的监管，实现对任务数据的同步、概览和详情查看。

（2）数据资源管理平台。数据资源管理平台借助于底层数据处理工具，负责对数据加工任务以及相关流程进行调度和管理。同时依据“数据可用不可见”的原则，基于数据元件加工需求，制定相应脱敏规则，生成样本库。数据资源管理平台将资源目录按照标准分类以及自定义标签进行目录编排，形成可提供元件开发使用的数据资源目录，并对数仓加工任务和数据模型进行有效管理。数据资源管理平台主要包括数仓模型管理、资源目录管理、数仓任务管理、样本库管理等功能模块。

数仓模型管理。管理数仓物理模型和逻辑模型，支持模型同步和查看，实现数据仓库模型在线统一管理。

数据资源目录管理。对经过加工的数据资源进行分类管理，将数据资源以目录的形式进行组织，能够对数据资源进行便捷查询检索，快速定位数据资源。

数仓任务管理。为数据加工任务提供统一的管理视图，提供数仓加工任务属性配置、调度策略等功能，支撑数据仓库模型的加工落地和统一管控。

样本库管理。通过内置敏感数据识别和脱敏算法，管理数据资源样本库与样本生成任务。

（3）数据元件开发平台。数据元件开发平台管理数据元件开发生产入库的全过程，实现元件从定义设计、开发调试到生产管理、入库编目等全部操作。数据元件开发平台主要包括资源管理、元件目录管理、元件建模、元件生产、元件维护等功能。

资源管理。为元件开发商提供数据资源、计算资源和模型资源的搜索、查看、申请等能力。通过数据资源管理，元件开发商可查看被授权的数据资源目录。计算资源管理用来管理被批准的计算资源，包括开发环境和生产环境，可进行计算资源的扩容和运行情况查看。模型资源管理用来管理元件开发商的模型资源，能够支撑多种语言的模型上传、下载和线上建模。

元件目录管理。元件审核通过入库后，金库运营商维护金库中的所有元件，并对元件进行编目和分类分级，能够对数据元件进行便捷查询检索，快速定位数据元件。

元件建模。元件开发商开发数据元件时需要做好需求定义，明确元件基本信息及相关配置信息。元件定义信息提交至金库运营商进行审核，审核通过后元件开发商可启动该元件的建模、开发和调试。元件开发商能够通过离线、在线等多种方式进行元件模型开发，使用不同服务框架进行在线调试、调优和模型评价等操作。开发完成后，将元件模型导入到生产环境，加载全量数据运行并返回元件模型的评价指标，指标达到预期后完成元件建模。

元件生产。生产过程是在场内安全计算环境中进行的，系统后台自动加载元件模型和数据资源，完成元件的生产。元件生产可通过人工和机器两种方式进行审核，根据数据资源与元件的相似程度、元件是否可逆、是否包含敏感信息、元件数据量等，判断是否通过审核。

元件维护。元件交付过程中，结合交付方式和更新频率，对元件进行动态维护，并对调用结果和日志进行查看和分析。

（4）监管平台。监管平台利用云计算、大数据、人工智能、智能算法等技术，通过对数据元件加工生产的工艺流程进行全过程监控和审计，实现对监管对象全方位地安全威胁监测预警和风险态势分析。同时，围绕法律法规要求，有效加强对核心数据、重要数据、企业机密数据和个人隐私数据的识别和监管，加强对数据归集、处理和数据元件生产交易过程中的合规性审查工作，确保数据元件安全生产和安全流通，打通与政府监管部门以及第三方监管机构之间的数据通道，促进安全、合规、监管信息的共享和业务的协同。

数据要素业务平台围绕 20 道工序进行数据治理、数据资源管理、数据元件开发、数据流通和平台监管，如图 8-8 所示。

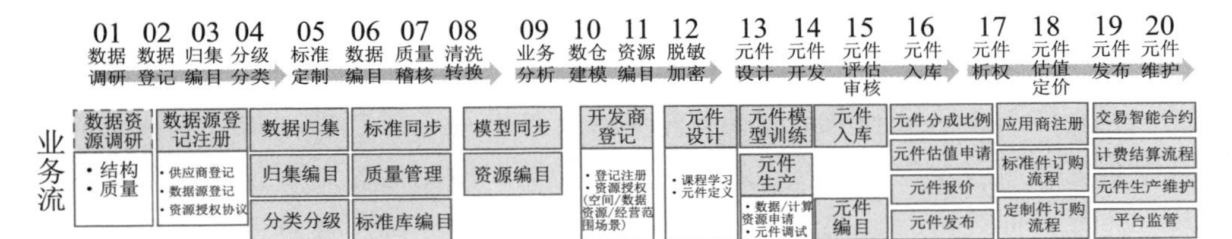

图 8-8　数据要素业务平台业务流程图

3. 保障线：五大数据要素支撑系统

围绕原始数据、数据资源、数据元件三个不同阶段的形态，构建安全、合规、标准、质检、定价评估五大支撑系统，提供满足数据要素标准体系各项要求以及数据元件加工生产安全合规要求的监测、评估、审核和处置策略，为数据元件的开发、生产、定价评估、监管提供全流程的保障，如图 8-9 所示。

系统					
5 定评系统	数据资源价值评估	数据元件定价	系统内审评估	数据元件开发商评级	
4 质检系统	数据资源质检	元件模型质检	元件结果质检	质量管理	
3 标准系统	标准文档管理	公共知识库	标准任务管理	数据要素标准监测	
2 合规系统	法律合规策略引擎	数据要素化记录仪	个人隐私合规管理	合规事件响应	
1 安全系统	数据元件三级安全审核	三级安全管控审核	数据资源分类分级	数据元件分类分级	安全事件响应

图 8-9　五大数据要素支撑系统功能架构图

（1）安全系统。安全系统是用于支撑数据要素化治理工程相关系统的基础安全、数据安全、业务安全的系统。应用层功能包括数据元件三级安全审核、三级安全管控审核、数据资源分类分级审核、数据元件分类分级审核以及安全事件响应。

（2）合规系统。合规系统围绕“三法一条例”等法律法规要求，配套构建全方位、立体化的数据安全合规系统，保障数据在归集、处理、交易、使用全过程中可知情、可管控，确保数据安全建设和数据流通符合国家及主管机构的要求。通过人工服务结合工具检查的方式对敏感数据进行发现和检测，排除安全死角，落实数据分类分级与安全管控，并对敏感数据进行重点保护，提升数据安全防护和合规性审查水平。合规系统包括法律合规策略引擎、数据要素化记录仪（黑匣子）和数据资源合规监管平台等模块建设。

（3）标准系统。标准系统基于数据要素标准体系对数据安全与数据要素化工程系统中所涉及的标准内容进行规范性检测。检测内容主要包括数据元件命名、数据元件规格、数据元件编码、数据元件说明书等。针对未遵循数据元件标准的内容和行为进行提醒和告警，并依据数据元件实质内容和标准规范进行整改，促进数据元件在数据要素市场中规模化流通和安全使用。

（4）质检系统。质检系统针对数据元件开发过程中所使用的数据资源、元件模型及元件结果进行质量检测。通过建立数据质量评估指标、元件模型评估指标和元件结果评估指标，构建数据元件质量评价模型，实现对数据元件质量的检测和评估，并支持对检测结果评级或评分。同时系统将建立并维护数据元件质量评估和管理流程，以便及时发现、定位、报告、跟踪数据元件质量问题，以保证数据元件质量可靠。

（5）定评系统。定评系统，即定价评估系统，主要承担数据要素流通过程中，对数据资源的价值、数据元件的价值以及数据元件开发商等级进行综合评估，为数据要素的标准化流通提供支撑。通过分析与数据资源、数据元件以及数据元件开发商相关的影响因素建立评估指标，构建科学合理的评估模型，为数据元件的安全和高效流通提供指导依据。

五大数据要素支撑系统在原始数据变为数据资源，再到数据元件的关键节点，围绕安全、合规、标准、质量、定价评估等方面进行管理和审核，提供满足数据要素标准体系各项要求的检测、评估、审核和处置策略，与数据要素操作系统共同形成宏内核，支撑数据要素化治理标准化、定量化、安全合规化运行，实现“原始数据—数据资源—数据元件—数据产品”三级蝶变，如图 8-10 所示。

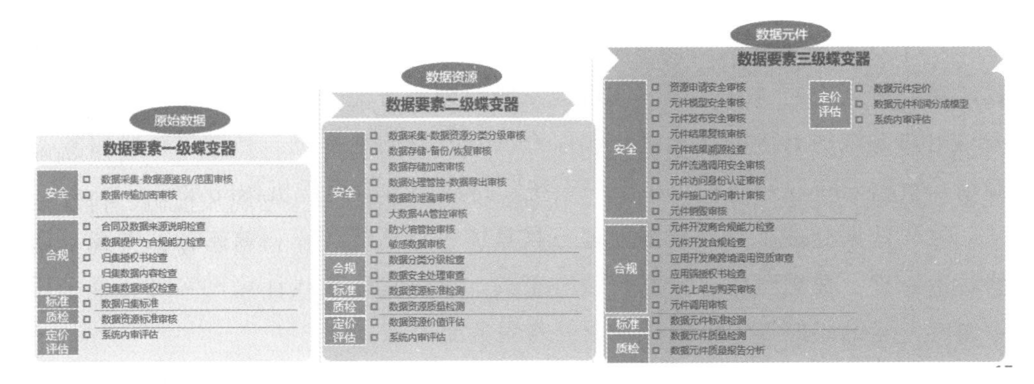

图 8-10　三级蝶变

4. 数据要素工具箱

按照数据元件加工生产的关键业务流程划分，数据要素工具箱包含数据归集、数据处理、元件开发和元件维护四大类工具，如图 8-11 所示。

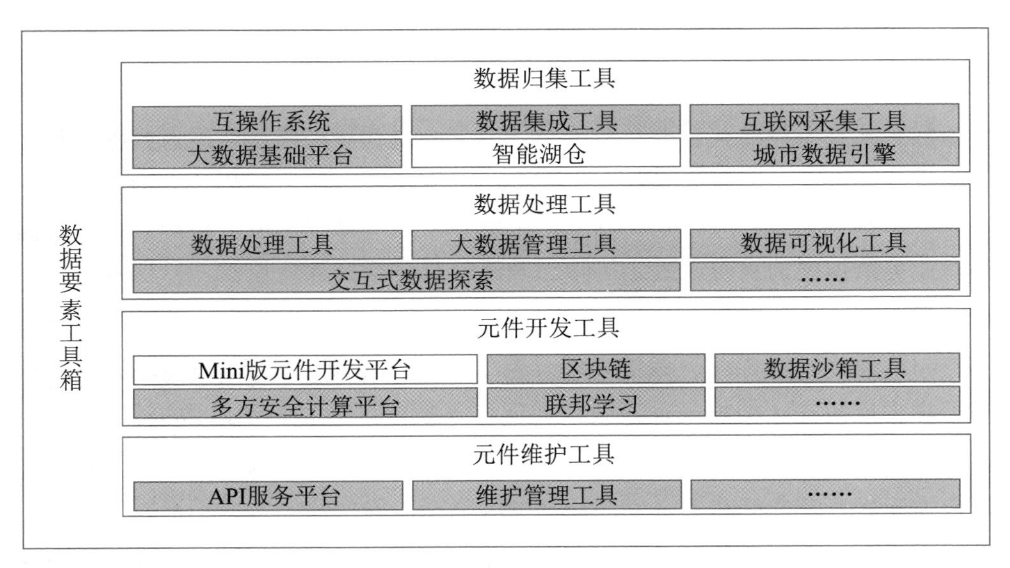

图 8-11　数据元件加工适配工具箱全景图

（1）数据归集工具。数据归集工具包括数据集成平台和互操作平台，提供结构化、半结构化、非结构化等多源异构数据采集和汇聚能力。

数据集成平台。利用大数据、前端展示等技术，为用户提供通用的即配即用、动态产生集成脚本、集成任务的平台工具，可实现多源异构多模态的海量数据归集。

互操作平台。提供对原业务系统无侵入的“所见即所得”的数据获取方式，通过智能化的 API 生成，实现原系统对外服务能力。通过此平台，快速生成与用户系统的对接，在无须协调原系统开发商的前提下，通过对接口服务的调用及数据的获取及回写，实现跨系统、跨部门、跨组织机构的数据对接。

（2）数据处理工具。数据处理工具具体包括离线计算、数据标准管理、数据质量管理、数据服务、数据脱敏等工具，提供包含离线计算、实时计算、任务调度、运维监控等大数据开发全链路服务能力。

离线计算工具。大数据离线任务开发、调度、运维管理工具，实现方便地查询批量计算的结果，辅助业务经营决策。

数据标准管理工具。按照数据标准进行数据标准化清洗处理，确保数据使用和交换的规范性和一致性，提升数据标准化管理水平。

数据质量管理工具。支持在线配置检核规则、周期执行质量检核任务，通过对不同业务规则的收集、分类、抽象和概括，提升数据的准确性、完整性和时效性。

数据服务工具。通过生成数据 API 的形式对外提供服务，实现对所有接口服务进行全生命周期的管理。

数据脱敏工具。对核心业务数据中敏感的信息进行变形、转换、混淆，使得对业务数据中的身份、组织等隐私敏感信息进行去除或掩盖，以保障数据能被合理、安全地利用。

（3）元件开发工具。通过元件开发工具箱构建数据元件的开发生产环境。基于样本库数据，数据元件开发商在元件开发专区开发、训练数据元件模型。训练好的模型在安全生产计算专区自动加载全量数据生成数据元件结果。在此过程中元件开发专区和安全生产计算专区隔离，确保原始数据不泄露，数据元件安全生产。同时也可基于数据沙箱、联邦学习、安全多方计算等平台技术，对数据进行采集、加工、分析、处理与验证，实现数据在加密状态下被用户使用和分析，用以构建和训练数据元件模型，实现“数据可用不可见”。

数据沙箱。利用数据沙箱技术构建调试和运行环境分离的安全计算环境，数据分析师在调试环境下，基于少量脱敏后的样本数据编写和调试数据分析程序，再将程序发送到运行环境，进行全量数据的分析和挖掘，从而输出不含敏感数据的分析模型文件和分析结果，实现“数据可用不可见、数据不动程序动”。

联邦学习。基于多方数据进行联合建模。由中心方进行协调、各自原始数据不对外输出的建模，都可称为联邦学习。联邦学习的技术原理在于，部署在参与学习的各方机器上的客户端从服务器端下载现有模型以及参数，而后根据各方所持有的数据对模型参数进行更新，并把结果传回服务器端。该方法不会进行原始数据交互，保证了原始数据不会出库。

安全多方计算。在一个分布式网络中，多个参与实体各自持有秘密输入，各方希望共同完成对某函数的计算，要求每个参与实体除计算结果外，均不能得到其他参与实体的任何输入信息，以确保在保护数据资源提供方的前提下，实现多方安全协同计算。

（4）元件维护工具。元件维护工具的核心是 API 技术服务。通过采用加密算法、SSL 协议等技术工具搭建数据访问的安全协议规约，实现安全模式下的 API 数据交互，确保数据元件在传送和处理过程中的运行安全。

8.3 数据要素流通交付技术体系

8.3.1 作用与价值

数据安全高效的流通是数据要素市场化的前提条件，是数字经济快速、充分发展的“催化剂”。只有推动数据要素流通起来，才能更好地发挥市场作用，促使数据要素向“资产”乃至“资本”转变。数据要素流通交付体系作为数据要素化治理技术体系的重要组成部分，其目标是建设统一的数据要素网，实现分布式数据资源的高效整合、分类分级的数据流转、可控可管数据要素互通互联，并进一步推动数据要素开放共享与市场化的流通配置。

1. 实现分布式数据资源的高效整合

当前阶段，数据依然以分散的形式存储于政府、企业、个人等大量不同主体之中，数据的整合度不高，数据的有效供给不足，规模化的数据流通和交易尚未形成。通过构建全国统一的数据要素网，可将各地方、各行业的数据资源基于统一的标准进行整合，进而将各个相对独立的资源系统中的数据资源加工成为可安全流通的数据元件，使得海量、分散的数据资源，重新结合为一个新的有机整体。数据要素网作为链接数据供需双方的核心渠道，一方面汇聚了分散的数据资源，另一方面以数据元件作为数据要素流通的基本单元，实现数据元件的分发与交付，既保障了核心、重要数据的安全，又极大地优化了数据要素流通的效率，更加充分地发挥数据资产的价值，对数据要素的高效利用具有重大意义。

2. 实现分类分级的数据流转

有效的数据分类分级，能够帮助业务部门在涉及数据处理活动的业务场景中制定更为合理的策略，提升业务运营能力。在数据要素化治理过程中，需要对数据进行分类分级，并建立相应的确权授权制度，进而确定其流通范围和流通要求。构建数据要素网是保障数据分类分级高效流通的重要工作，符合数据要素流通特点与规律，切中数据流通管理的要害，可有效避免数据治理、数据开放共享和交易过程中的“一刀切”问题。要以数据分类分级标准体系和管理制度为依据，以数据要素网为技术手段，从数据存储、传输、开发和利用等各个节点着手，实现数据的分类分级流转，加强数据要素流通过程中的分类分级保护。

3. 实现可控可管的数据要素互联

“不愿、不敢、不能”是数据要素互联流通中普遍存在的“三不”问题。亟须通过构建分区分域的数据要素网，结合数据分类分级、存储分层分布、统一设施标准、明确管理权责等一系列措施，既保障数据可控可管，又保障数据要素互联互通。一方面，通过构建并使用自主安全的数据金库归集、存放关键数据，能有效解决数据源分散、安全保障不足等问题，为数据的进一步开发利用奠定基础。另一方面，通过大规模开发生产数据元件并对其进行分类分级管理，通过数据要素网对外提供数据要素流通交易，实现高密区和低密区之间的桥梁配置，可有效屏蔽核心、重要数据和敏感信息的泄露和滥用，既保证数据资源的安全，又利用互联网的便利性提供了数据要素市场化配置的功能，从而可有效解决数据流通中的堵点，引导数据要素交易市场高质量发展，使市场主体能够依托规范的交易市场，最大程度地发挥数据要素价值。

4. 实现标准数据元件的计量计费

为数据元件构建专属的计量计费体系，既要符合相关的资产计量计费规范性要求，也要考虑数据要素本身的特殊性。《企业会计准则》中提出了五种对资产的会计计量方法，即历史成本法、公允价值法、现金流折现法、重置成本法和可变现净值法。参考这些方法，数据元件的计量计费主要可采用成本法、收益法两种方式。总体来讲，数据元件的成本易于计量，但价值难于估算。目前我国数据交易市场环境还不够成熟，对数据元件采用收益法计量还需要更多的技术探索和制度保障。未来随着数据要素市场化的不断发展，在对数据要素进行计费计量时，数据要素的成本计量可能会逐渐被价值计量所取代。

8.3.2 体系构成

数据要素流通交付技术体系涵盖数据安全高效流通技术、数据资源和数据元件的分类分级管理技术和计量计费技术，目的是确保数据要素的流通与交付过程安全可控、可信、可追溯，协调不同发展阶段、不同需求层面、不同设施平台之间的内部矛盾，促进多种数据要素流通机制共同发展。

数据安全流通技术通过构建数据金库网、数据要素网，打破跨区域、跨行业、跨层级的数据要素流通壁垒，保障流通网络的数据安全性，解除相关部门的安全忧虑，从技术和管理等各个层面落实数据安全保护的要求，实现可控可管的数据要素互联。利用区块链、智能合约、安全认证、合规检测、数字水印等多种技术，实现数据要素化流通和交付过程的安全、合规、可信、可追溯。

数据资源和数据元件的分类分级管理技术结合行业标准和法律法规，形成行业知识库，对数据资源和数据元件进行自动化、智能化分类分级和管理，为数据安全动态防护和数据安全监管提供管理依据，为数据要素的安全流通提供基础支撑。

计量计费技术通过构建统一的计量标准和规范性要求，将数据作为一种可确权、可计量、具有流通属性的产品来对待，对数据产品和服务进行计量计费。

数据要素流通网络以“一库两网三级节点”为核心理念，包括数据金库网和数据要素网，实现核心数据、重要数据归集以及数据资源和数据元件的安全流通，整体结构如图 8-12 所示。围绕技术环境、管理制度、流程审计三方面，对数据资源、数据元件、数据产品进行三级安全管控，逐步形成国家、省、市三级节点互联互通的一盘棋。

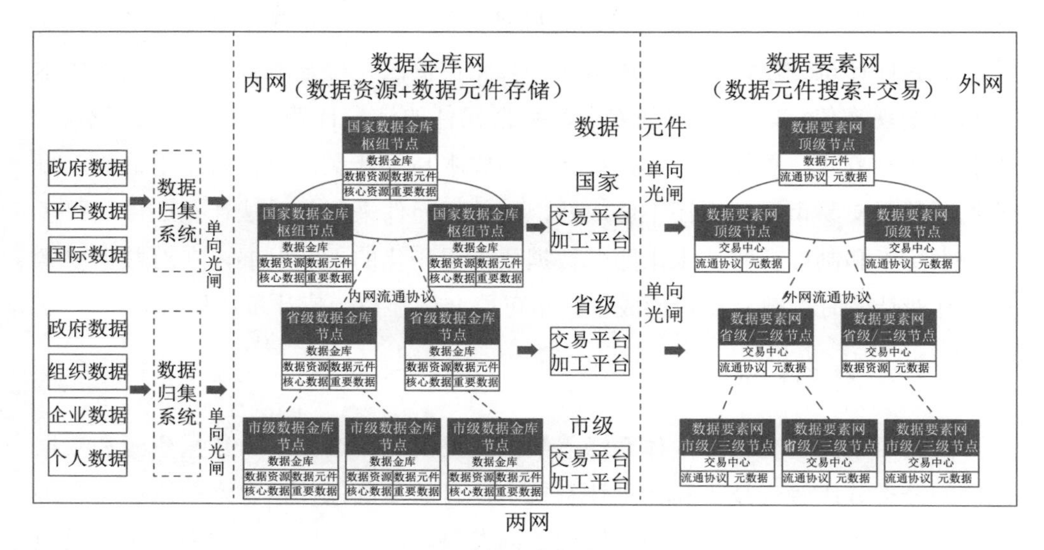

图 8-12 数据要素流通网络

在安全性方面，应采用等保三级及以上标准和国产化数据安全产品，探索利用自动化分类分级技术、安全隐私计算技术等，完善数据分类分级、重要数据识别、数据合规监管等管理制度，形成管理、技术、运行的有效闭环。实现数据归集、清洗处理、资源管理、元件开发、元件流通、产品应用的全流程安全防护，充分保障核心数据、重要数据、敏感数据和数据元件的入库、计算、处理、流通等各个环节的安全。

8.3.3 数据金库网

数据金库网基于现有电子政务网建设，是国家数据基础网络的内网，主要用于金库与金库之间数据的传输。按照“横向到边，纵向到底”的建设原则，实现数据资源跨区域、跨部门、跨层级互联互通。在数据金库网中，数据通过单向传输进入到数据仓库，由数据金库管理方对数据金库中的数据资源进行治理，并生成相应的样本数据，支撑数据元件开发商在开发环境进行数据元件模型的开发和调试，在安全隔离的生产环境进行数据元件的交付和维护。

1. 实现分布式数据资源的高效整合

通过构建自主可控、安全可靠的存算机群，存储核心数据、重要数据、敏感数据和数据元件，实现分布式数据资源的高效整合和管理，最大程度解决性能和能耗平衡问题。管理系统用以实现服务器、网络、安全和资源调度、任务分配和运维监控管理。存算机群采用网络对等架构、多模数据融合、智能算法等技术实现数据资源和数据元件的统一存储和智能计算，并对服务器、网络等资源调度、任务分配和运维监控进行管理，支撑数据资源的高效整合。

2. 实现数据资源的分类分级

数据资源分类分级是数据元件加工的前提，通过对数据资源进行合理的分类，便于数据资源的确权管理和归集汇聚。通过对数据资源的准确分级，为数据建立脱敏规则提供依据，为数据资源的开发利用提供指导，保障数据的安全利用。从数据产生、数据处理和数据存储管理等过程来看，数据的主体相对复杂，主体之间也有紧密的联系。根据数据的依附对象，分为数据源发主体和数据持有主体两类，主要包括政府、组织、企业和个人。根据数据资源对于国家安全、社会稳定和公民安全的重要程度，以及数据是否涉及国家重要数据、企业或个人权益等，将数据资源从高到低划分为核心数据、重要数据和一般数据。不同主体控制数据的分级结果将对所有主体数据的入库提出不同要求，并确定该类型主体数据传输和存储加密方式、访问权限以及在对该级别主体控制数据进行使用、开放和共享前是否需要脱密和脱敏（包括逻辑数据运算等处理方式）处理等。

3. 实现数据管理的安全计算

在数据金库网中，对传输的数据进行协议封装，对封装的数据进行协议解析，还原传输的原始数据。对金库网各节点交互数据进行私有协议定制，包括金库网各节点控制指令协议和金库网各节点数据传输协议。通过定制的数据及数据元件传输协议格式，对接收的金库网各节点之间流转数据进行解析，获取数据基本信息和重要等级。根据本节点金库网的重要等级，遵循较低等级金库网节点不能存储高于该等级权限数据的原则，对本节点金库网处理权限进行审核，对满足权限的金库网内部流转数据进行处理、存储；对不满足权限的金库网内部流转数据不进行处理。数据进入金库网采用单向物理传输，对数据归集边界网络与金库网的数据传输进行单向安全隔离，阻断其他网络与金库网之间的直接网络连接，支持不同网络之间的单向数据传输，对传输数据类型检查及过滤，执行预定义的黑白名单策略，对网络流量的隔离和过滤防护，执行预定义的访问控制策略。对需要采取安全隔离措施的数据传输通路，多路部署单向传输设备，多路数据传输通路同时并行传输数据，确保数据安全传输。

8.3.4 数据要素网

数据要素网以数据元件作为流通对象，基于覆盖国家中心枢纽、省、市三级节点，形成全国一张数据元件互联网，有助于解决跨平台跨区域的数据元件互联互认，以及元件统一检索的问题，是国家数据要素流通监测管理和宏观调控的基础设施。建设数据要素网，应以“三法一条例”为基本原则，配套整体制度法规体系，坚持系统性、工程化观念，构筑全栈安全防护体系，实现核心及重要数据归集，数据资源和数据元件分类分级管理，以及数据元件的安全流通，并实现数据归集和数据要素流通全程可管可控、可追溯。数据要素网模型如图 8-13 所示。

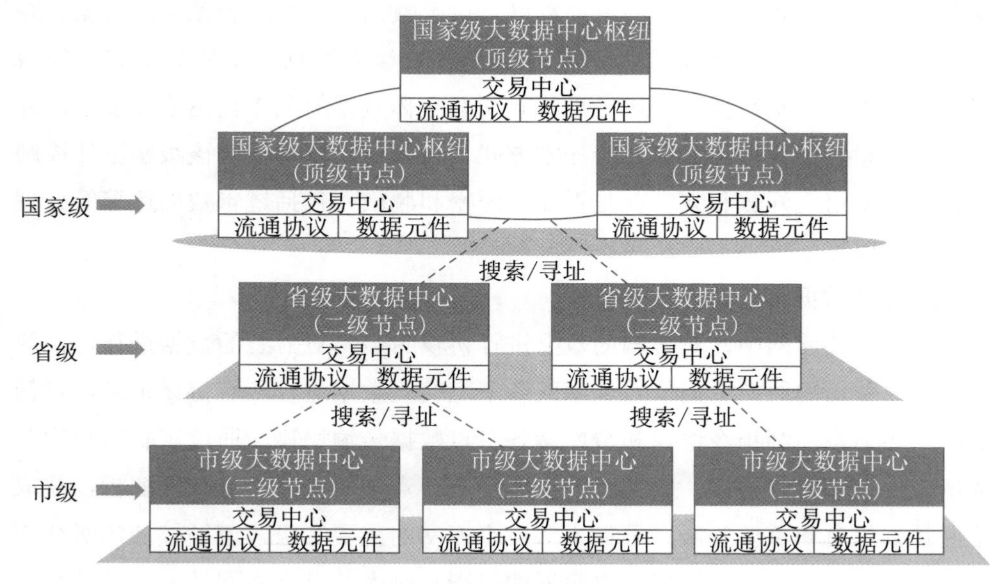

图 8-13　数据要素网模型

1. 实现数据元件的分类分级

数据元件分类分级是通过描述数据元件的多维度特征和内容敏感程度，为制定数据元件的开放、共享和交易策略提供支撑。

从数据元件的来源、业务领域等多个维度对数据元件进行分类，按照数据元件类别控制数据元件的使用范围。数据元件种类是以数据元件所涉及的数据范围、元件形态作为基本分类依据，并在其分类依据内从数据来源、数据行业领域、数据主题领域、数据元件形态四个不同维度进行信息分类。

根据数据元件被破坏后对国家安全、社会秩序、公共利益以及对公民、法人和其他组织的合法权益（受侵害客体）的危害程度来确定数据的安全级别，共分为 3 级，由高至低分别为：指定流通数据元件（Ⅲ级）、受限流通数据元件（Ⅱ级）、非受限数据元件（Ⅰ级），按照数据元件级别控制其使用范围。

2. 实现数据元件的计量计费

数据元件作为新型的数据要素形态，相对于数据资源来说，在计量计费方面有很大优势。通过构建数据元件模型和技术标准体系，建立统一的标准来规范其范围、颗粒度和体量等，从而形成统一的计量基础。在开发过程中，由于有相关的技术标准支撑，通过对其数据量、数据属性等进行严格约束，将数据元件作为一个标准单元。同时，配合安全审核程序和流通协议要求，通过约定数据元件这一交易标的物的规格和属性，明确其用途和交付方式，从而实现对交易的数据元件内容进行合理的计量。

3. 实现数据元件的合约交易

数据要素网节点按照三级进行规划，包括国家级节点、省级二级节点和市级三级节点，应由国家统筹建设，定义统一的流通协议和接入规范，各省市根据自身数据交易中心建设情况申请接入数据要素网体系。构建数据要素网三级节点，有助于解决跨平台跨区域数据元件互联互认以及精确搜索的问题，助力建成全国和区域性数据交易中心，为各地方数据交易的规模化发展提供有力的支撑。

依托国家级、省级、地市级数据元件交易平台，在互联网侧构建一个三级节点的数据要素网，通过 API 接口信息在数据金库网中进行网络寻址，找到数据金库物理地址，并同步启动数据元件生产任务，生产的数据元件结果按照智能合约和内网流通协议通过单向网闸的方式流转到数据要素网，通过数据产权交易所进行数据元件的产权交割。

在数据元件流通过程中，可通过元件标识在数据要素网进行全网搜索，利用数据标识解析系统、外网流通协议和数据元件搜索引擎，可实现数据元件快速精确检索，并解析到元件名称、元件类型、API 接口等元件、元数据信息，能够很好地保障数据元件安全可信、可追溯。

8.4 数据要素安全合规技术体系

8.4.1 作用与价值

为支撑数据要素化治理工程，需要建设工程化、体系化的数据要素安全合规技术体系，使得数据要素化治理的业务过程满足安全与合规要求，有效降低数据风险，保障数据的安全流通和开放共享。安全合规技术体系需充分考虑数据要素在生产、存储、流通等方面的特点，并基于数据元件的数据要素安全模型作为理论依据，落实“双向风险隔离、三级安全管控”的安全架构设计思路，形成保障关键数据安全存储和数据要素可控流转的安全底座。

1. 实现双向风险隔离

双向风险隔离的安全架构设计思路核心是依托数据元件，实现原始数据与数据应用的解耦，通过单向流动降低数据泄露、滥用、篡改等风险。

数据资源通过单向通道传输至数据金库，经过深度清洗治理后才能存储到数据仓库。根据数据资源重要程度和类别进行分类分级分层存储，同时针对不同等级对数据资源进行权限控制和加密管控。为保障数据资源安全，数据元件开发商利用样本数据在元件开发区进行模型开发和调试，在元件生产区加载真实数据进行调优和安全生产，这一过程中元件开发商不接触真实数据资源，杜绝数据被非法篡改。每个元件开发商专柜专仓、物理隔离，数据元件流通过程也采用单向传输方式流向数据应用端，数据元件使数据资源在应用过程中不直接流向应用端，隔离了数据泄露的风险；数据应用端在数据使用过程中不直接接触原始数据，隔离了原始数据被滥用的风险。

2. 确保元件安全使用

通过对数据元件开发过程中影响数据安全的因素进行识别和审核，才能确保数据元件在流通过程中达到安全使用的目的。在数据元件定义阶段，申请相应的数据资源进行数据元件开发，保障数据资源的使用安全。在数据元件开发过程中，数据资源经过标准化流程和数学建模的方式形成数据元件，保障算法模型安全和计算环境安全。数据元件开发完成后，在满足数据元件标准和安全合规等要求的前提下对外公开，保障元件结果安全。数据运营商应当对每个阶段存在的安全风险进行审核，从而确保数据元件的安全流转与应用。

3. 实现三级安全管控

三级安全管控强调对数据资源、数据元件及数据产品三阶段的全面覆盖，结合数据全生命周期的安全框架构建数据要素化全流程安全管控体系。

三级安全管控是对数据资源、数据元件和数据产品安全管控之中的自研和生态的安全工具运行结果进行审核、记录和展示，及时发现风险。三级安全管控围绕技术环境、管理制度、流程审计三方面展开。在技术环境方面，依据不同的业务场景和安全程度选择区块链、数据沙箱、安全多方计算、联邦学习等技术增强对数据资源、数据元件、数据产品的管控。在管理制度方面，围绕数据、数据治理主体、设施、市场等方面，制定四大类至少 17 项管理制度。按照不同安全需求，每项管理制度从不同维度制定相应的安全管理措施，形成全方位、多层次的安全管理制度体系。在流程审计方面，构建数据“黑匣子”，用技术和人工的方式，围绕数据来源、数据流向、数据开发、元件开发、元件交易、产品开发、产品交易等方面，进行定期和不定期的审查。

8.4.2 体系构成

数据要素安全合规技术体系的建设从存储、流通、管控、合规四方面着手，主要包含以数据金库为基础设施的安全存储技术、以数据元件为核心的安全流通技术、数据要素全生命周期的安全管控技术，以及数据要素化业务的全流程合规技术。

1. 安全存储技术

以数据金库为基础设施的安全存储技术，其目标是通过建设自主可控的软硬件数据底座，实现数据要素分级、分区域的隔离存储，构建数据要素的物理层安全屏障。根据数据的重要级别，对核心数据、重要数据、敏感数据和数据元件采用分类分级管理、物理分区隔离存储的技术模式，分别建设数据资源仓和数据元件仓。数据资源仓和数据元件仓相互隔离，通过安全通道实现不同区域之间不同类型数据的安全传输，为数据存储加工提供一个安全可靠的运行环境。

2. 安全流通技术

以数据元件为核心的安全流通技术，其目标是通过将数据资源封装为数据元件，降低数据要素流通中的安全风险和隐私风险。安全流通技术以数据元件为核心载体，通过数据水印、数据脱敏、数据审核等技术，实现数据要素流通的安全合规以及全流程可追可溯。同时，安全流通技术体系可灵活适配各种隐私计算工具，提供良好的扩展性，为数据产品提供友好的开发环境。

3. 安全管控技术

安全管控技术的目标是针对数据要素化的全过程，包括采集、传输、存储、处理、流通等关键环节，进行全生命周期的安全管控和安全审计，并对加工形成的数据元件进行安全审核。通过对数据资源、数据元件进行分类分级夯实数据安全合规的基础，对数据流通过程的各个环节关键信息进行记录，使安全审计有据可依，并在数据全生命周期的各个环节应用不同的管控技术，确保数据要素安全。

4. 全流程合规技术

全流程合规技术的目标是参照相关法律法规以及技术标准的要求，针对数据要素化的完整业务流程，进行合规性的审核、管理和控制。合规体系将落实“三法一条例”等法律法规要求，从产权明晰、法规策略、隐私保护以及监管需求四个方面保障数据归集、处理、交易、使用等全过程可知情、可管控，确保数据安全建设和数据流通符合国家及主管机构的要求。

8.4.3 以数据金库为基础设施的安全存储技术

数据金库的设计坚持系统观念，围绕实现数据资产的整合与存储、实现数据资源和数据元件的安全管控、完成合规与风险控制的目标，着力打造新型数据存储和管理设施，从安全存储、安全流通、安全管控、全流程合规四个方面保障满足数据要素化治理过程的安全合规要求，为数据要素化治理工程提供清晰的技术实现。

数据要素化治理工程基于以数据金库为基础设施的安全存储技术实现数据资源的整合与安全存储。数据金库围绕数据要素化工艺流程开展数据资源整合与数据元件开发等生产任务，通过自主可控的软硬件数据底座，实现“关键数据入库”及安全存储，形成高安全、全自主、软硬一体的独立数据基础设施，并可与现有数据中心物理隔离。对核心数据、重要数据、敏感数据和数据元件采用分类分级管理、物理分区隔离存储的技术模式，通过将数据资源仓和数据元件仓分离，实现数据资源与数据元件的安全存储。

1. 数据金库

数据金库是实现数据资源和数据元件安全存储的基础设施，是实现数据要素加工处理的安全环境，也是构成数据要素流通网络（包括数据金库网和数据要素网）的关键节点，如图 8-14 所示。

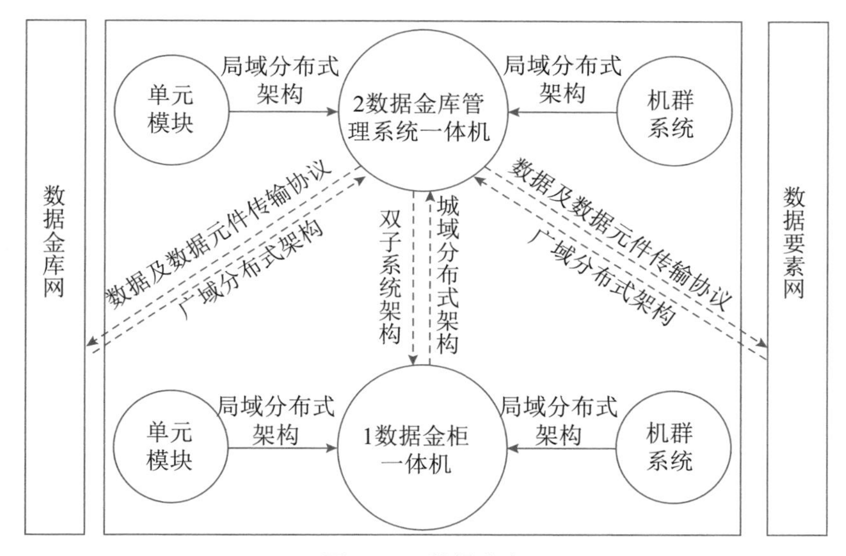

图 8-14　数据金库

从基础层面讲，数据金库可以被看作一个大分布式系统，以数据金柜一体机、数据金库管理系统一体机作为基本组件，通过以万兆以太网为基础的内部网络连接而成。在此基础上，以数据金库为核心，通过数据及数据元件传输协议连接外部的服务器节点，形成数据要素流通网络。分布式系统采用“发布—订阅”的通信方式，外部数据进入金库、金库数据进入数据元件生产流水线均采用一致的通信范式完成数据交换和服务。

数据金柜一体机是组成数据金库的基本组件，是由位于一个机柜内分工协作的多个单元模块组成的机群系统，是数据安全存储的物理载体。数据金柜采用基于光交换的机架内部互联网络，机柜内部节点经过服务裁剪、端口资源封闭以及系统加固等手段，与柜外安全管理系统联动，形成一体化的安全访问管理机制，保障金柜的网络安全，同时可以通过选配硬件软件加密模块实现数据的加密存储。金柜组件可以堆叠，通过多个金柜的组合构成更大体量的金柜，存储更多的数据资源。

数据金库管理系统一体机是组成数据金库的另一个基本组件，同样也是由多个分工协作的单元模块组成的机群系统。数据金库管理系统一方面承担着以数据金柜为代表的存储资源的管理和访问任务；另一方面，数据金库管理系统也是数据要素加工生产的安全环境。系统采用异构计算资源（CPU、GPU、DPU 等）配置，基于光交换的机架内部互联网络，提供对数据金柜内的数据治理、安全和合规管理以及访问服务。数据金库管理系统对金柜数据采用分类分级的管理模式，并为不同的级别和分类设计分区、分片的存储机制以及支撑能力。同时，金库管理系统也为数据要素的加工生产提供算法、工具、开发环境和加工任务的管理和调度。

数据金柜一体机和数据金库管理系统一体机均有保障物理访问安全的数字安全锁机制以及保障逻辑访问安全的身份认证和访问控制机制，同时具有严格的安全审计、基于区块链的服务凭证和回溯支持等。

2. 物理隔离

数据金库通过存用分离的基础设施运行模式，实现按需物理隔离。数据金库网与现有互联网设施断直连，用于数据安全存储与资源交换；数据要素网搭建在互联网侧，充分利用互联网的便捷性实现数据元件的大规模流通。在需要数据跨网流通时，从数据金库网到数据要素网进行单向连接。

数据金库通过构建物理隔离的存储和计算环境，并使用单向光闸实现数据单向进、元件单向出，确保数据金库与互联网之间的物理隔离。具体的隔离技术如图 8-15 所示。

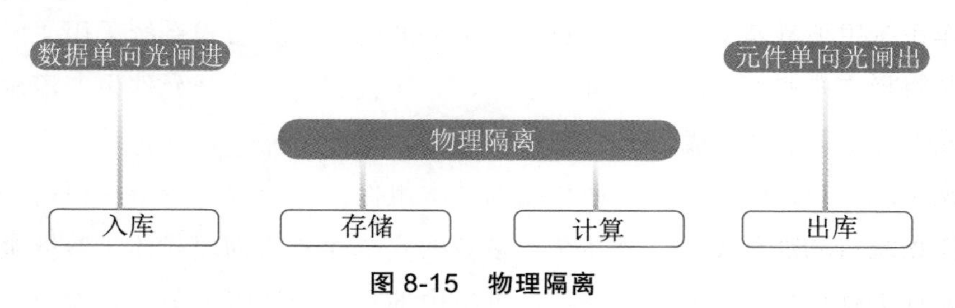

图 8-15　物理隔离

入库阶段。采用物理单向传输，构建三通道传输机制，部署内容检测策略，并对数据进行粉碎与组装（数据深度净化清洗）。

存储阶段。数据存储、元件生产、运营三分区，对于不同元件开发商施行专柜专仓，使其拥有独立的数据金柜，实现不同开发商之间的物理隔离。对于同一元件开发商，实现数据元件安全生产计算专区与数据元件模型库、数据元件结果库的内部分区隔离。

计算阶段。元件开发和元件生产隔离、数据资源和样本数据隔离，并将元件模型托管在数据金库的专柜专仓，在元件生产环境中加固指令。

出库阶段。在数据金库内部进行数据元件生产，生产完成的数据元件通过单向传输动态摆渡到数据金库外部的数据元件缓冲区。

3. 安全通道

数据进入数据金库时，根据不同的数据类型与用途，采用不同的数据通道，实现了数据、指令、模型三者分离的单向传输。政府数据、组织数据、企业数据和个人数据等，通过数据、指令、模型三个单向的传输通道进入数据金库进行归集存储。

数据通道。外部数据进入单向传输前的前置机缓冲区，通过单向传输数据通道进入数据金库隔离区后的前置机缓冲区，再从缓冲区进入数据金柜进行存储。

指令通道。数据元件生产流水线接收数据元件生产的指令，通过指令通道将业务指令传输给数据要素操作系统，数据要素操作系统向数据金柜发起数据资源加载请求，同时加载数据元件模型进行数据元件的生产。数据元件结果生产完成后，数据要素操作系统将数据元件通过单向传输动态摆渡到隔离区的数据缓冲区，交由数据要素网完成数据元件结果对外的交付。

模型通道。在元件开发阶段，数据元件生产流水线通过指令通道向数据要素操作系统申请样本数据，数据要素操作系统向数据金柜发起样本数据加载指令，并将样本数据通过单向传输动态摆渡到数据元件生产流水线的样本库中。数据元件开发商利用样本数据进行数据元件的模型开发，完成的数据元件模型通过模型通道单向传输到数据金柜进行存储。在元件中间性试验阶段，数据要素操作系统自动加载数据资源和数据元件模型生产数据元件，并对加工生产的数据元件进行评价，所形成的评价指标通过单向传输摆渡到数据元件生产流水线，提供给数据元件开发商进行评估，调整数据元件模型。

4. 分区存储

数据要素化治理工程通过数据金库对数据资源和数据元件实现分区存储。按照分区、分域、分权限的原则，数据金库可划分为数据存储与元件加工区、数据治理运维区、数据金库管理区、数据元件开发区、数据元件交易区。通过物理隔离，依托于数据要素操作系统和数据元件生产流水线，采用指令、模型、数据三通道分离的单向物理传输机制，实现从数据归集到数据元件交付全生命周期的管理。在数据存储方面，根据数据形态，分为数据金库数据域和数据金库元件域。在数据元件开发生产方面，采取数据元件开发商专柜专仓，数据元件开发区和数据元件生产区实现物理隔离。在数据流通与交付方面，通过单向物理传输按需交付到数据元件缓冲区，通过规范化的数据要素网实现数据元件的交换与传输，进而实现数据要素的规模化应用。

5. 安全环境

物理环境安全遵照等级保护相关要求对数据金库所处的物理环境，包括机房、配线间等强化建筑安全，并对环境进行安全管理，防止非授权物理访问导致的信息系统破坏。对于物理环境的防护主要是物理位置选择、物理访问控制、防盗窃和防破坏、防雷击、防火、防水和防潮、防静电、温湿度控制、电力供应、电磁防护等。数据金库中存储核心数据、重要数据、敏感数据以及数据元件，其所处物理环境安全保障更加严格，出入除需要审批登记制度以外，还要使用生物识别和密码口令等方式组合成多因素身份认证进行技术鉴别。

信息环境安全是指用于构建数据金库的基础设施（服务器主机）安全、网络环境安全（包括安全组网设计、网络分区分域、传输网安全）和云网安全。除满足等保三级要求中的安全通用要求、云计算安全扩展要求外，还应能够对数据金库网、数据要素网中的主机、客户机、容器的配置、漏洞、补丁进行全生命周期的运营管理。传输网络能够使用 SDWAN 组网技术满足数据金库网、数据要素网跨机房、跨地域的高可用、高安全的可信动态组网，保障数据金库网、数据要素网的可信传输通信。在进行数据要素导入 / 导出的数据金库区域边界，应使用可信专用设备作为数据网关，并通过具备高隔离特性的单向网闸进行数据摆渡。

8.4.4 以数据元件为核心的安全流通技术

为确保数据要素的安全流通，一方面需要基于数据要素流通交付技术体系，以“一库两网三级节点”为核心理念，构建以数据金库网和数据要素网为核心的数据要素流通网络。另一方面，则需要以数据元件为核心载体，通过元件化的封装，嵌入数据水印、数据脱敏、数据审核等安全技术，并配合各种隐私计算工具，降低数据要素流通中的安全和隐私风险，实现数据要素流通的安全合规以及全流程可追溯。

数据要素流通网络在本章第 3 节已经做过介绍，此处不再赘述。这里重点介绍以数据元件为核心的安全流通技术，包括数据元件安全审核技术、数据隐私保护技术、数据元件安全加工技术和全流程追溯技术，以及上述技术在数据要素化治理工程中的应用方式。

1. 安全审核技术

数据元件作为数据要素市场中规模化流通和安全管控的数据“中间态”，在进入市场化流通之前需要对其加工生产的过程进行安全审核。数据运营商按照数据资源申请阶段、数据元件模型开发阶段和数据元件发布阶段依次进行审核。在数据资源的申请阶段，进行数据资源范围审核、负面清单审核、数据元件定义审核，保障数据资源范围与数据元件开发人员的权限一致，确保国家重要数据、个人信息和商业秘密合法合规使用。在数据元件模型的开发阶段，进行代码审计、恶意脚本检测、高危命令检测、已知漏洞检测，防止元件模型对数据资源和计算环境破坏，保障数据元件开发流程安全。在数据元件的发布阶段，进行数据元件模型复核、数据元件结果审核、结构化要求审核，确保数据元件能够安全流通。其中数据元件结果审核主要采用不可逆检测技术检测数据资源与数据元件的重复度、两者之间是否存在映射或同分布等关联关系、是否存在将数据元件通过拆分或组合变换将原始数据夹带出去等情况。数据元件需要通过所有安全风险审核后方可进入流通环节。

2. 隐私保护技术

数据隐私保护技术主要采用数据脱敏、数据加密、数据水印等方法对数据进行保护。数据脱敏技术针对不同的数据字段信息采用不同的安全策略进行敏感信息脱敏，常见的方式如替换、分档、遮盖、随机映射、抽样等。数据脱敏技术能够消除数据的信息敏感性，有效保证重要数据在分析、监管协作、开发测试等过程中的安全性。根据实时性要求和使用场景的不同，数据脱敏可分为静态脱敏和动态脱敏两种。数据加密技术是通过加密算法和加密密钥将明文转变为密文的技术方法，针对不同级别和不同区域的数据采取不同的加密手段，常见方法如 DES、RSA、SM 系列国密加密算法。数据水印技术是对各类文件、表等数据进行隐藏式、视觉不可见水印信息的标记，并能对文件进行水印信息检测、提取、追溯，满足用户在业务过程中对文本、图像、音视频等数据资源的安全防护要求，常见方法如鲁棒性水印算法和完整性水印算法。

3. 安全加工技术

数据要素在开发、生产和应用过程中，均涉及海量数据在不同主体之间的流通和交换。为确保数据流转中的安全，除采用上述常规的脱敏、追溯和审核技术之外，还涉及安全加工技术。在开发阶段，对于数据元件模型训练所需的海量数据和元件结果，从数据隐私保护的角度出发，可采用多种技术路径进行能力的增强补充。例如，可采用模糊处理的方式，通过随机化、添加噪声或修改数据使其拥有某一级别的隐私，具体的技术如差分隐私方法。也可采用密码学方法，引入诸如联邦学习、安全多方计算、同态加密等相关技术，避免直接将输入值传给其他参与方，避免明文方式的数据传输，使分布式计算过程安全化。在生产阶段，可构建数据元件调优和生产的安全计算环境，集成联邦学习、安全多方计算、隐私差分等多种隐私计算技术，在不泄露原始数据的前提下对数据进行采集、加工、分析、处理与验证，实现数据在加密状态下被用户使用和分析，用以构建和训练数据元件模型，实现“数据可用不可见”。

4. 全流程追溯技术

数据要素化治理工程通过将数据水印、智能合约和数据使用行为追溯技术融入数据元件实现对数据要素化全流程的追溯与管控。数据使用行为追溯技术主要用于在数据安全治理中的事后追责活动，通过对已经发生的数据安全损害事件中的特定行为进行成因探究，从中找出权重最大或最初始阶段的行为主体，再以规章制度为依据追究其相关责任。相关数据安全事件包括数据泄露、数据滥用、数据盗版、数据贩卖等情况。数据安全追溯工作能对滥用数据、泄露数据的行为形成威慑，对盗用数据者给予法律惩罚，还可以进一步对数据的安全保护责任达到定向委托的效果，即约束数据接收者保护好所接收到的信息或数据。

8.4.5 数据要素分类分级的安全管控技术

数据要素化治理是对数据资源进行加工处理，将其转化为要素形态的过程，包括数据归集、清洗处理、资源管理、元件开发等阶段，涉及原始数据、数据资源和数据元件等形态，因数据重要程度和敏感程度的不同产生不同的安全保护等级。数据要素的安全管控必须考虑要素全生命周期的形态变化，针对不同阶段、不同类型的数据制定不同的安全策略。因此，在安全管控的技术体系中，数据的分类分级是安全管控的基础。在此基础上，配合数据安全审计以及针对不同类型数据的安全防护策略，实现数据要素全生命周期的安全管控。

1. 数据分类分级

数据要素化治理工程主要处理数据资源和数据元件两种数据对象，需要针对不同的数据对象提供分类分级的安全防护。

（1）数据资源分类分级

目前，在国家层面尚未出台完整的数据资源分类分级标准，2022 年 9 月数据分类分级的第一个国家标准《信息安全技术 网络数据分类分级要求》对外公开征求意见，该标准给出了数据分类分级的基本原则、数据分类方法、数据分级框架和数据定级方法等。与此同时，各行业和地区已经开始了数据分类分级制度的建设和实践，并取得了一定的突破和进展。其中包括网络电信领域的 YD/T 3813—2020《电信企业数据分类分级方法》，网络数据领域的《网络安全标准实践指南——网络数据分类分级指引》，政务领域的 DB 52/T 1123—2016《政务数据 数据分类分级指南》（贵州）、《政务数据分级与安全保护规范（试行）》（北京）、《浙江省公共数据分类分级指南》等，金融领域的 JR/T 0158—2018《证券期货行业数据分类分级指引》、JR/T 0197—2020《金融数据安全 数据安全分级指南》，工业领域的《工业数据分类分级指南（试行）》，个人信息保护领域的 YD/T 2781—2014《电信和互联网服务—用户个人信息保护—定义及分类》、YD/T 2782—2014《电信和互联网服务—用户个人信息保护—分级指南》等。

下面以政务领域为例介绍数据资源的分类分级。

政务数据分类分级是实现政务数据安全管理的基础和前置条件。政务数据的分类分级首先需梳理各业务场景的数据资源，识别数据分布，厘清数据资源使用状况，进而完成分类分级的数据标识，形成分类分级清单，并结合场景化实施方案，明确不同敏感级别数据的安全管控策略和措施，构建不同的场景化数据安全管理体系。

政务数据分类分级包含数据分类分级标准指南制定、重要数据识别、数据分类分级管控三个关键环节。

数据分类分级标准指南制定。首先建立政务数据分类分级标准；进而进行数据梳理，生成数据分类分级清单；最后实现数据分类分级的标准化、流程化、精确化管理。

重要数据识别。政务数据资源的安全级别由影响对象、影响范围和影响程度决定，影响对象包括国家安全、公共利益或者个人、组织的合法利益，影响范围包括国家、全社会、多个行业、行业内多个组织、单个组织或个人，影响程度包括数据受到破坏时所侵害的客体以及对客体造成侵害的程度，数据本身的精度、规模、活跃度等。

数据分类分级管控。根据分类分级结果对数据资源采集传输、存储、加工使用等过程采取不同程度的分级管控措施和保护技术，如对政务核心数据传输过程进行协议加密，存储过程进行非透明加密，加工使用过程视角色权限授权开发使用。

（2）数据元件分类分级

数据元件分类分级工作采用多维度、多层级的方式推进。采用多维度分类可以满足不同数据元件的分类要求，并可以根据需要进行类别扩展。采用多层级分类可以基于一种分类维度按多层级进行细化分层，并可根据需要进行层级扩展。

数据元件的分类，是以数据元件所涉及的信息内容作为基本分类依据，从数据来源、数据主题、数据行业领域、数据元件形态、归属地域五个不同维度进行。

数据元件的分级是建立统一、完善的数据元件全生命周期安全保护框架的基础，可为数据元件持有主体制定有针对性的数据安全管控措施提供支撑。数据元件的分级应充分考虑其所携带的信息对国家安全、社会稳定和公民安全的重要程度，以及数据元件是否涉及个人敏感信息等。

数据元件的安全级别可分为三级，由高至低分别为：指定流通数据元件（3 级）、受限流通数据元件（2 级）、非受限流通数据元件（1 级）。数据元件的安全级别可根据业务需求和实际应用范围进一步扩展和细分。数据元件分类和分级的判断依据见表 8-1。

表 8-1 数据元件的分级及判断依据

<table>
<tr><th rowspan="2">级别代号</th><th rowspan="2">级别名称</th><th colspan="2">定级要素</th><th rowspan="2">判断依据</th></tr>
<tr><th>影响对象</th><th>影响程度</th></tr>
<tr><td rowspan="2">3 级</td><td rowspan="2">指定流通</td><td>国家安全
经济安全
社会稳定</td><td>严重损害
一般损害</td><td rowspan="2">涉及核心数据和重要数据，严重影响国家安全、经济安全、社会稳定、公共健康和安全的数据元件</td></tr>
<tr><td>公共健康和安全</td><td>严重损害</td></tr>
<tr><td rowspan="2">2 级</td><td rowspan="2">受限流通</td><td>公共健康和安全</td><td>一般损害</td><td rowspan="2">影响或可能影响国家安全、经济运行、社会稳定、公共健康和安全的数据元件或涉及个人信息、企业权益的数据元件</td></tr>
<tr><td>企业权益
个人隐私</td><td>严重损害</td></tr>
<tr><td rowspan="2">1 级</td><td rowspan="2">非受限流通</td><td>企业权益
个人隐私</td><td>一般损害</td><td rowspan="2">不直接影响国家安全、经济运行、社会稳定、公共健康和安全，不涉及个人信息、企业权益的数据元件或根据国家法律法规及政策文件要求无条件公开的数据形成的数据元件</td></tr>
<tr><td>国家安全
经济安全
社会稳定
公共健康和安全</td><td>不损害</td></tr>
<tr><td colspan="5">注 1：国家安全，是指国家政权、主权、统一和领土完整、人民福祉、经济社会可持续发展和国家其他重大利益相对处于没有危险和不受内外威胁的状态，以及保障持续安全状态的能力。
注 2：经济安全，是指国民经济发展和经济实力处于不受根本威胁的状态。
注 3：社会稳定，是指整个社会处于稳固、安定、和谐的状态，包括政治稳定、经济稳定和社会秩序稳定。
注 4：公共健康和安全，包括公共卫生安全、信息安全、食品安全、公众出行安全等，是社会和公民个人进行正常的生产生活所需要的稳定的外部环境和秩序。</td></tr>
</table>

2. 数据安全审计

数据安全的审计与稽核是安全管理部门的重要职责，是保障数据安全治理的策略和规范得到有效执行和落地实施的重要环节，是能够快速发现潜在风险和危害行为的重要手段。通过数据安全审计能够帮助掌握威胁与风险的现状与动态，明确防护方向，并相应调整防护体系，优化防御策略，补足防御薄弱点，使防护体系具备动态适应的能力。

数据要素化治理工程通过数据“黑匣子”对各个环节关键信息进行采集存储和管理，记录数据要素化处理全流程的关键操作日志以及检查日志，供平台监管及操作溯源，支持具体到人的监管与审计。

在合规审计方面，记录合规任务的运行时间、状态及检查结果，提供合规检查内容、检查逻辑及法律依据，实现合规检查结果分析。在安全多维审计方面，提供数据级审计、网络级审计、系统级审计与平台级审计等全方位多维审计，具备细粒度审计追溯的能力，精准定位安全风险，确保安全可靠。

通过数据安全审计，实现行为审计与分析、权限变化监控以及异常行为识别。

（1）行为审计与分析

为实现对数据访问行为的审计与分析，通常需要利用网络流量协议分析技术将所有数据访问和操作行为信息（包括但不限于访问用户、时间、IP 地址、会话 ID、操作类型、对象、耗时、结果等）全部记录下来。一套完善的审计机制是包含敏感数据、策略、数据流转基线等多个维度的集合体，对数据的流转、数据的操作进行监控、审计、分析，及时发现异常数据流向、异常数据操作行为，并进行告警，输出相应的分析报告。

行为审计与分析为数据安全带来的价值主要体现在两个方面：

事中告警。一旦发现可能导致数据外泄、受损的恶意行为，审计机制可以第一时间发出威胁告警，通知管理人员。管理人员在及时掌握情况后，可以针对性地阻止该威胁，从而降低或避免损失。为此，审计机制应具备告警能力（如通过邮件、短信等方式发出告警通知），并能够有效识别系统漏洞（例如针对 CVE 等漏洞库的漏洞特征进行检测）、注入攻击（如对 SQL 注入攻击进行监控）、口令破解、高危操作（如变更数据库的表结构等）等威胁和风险。

事后溯源。发生数据安全事件后，可以通过审计工具记录的日志信息对该事件进行追踪溯源，确定事件的源头，还原事件的发生过程，分析事件造成的损失，进而对违规人员实现定责和追究，为调整防御策略提供非常必要的参考。为此，审计工具需要具备强大的检索能力，可以将全要素作为检索条件来检索其记录的日志信息。

（2）权限变化监控

权限变化监控是数据安全稽核的重要一环，是指对所有数据访问账号及其权限的变化情况进行监视与控制，包括但不限于账号的增加和减少，权限的提高和降低等。对权限变化进行监控的目的和意义既包括抵御外部提权攻击，也包括防范内部人员通过私自调整账号权限进行违规操作，这些均是数据安全审计必不可少的关键能力。

权限变化监控能力通常包括下面两个环节：

权限梳理。通过扫描嗅探和人工验证相结合的方式，对现有账号情况进行详细梳理，形成账号和权限基线。在此过程中，可通过可视化技术帮助管理人员直观掌握环境中的所有账号及权限的实际情况。

权限监控。通过对所有账号及权限进行周期性扫描，并与基线对比，监控账号和权限变化情况，若发现未遵循规章制度进行权限调整的违规行为，则及时向管理人员告警。

（3）异常行为识别

在安全稽核过程中，除了明显的数据攻击行为和违规的数据访问行为外，很多数据入侵和非法访问是掩盖在合理授权下的，这时就需要利用数据分析技术，对异常性的行为进行发现和识别。

一般有两种定义异常行为的方式：一种是通过人工分析来进行定义；另一种则是利用机器学习算法对正常行为进行学习和建模，然后对不符合正常行为模型的行为进行告警。

3. 全生命周期安全

以数据分类分级和数据安全审计为基础，数据要素化治理工程通过身份访问控制、监测响应、数据安全防护等安全保障手段实现对数据要素全周期、全流程的安全监测。

身份访问控制。通过身份认证、访问控制能力，结合零信任的“永不信任、持续验证”思路实现身份访问控制，根据数据分类分级结果，动态决定采用哪种访问控制模型。

监测响应。在功能层面包括日志采集、日志分析、态势感知和威胁情报。通过探针采集数据空间体系中海量日志记录，包括主机日志、终端日志、过程日志、系统操作日志、网络访问日志、数据库操作日志等信息，进行大数据分析、态势感知研判和情报分析，用来识别安全事件、威胁、违规行为和安全趋势，通过数据安全风险审计报告、报表，确保记录和审计每一项具有破坏性的业务操作，为事先评估、事中告警、事后追溯和定位问题原因及厘清事故责任提供依据。

数据安全防护。由于数据处于不同的阶段所面临的安全威胁和可采用的安全防护手段不一样，因此围绕数据全生命周期构建数据采集、传输、存储、加工、流通的安全防护。

8.4.6 数据要素化业务全流程合规管控技术

围绕“三法一条例”等法律法规要求，配套构建全方位、立体化的数据安全合规系统，其价值在于保障数据归集、处理、交易、使用全过程可知情、可管控，确保数据安全建设和数据流通符合国家及主管机构的要求，通过数据产权清晰化、法律法规策略化、隐私保护自动化以及合规监管体系化，保障数据处于有效防护和合法利用的状态，为数据要素的合法流动提供支撑。

1. 数据产权清晰化

数据确权是数据流通的前提，也是数据要素化过程的起点。作为生产要素的数据，同时也是包含主体人格属性的财产，需要先经过析权，再分阶段进行确权。确权分数据资源、数据元件、数据产品三个阶段完成。数据是数据要素流通的对象，因此，明确其归属主体、权利表现形式、权利变动方式是数据要素流通交易的基础保障。

数据要素化治理工程中的确权行为是由权利主体对数据资源、数据元件及数据产品进行权属认证，支持数据产权落地。在数据确权过程中，依据“三阶段确权”思路，明确确权主体和对象，利用技术手段完成权属分配，为权属确认提供支撑。为实现“三阶段确权”的析权效果，相应的数据权利主体可以就数据资源、数据元件、数据产品分别提出相应的数据确权申请。需要注意的是，从数据流通交易和开发利用的需求出发，这里仅对数据持有权、使用权、经营权进行确权。

2. 法律法规策略化

法律法规策略化体现了技术与法律的充分结合。通过对法律法规、国家标准的分析拆解，结合数据要素化的合规要求，将其机群化，形成相应的合规功能模块。通过对法律法规、合规场景、合规对象、处理阶段、合规策略、合规算子、触发条件等的实体抽象，以及法理、逻辑、时序关联，提供合规管理体系升级维护管理的能力，使得数据要素合规管理体系可以随着法律法规的丰富完善及合规落地经验的积累，不断升级，逐步完备，实现合规要求的策略化。

通过合规检查自动运行、合规问题自动识别、合规检查结果分类记录等技术手段，对业务元数据、技术元数据及数据内容进行综合分析，实现个人信息、商业秘密等合规关键信息的自动识别。合规系统将识别算法嵌入到数据要素业务的关键处理节点中，发现关联流程节点中的待保护信息，实现合规检查的自动触发。

结合触发点所处数据处理阶段、场景、对象及关注的法律风险点，通过图谱推演技术，合规系统自动推荐符合多方要求的合规策略及算子。依据算子与算子、算子与处理对象、处理对象与处理对象之间的逻辑和时序关系，完成算子依赖分析、合规检查逻辑构建，以及合规检查任务的生成。通过上述技术手段，对数据要素化治理工程的参与主体能力、业务行为及流转内容进行审查，辅助运营主体发现合规问题，提出整改建议，实现主体合规、内容合规、行为合规。

3. 隐私保护自动化

个人隐私合规全面回应了相关法律法规中对于个人信息权利保护的各项要求。在数据收集阶段，首先需要识别出个人数据资源，如果具备《个人信息保护法》所规定的法定条件或者其他法定的豁免条件，则无须获取个人授权，否则数据资源提供方和数据运营商需约定数据收集授权书范本，个人对照范本填写授权书，通过自然语言处理技术自动检查授权书的有效性，并关联对应的个人数据资源，判断数据资源能否落库。在元件流通阶段，数据运营商和应用开发商需约定元件调用授权书范本，个人对照范本填写授权书，调用个人元件时通过自然语言处理技术自动检查授权书的有效性，授权有效后可予以调用。由于个人授权存在时效性，个人信息授权同意需定期检查，应及时对授权撤回及过期的数据资源进行销毁或匿名化处理，对即将过期的授权调用进行告警。

个人信息保护影响评估是我国数据安全、个人信息保护相关立法活动的重点。个人信息保护影响评估是检查个人信息处理合法合规程度，判断其对个人信息主体合法权益造成损害风险程度的活动。数据要素化治理工程的个人信息保护影响评估通过自动监测获取现状，从数据处理全过程、隐私权及数据处理者义务等方面进行安全事件可能性和个人权益影响分析，识别风险并构建风险库，实现风险映射，并在上述分析的基础之上，生成评估报告。运营主体需要对风险进行跟踪处理，及时整改，以实现个人信息的保护。

4. 合规监管体系化

数据要素合规监管体系围绕数据、数据处理者及数据处理活动开展风险识别与处置，确保数据有效防护和合法使用，保障数据要素的合法流动。围绕数据收集、数据运维、元件开发、元件流通等场景，以结构化、非结构化数据分析处理能力为基础，任务调度系统为支撑，周期性对数据要素化全流程的相关数据处理者、处理行为及数据内容进行合规检查，发现系统落地执行过程中的风险及问题，给出法律依据，辅助运维人员发现问题、认识问题、解决问题。

5. 数据要素化过程全记录

记录数据要素化全过程的关键操作日志，通过对数据资源—数据元件—数据产品的全程记录，实现具体到人的操作审计及合规验证，为各类场景与要求下的数据合规审计提供素材。数据合规审计的开展，建立在对系统的历史性数据处理活动进行综合分析的基础之上。通过网络日志等手段，实现系统数据处理动作的全流程留痕。

第9章 数据要素化治理的市场体系

作为数据要素化治理的重点内容，市场体系能够促进数据资源的流通和共享，增加数据的使用价值，激发市场发展的新动能。本章将从数据要素市场体系架构、三类市场、确权授权机制以及场景域开发四个方面，探究数据要素化治理市场体系的关键内容，分析数据要素市场体系的设计目标及市场架构，提出数据资源市场、数据元件市场和数据产品市场的相关概念，并在此基础上梳理、总结公共数据授权运营、企业数据流通交易和个人数据委托管理等相关做法。

9.1 市场体系架构

数据具有海量、分散、隐私、敏感等特性，而且传统的数据市场只对数据资源和数据产品进行交易，所形成的两类市场一定程度上影响了数据价值的发挥，造成数据泄露、数据滥用等风险，使得数据无法大规模标准化流通交易，难以满足日益丰富的场景需求。随着数据要素的共享流通和授权使用成为重要趋势，构建大规模数据要素市场体系成为数据要素发挥价值的关键内容。大规模数据要素市场体系构建依赖于全行业的数据流通、数字化的全面协同，以及跨部门的流程再造，以推动实现业务贯通、数智决策以及创新治理机制的完善与发展。

在数据要素市场化配置过程中，一方面，需要在路径设计中引入风险可控的流通交易标的物，以实现分散海量的数据资源向多样化应用需求的安全、高效流动；另一方面，引入的流通交易标的物需具备复杂度和资产专用性低、交易和使用频率高的特征，以防止“去平台化”“劣币驱逐良币”等市场失灵现象发生，实现高价值数据要素在数据交易平台上大规模流通。本书通过引入数据元件这一能够进行隐私保护和大规模流通交易的数据“中间态”，将传统的两类市场拓展为三类市场，即数据资源市场、数据元件市场和数据产品市场。

9.1.1 发展基础

近年来，随着数据要素概念的提出，各行业、各地方在数据要素市场方面开展了一系列探索和实践。理解数据要素市场体系的设计思路，首先应梳理数据要素市场化配置的发展过程。数据要素市场化配置主要经历了从数据商品化到数据要素市场化的发展阶段。

1. 数据商品化应用

随着数字技术的快速发展，数据已经成为当今社会的重要资源。部分企业通过收集和利用数据，将生产、销售、服务和管理等各个环节逐渐整合到统一平台，将线上和线下业务有机结合，形成新的商业模式和应用场景，谋求业务效率和竞争力的提高。然而，由于大部分企业没有足够支撑业务需求的高价值数据资源，数据商品化应运而生。

数据商品化是指将数据作为一种商品进行销售或交换的过程，可以通过多种方式实现，如直接销售数据，或通过交换来获取数据。数据商品可以是各种类型的数据，如市场调研数据、销售数据、客户行为数据等。这些数据可以帮助市场主体更好地了解市场趋势、客户需求和行为，并以此提高他们的业务效率，同时也为其他公司提供了一种获取数据的途径。

数据商品化可以带来诸多优点，包括提高数据价值、增强变现能力、优化用户体验以及降低使用成本等，主要体现在三个方面。一是赋能原有业务。企业可以通过商品化数据来更好地利用数据资源，提升其业务中的数据价值。例如，一家地图公司可以通过商品化数据——地图来服务于客户。二是拓展营收渠道。企业可以通过商品化数据从更多领域收取报酬，创造更大的收益。三是优化管理流程。企业可以通过信息化手段管理数据，监测数据流向，同时也可以通过数据分析支撑企业决策，优化组织方式和业务流程，使企业更具竞争力。

尽管数据商品化有着诸多优点，但也存在一些潜在的风险。一是数据质量风险。数据质量不佳会对数据使用者造成一系列隐患。因此，在数据商品化中需要严格评估数据质量，确保数据质量达到预期标准。二是数据隐私风险。数据商品化过程中，隐私泄露会对数据所有者和使用者的权益造成损害。因此，需要采取有效的数据隐私保护措施，确保数据安全。三是法律风险。数据商品化受到多种法律法规的约束，如果不遵守这些法律法规，可能会面临诉讼和罚款等法律后果。

综上所述，在数据的商品化阶段，虽然部分企业，尤其是互联网企业，通过对客户数据的分析可获取超额利润，数据要素的价值得到发挥，但数据尚未形成规模化流通，难以满足诸多企业的数据获取和使用需求。

2. 数据流通交易探索

数据要素市场化的发展与数字技术的快速发展密切相关。随着大数据技术的普及，企业和组织越来越意识到数据的价值，数据要素市场化也逐渐兴起。数据要素市场化是数据商品化阶段的更新和升级。数据要素市场化的主要环节包括数据生产、数据开发使用和数据流通交易等。数据生产者可以通过出售他们拥有的数据资源来获取收益，数据使用者可以通过购买数据资源来提高业务效率和竞争力，数据流通交易则是搭建数据生产者和使用者之间的桥梁，包括数据的采集、存储、分析和销售。通过引入市场化机制对数据要素进行全社会范围内的大规模、高效率配置，可以为数据供给侧的企业开拓新的发展空间，同时可以使数据需求侧的企业以更低成本获取更加优质的数据，加快数据服务创新的步伐。

为此，各地积极开展数据要素市场化探索。以数据交易所建立与发展为例，上海数据交易所形成了一系列创新性安排，构建“数商”体系，构筑更加繁荣的流通交易生态；发布数据交易配套制度，率先针对数据交易全过程提供一系列制度规范，确立了“不合规不挂牌，无场景不交易”的基本原则；提出全数字化数据交易系统，保障数据交易全时挂牌、全域交易、全程可溯；颁发数据产品登记凭证，实现一数一码，可登记、可统计、可普查；发布数据产品说明书，将抽象数据变为具象产品。类似地，广州数据交易所坚持“无场景不登记、无登记不交易、无合规不上架”的原则，在数据交易模式、交易主体、交易标的、交易生态、交易安全和应用场景等方面开展了一系列创新。

总体来看，数据要素市场化实践处于初步探索阶段，仍存在一些问题，如数据要素共享流通中出现供给难、确权难、定价难、互信难、入场难、安全难、监管难等关键难题，亟须建立共用、共享、共治、共创的数据要素化市场体系，满足数据市场各类主体的多元化应用需求。

9.1.2 设计目标与架构

数据要素化治理是数字经济时代的新现象，也是我国发展数字经济所面临的新挑战。数据已作为一种新型生产要素参与市场活动，构建与之相适应的市场体系已成为必然之举。数据要素的市场体系设计目标在于促进数据资源的开放共享与流通交易。围绕数据资源市场、数据元件市场和数据产品市场，建立数据要素市场体系架构，通过数据要素市场体系构建、数据确权授权机制设计、多元场景域打造，提升数据的使用价值，激发数字经济发展新动能。

数据元件作为数据资源和数据产品之间的“中间态”，既能起到隔离风险、保障数据安全的作用，又可以形成匿名化、标准化的数据格式，因此可以促进数据的规模化、市场化流通。本章构建基于数据元件的数据要素市场体系架构，内容包括形成完善的数据要素三类市场、构建数据的确权授权机制、打造多元数据应用场景域，以促进多方数据共享和交换，提高数据利用效率和质量，实现数据价值在三类数据市场中的逐级放大、叠加、倍增效应，推动数据在各行各业中的广泛应用，如图 9-1 所示。

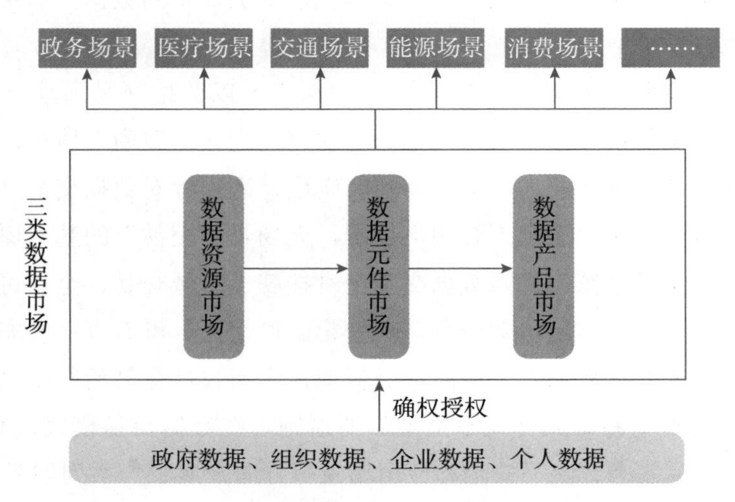

图 9-1 基于数据元件的数据要素市场架构

形成完善的数据要素三类市场，增强数据产业的核心竞争力。通过引入数据元件这一“中间态”，将传统数据市场体系从两类市场延伸为资源市场、数据元件市场和数据产品市场三类市场，构成数据产业的完整生态系统。其中，数据元件市场作为数据产业链中重要的中间环节，优质的数据元件和数据元件开发商可以为数据要素市场提供系统性的数据流通交易服务，保障数据的安全，从而提升整个数据产业的发展质量和核心竞争力。

构建数据的确权授权机制，促进数据要素市场良性发展。根据数据的不同种类，从公共数据、企业数据和个人数据分别构建数据的确权授权机制。通过对公共数据进行定向授权运营，提高公共数据有效供给，促进公共数据与社会数据深度融合。通过制定企业数据估值定价方法，规范交易行为，推动企业数据价值挖掘与规模流通。通过对个人数据进行委托管理，在保护个人信息安全基础上，促进个人数据资源参与市场化流通配置。

打造多元数据应用场景域，重构区域和行业数据产业生态。随着用户场景需求从分散向集约转变，场景一体化受到市场主体的广泛关注。为满足数据应用主体日益多元化的需求以及面对日益细分的数据要素市场，需要开发面向重点领域的数据应用场景域，主要包含政务场景域、医疗场景域、消费场景域等常见领域，以及能源场景域、交通场景域、婚恋场景域、旅游场景域等次要场景域。

此外，数据要素市场体系架构需要数据主管部门发挥监管职能，保障数据安全，防止数据垄断。可通过设立专门的数据监管机构，负责制定市场体系规则，对数据服务商、数据金库专营商、数据元件开发商和数据应用开发商等市场主体进行授权和监督，从而规范市场行为，激发市场活力，保障数据要素市场持续健康发展。

9.2 三类数据市场

数据市场由资源市场、元件市场、产品市场三类市场组成，依据第 4 章中数据要素流通模型所提出的权利划分、市场分类、收益分配机制，对各类市场中的交易主体、交易客体、市场规则进行解析，以建立数据要素驱动的新发展模式，催生数据要素市场生态。

9.2.1 数据资源市场

数据资源市场是将数据资源作为交易标的物的市场，交易提供方为数据资源持有主体，享有数据资源持有权；交易需求方主要是数据运营商和数据元件开发商，享有数据加工使用权。数据资源市场作为需要强管控的市场，采用归集、购买、共享、交换等数据处理方式，从数据持有主体处收集政府、组织、企业、个人数据。

数据资源市场的交易主体。主要包括企业、组织、个人等拥有数据的主体，他们享有数据资源持有权；以及数据运营商和数据元件开发商，他们享有数据加工使用权。随着移动互联网的普及，个人用户在享用数字化服务中容易留下数字痕迹，如搜索信息、新闻与视频等媒体的浏览、社交网络的互动、在线购物等，在使用这些服务的过程中，这些痕迹都可以被记录，以原始数据的形式被收集。具有管理公共事务职能的组织和提供公共服务的运营单位，在依法履行行政职责过程中产生、收集公共数据。企业在长期生产、经营和销售活动中也会积累海量数据。这些实体构成了数据资源市场中的数据资源持有主体。

数据资源市场的交易客体包括各类交易主体所拥有的各类原始数据集，通常由法人和自然人及其相关的地、事、物、环境等对象的数据集合所构成。这些数据集可以被粗略地划分为结构化数据和非结构化数据。结构化数据是指数据按照一定的格式、规则和关系组织的数据，通常以表格形式呈现，如关系型数据库中的表格。结构化数据通常由固定数量和类型的字段组成，这些字段包含了所描述对象的属性、状态、行为等各个方面。非结构化数据是指没有固定格式、规则和关系的数据，通常是以自然语言、图像、音频或视频等形式呈现。

在市场准入规则方面，政府通过建立市场监督管理规则，对符合要求的数据运营商发放企业经营资质。按照鼓励公开的原则，对可公开的数据尽量公开。对公开数据，积极促进社会化开发利用。对不宜公开的数据，在保障隐私安全的前提下，通过授权的方式和市场化机制进行开发利用。在市场竞争规则方面，针对通过数据分类分级授权，让数字平台直接通过用户的自主授权或市场化的授权协议，合理合法地收集使用数据。在定价交易规则方面，数据资源市场需结合数据资源获取的稀缺性、数据质量等诸多因素，如第 4 章所述，采用以成本法为主、收益法为辅的定价机制，根据数据的场景和用途进行区别定价。

9.2.2 数据元件市场

由于原始数据在价值评估、加工成本分配、隐私保护等方面存在种种问题和风险，难以直接进入市场交易，尤其是未经加工清洗的原始数据。数据运营商将一级市场收集的原始数据进行清洗治理，加工成数据资源，与作为模型提供方的元件开发商，开展数据元件的加工，形成兼具安全属性和价值属性的标准化数据元件。数据元件通过安全合规审核、估值定价后，发布上架到数据元件流通平台进行交易。数据元件开发商和数据运营商享有数据加工使用权和数据产品经营权。

与数据资源市场类似，在数据元件市场同样具有交易主体、交易客体和市场规则。

数据元件市场的交易主体主要是数据运营商、数据元件开发商和应用开发商，可以享有数据加工使用权和数据产品经营权。具体而言，数据元件供给方为数据运营商和数据元件开发商，需求方为基于数据元件进行产品和服务开发的应用开发商。市面上，数据良莠不齐、权属关系复杂，数据质量和价值难以保证，交易烦琐、困难。在开发数据产品的过程中，数据运营商通过加工、清洗、治理原始数据，厘清运营商和数据主体之间的权属关系，形成权属清晰的高质量数据资源。数据元件开发商通过元件开发，形成权属稳定的标准化数据初级产品，实现数据的价值传递和规模化利用。应用开发商通过购买元件，开发面向特定应用场景的数据产品和服务，释放数据价值。

数据元件市场的交易客体主要为经过脱敏、抽象、封装后形成的数据元件。在数据元件市场，数据元件开发商开发数据元件模型，与数据运营商提供的数据资源共同加工成标准化或定制化数据元件。数据元件通常具有可析权、可计量、可定价且风险可控的特点。数据元件包含的信息价值是影响数据要素流通的关键，数据元件的信息价值越高，数据应用开发商购买使用的意愿越强，数据价值被释放的可能性就越大。数据元件的信息价值与数据质量、数据规模、信息密度密切相关。经过上一阶段的数据收集和清洗治理，数据质量和数据规模均得到有效保障。

数据元件市场的市场规则主要体现为市场准入规则、市场竞争规则和定价交易规则。在市场准入规则方面，一方面政府通过建立监管规则，对符合技术要求的数据元件开发商提供经营资质。另一方面数据运营商对加工后的数据元件进行审查，符合标准后方可参与市场流通。在市场竞争规则方面，数据运营商和数据元件开发商共同享有数据元件的财产分配权益，通过与数据应用开发商进行数据元件交易获取收益。数据元件市场应保障在数据安全的前提下，发挥市场交易的决定性作用，充分激发数据元件开发商和数据应用开发商的活力。在定价交易规则方面，数据元件市场采用收益法、市场法相结合的定价方式，数据运营商采用按资源要素参与收益分配，元件开发商采用按智力劳动参与收益分配的原则。

9.2.3 数据产品市场

数据产品是一种产权清晰、可交易的终端商品和服务，是数据产品市场的主要交易对象和标的物。数据产品市场以应用为导向，以交易终端用户使用的数据产品为交易标的物。目前，数据产品市场主要涵盖数字政府、数字社会、数字金融、智慧农业、智能制造、智能交通、智慧物流、数字商贸等领域。

数据产品市场的交易主体包括交易的供给方和需求方。交易供给方主要是提供数据产品和服务的数据应用开发商，享有数据产品经营权，而交易需求方是政府、组织、企业、个人等终端用户。

数据产品市场的交易客体是基于数据元件和自有数据，面向市场、社会和政府需求，开发形成的数据产品及服务。终端用户对数据产品和服务的使用最终实现了数据价值的释放。因此，在数据产品市场中，产品和服务的性能是影响该阶段数据要素价值释放的主要因素。数据应用开发商在充分调研市场需求的基础上，开发具有较高场景适配性的数据应用产品，并及时优化、迭代产品性能，不断拓宽产品的使用范围，提升产品的使用频率，从而实现数据要素价值的全面释放。

数据产品市场的市场规则主要包括市场准入规则、市场竞争规则和定价交易规则。在市场准入规则方面，数据产品市场开放程度最高，政府通过制定产品和服务行业标准，对数据应用开发商提供的产品和服务进行监管，保障数据产品交易和使用的公平、有序、合规。在市场竞争规则方面，与数据元件市场不同，数据产品市场为开放市场，应全面培育数据应用开发商，充分发挥市场机制的决定作用。在定价交易规则方面，数据产品市场采用市场法为主的定价方式，以数据产品价值为基础，按照市场规律形成交易价格。需求方也可按照自身需求以自主报价的方式，向数据应用开发商定制数据产品和服务。

9.3 数据确权授权机制

在数据要素市场化的初级阶段，数据的价值初步凸显，拥有海量数据的平台型组织的创新应用和数据变现，推动各个行业加快构建数据开发利用的渠道和路径，以实现各类数据要素价值的放大、叠加和倍增。为进一步提高不同数据资源的配置效率，保障各参与方数据权益，本节分别对公共数据、企业数据、个人数据等不同来源数据进行分类施策，构建适应各类数据特点的市场化机制。

9.3.1 公共数据确权授权

公共数据是指由国家机关和法律、行政法规授权的具有管理公共事务职能或者提供公共服务的企事业单位，在履行公共管理职责或者提供公共服务过程中，产生或收集的涉及公共利益的各类数据。公共数据往往来自于国家机关、事业单位、经依法授权具有管理公共事务职能的组织，以及供水、供电、供气、公共交通等提供公共服务的部门。公共数据属于公共产权，具有公共产品的性质。[①] 公共数据价值的发挥一方面需要各级政府部门扩大开放共享，另一方面还需要打通不同主体和不同区域范围内的数据壁垒。[②③] 虽然现有研究表明，从产权角度看，公共数据可供个人免费使用，也不排除企业免费使用，但由于公共数据往往包含诸多敏感信息，容易导致商业化滥用，[④] 因此，公共数据通常不宜直接或全部提供给市场主体。[⑤]

为了实现公共数据要素化市场体系的设计理念，实现公共数据的授权运营

---

① 黄朝椿．论基于供给侧的数据要素市场建设 [J]. 中国科学院院刊，2022，37：1402–1409.

② 尹西明，林镇阳，陈劲，林拥军．数据要素价值化动态过程机制研究 [J]. 科学学研究，2022，40:220.

③ 潘家栋，肖文．新型生产要素：数据的生成条件及运行机制研究 [J]. 浙江大学学报（人文社会科学版），2022，52（7）：5–15.

④ 何玉长，王伟．数据要素市场化的理论阐释 [J]. 当代经济研究，2021，（4）：33–44.

⑤ 赵鑫．数据要素市场培育：法律难题、域外经验与中国方案 [J]. 科技进步与对策，2022，39（17）：123-131.

目标，可以通过基于数据元件的数据要素化治理工程，在不泄露敏感信息的前提下实现公共数据开发利用。数据要素化治理工程可为公共数据确权授权提供解决方案，可以提高数据供给的数量和质量，充分释放公共数据价值，牵引与企业数据及个人数据的融合应用，激发数据要素市场的活力。

9.3.2 企业数据确权授权

企业数据是指以电子方式记录的与已识别或者可识别的企业法人有关的各种信息。企业数据流通交易中确权授权的难点在于，对于数据提供方来说，供给数据容易暴露企业自身的核心竞争力，难以掌控其提供数据的流向与应用，造成双向授权困难；对于需求方而言，由于数据的有效供给不足，很难有积极性参与数据交易活动。在当前的数据交易机构（所）的实践中，虽然设计了多种富有弹性的定价策略，如协议定价、拍卖定价和集合定价，并且采取会员制策略对平台用户进行“宽进严管”，但供需双方的积极性依然不高，平台交易规模并不大。

基于数据元件的市场体系设计，有助于在兼顾安全与收益的情况下，解决企业数据流通交易问题。数据元件的定价和交易机制，能够让企业先感受到数据流通带来的收益，进而将更多的数据提供到数据要素市场中，从而形成良性循环。在此基础上，通过数据规模化流通保障企业获得足够的收益，并通过数据金库的方式保障数据安全。

9.3.3 个人数据确权授权

个人数据是以电子方式记录的与已识别或者可识别的有关自然人的各种信息。在当前数据要素市场环境中，可纳入市场流通的个人数据通常是指个人在社交网络、电商、移动应用等各种场景留下的数据行为和信息，如个人的搜索记录、购物记录、社交网络资料等。个人数据的确权授权一般采用委托管理的方式进行。

数据元件在保障个人信息安全的基础上推动个人数据要素化。数据元件是一种特殊的设计模式，将数据和数据处理功能封装在一起，使得可以在不暴露数据内部细节的情况下使用这些功能。使用者只能访问数据的特定部分，并防止使用者查看或修改数据的其他部分。因此，数据元件可以用于解决个人数据委托管理。

9.4 数据场景域开发

过去，数据往往是通过人工收集和存储的，这大大限制了数据收集的效率和数量，也大大增加了数据的查询、分析难度和烦琐程度。如今，随着计算机和互联网的出现，以及相关行业的高速发展，数据的收集和存储变得极为高效，可获取的数据量呈现指数级增长。同时，随着技术和软件的发展，人们开始从数据中提取价值，数据分析应运而生。大数据、云计算等技术开始被运用到各个领域，各行各业对数据的需求日益增多。但是，随之而来的是数据数量稀缺和质量不足，数据供给的可持续性、完整性不够，数据的隐私性和安全性风险问题凸显。另外，数据在不同领域和场景中往往难以共享复用，重复采集和数据不一致等现象较为普遍。为了解决这些问题，数据场景域应运而生。数据场景域是指一系列在数据利用中相互关联或相互支撑的场景的集合。通过数据元件对数据价值持续稳定的输出，场景域内的场景可根据用户需求、外部环境等约束条件的变化而实现自适应性调整。

数据场景域的构建以数据元件为核心，采用双向风险隔离、三级安全管控等技术和管理手段，保障数据质量和数量，保障用户的隐私和安全性。整合各种应用场景的具体需求，利用数据元件对政务、健康、消费、交通、能源和文旅等领域进行场景域开发，全面重塑领域内的数据规模化流通交易和开发利用能力如图 9-2 所示。各类场景域举例讨论如下：

图 9-2　以数据元件为核心的数据场景域

1. 政务类场景域

政务类场景域的数据元件开发主要用于处理政府事务，保障社会居民生活。本书以防返贫监测、环境质量监测、电梯安全维保、空气质量监测等具体政务场景域为例，对政务类数据场景域的开发思路进行介绍。

防返贫监测是一个长期、有效的监测和帮扶机制，以降低边缘和脱贫家庭重新陷入贫困的风险。防返贫检查场景域为扶贫主管部门提供数据支持，协助其确定监测对象，及时掌握相关情况。监测对象主要为“脱贫不稳定户”“边缘易致贫户”“突发严重困难户”三种类型。此外，也包含因疾病、自然灾害等带来的高额支出的对象。扶贫主管部门将这些有返贫风险的家庭录入国家扶贫开发信息系统，实施动态管理，确保其不再返贫。当被监测对象触发返贫大数据预警机制后，工作人员可第一时间上门核实，及时提供帮扶。此外，有关部门还可以马上采取措施，如为他们提供医疗保险和就业，帮助这些家庭克服和渡过难关，以达到巩固脱贫的成果。

环境质量监测主要通过跟踪环境中污染物的浓度和分布，评估环境质量状况。以环境质量检查为场景域开发的数据元件，可以为监测系统提供环境质量相关的历史数据，并进行定量分析，得出环境状况随时间变化的趋势和轨迹，为环境管理、环境规划和减少或消除污染源提供坚实的理论和决策依据。

电梯安全维保在电梯安全运行中扮演着举足轻重的角色，包括对电梯进行定期维护，如检查、加油、清理灰尘和杂物堆积，以及调试电梯运行部件的安全装置。电梯安全维保的场景域提供电梯安全维保相关的数据元件，帮助维保人员了解电梯使用频率，维修次数，协助发现和解决潜在问题，减少电梯故障的可能性。

城市空气质量数据元件包括城市空气质量指数、PM 值、城市排名和空气污染信息等，帮助各城市实时监控、预防和改善空气质量。

2. 健康类场景域

健康类场景域主要是涉及医疗相关的场景，包括信用医疗、医药供应链金融、医药研发实证研究、健康体检等场景域。

信用医疗是一项利用信息技术简化病人就医流程的前沿业务。为了帮助医院建立和完善个人医疗信息的信用平台，加快流程，减少病人的等待时间，信用医疗场景域的数据元件可以向医院提供病人的信息数据，医院可以通过信用平台使病人获得自助就医的医疗服务。例如，患者可以使用微信公众号或现场自助服务机申请“医疗信用”，获得一定数额的“银行信用”或“保险信用”。有了这些信用额度，患者就不必在缴费窗口反复排队，他们可以在医院享受先诊疗、后付费的便捷服务。

医药供应链金融是指银行以核心企业为基础，以其信用为担保，为其上下游合作伙伴提供便利、灵活的融资服务。医药供应链金融场景域为银行提供数据支持，一来可以按照上下游供应商和经销商的需求精准服务，为其提供最匹配的金融产品；二来可以通过大数据对客户进行信用评估，减少银行受骗风险；三来可以通过数据分析医药行业行情和价格波动情况进行风险调控，提前预警。总的来说，医药供应链金融场景域为银行及其他金融机构提供各企业的信用信息，准确确定企业需求，进而为其提供更加灵活快捷的融资服务。

医药研发实证研究是通过收集、评估和报告数据来发现和创造新药。为了提高药物创新研发水平，政府可以通过建立医药研发场景域提供的药物数据，调整和完善药物专利、药物监管、金融、人才等政策。这也有助于政府更好地鼓励制药企业投资创新。

医院可以通过居民健康体检场景域提供的数据元件评估居民的健康状况，并为他们制定健康指南，如制定合理每日膳食计划和运动时间表，预防疾病的发生，提高整体居民的身体素质。

3. 消费类场景域

消费类场景域主要涉及与商品消费、企业及个人信贷有关的场景。消费类场景域有助于提高数据基础服务，帮助市场监管部门构建市场信用系统，精准识别失信及不良商家，保障消费者权益等。具体可以包括预付卡监管、企业授信评估、商品溯源、个人征信评估、企业招工等场景域。

预付卡监管是指对预付卡进行监管的活动。通过预付卡监管场景域提供的数据元件，监管机构和相关部门可以对预付卡发行商进行资格和信用审查，以确保其符合法律法规和行业准则；也可以对发行商家进行实时监控，判断商家是否有违规行为；还可以对预付卡进行监控，发现是否有可疑交易、预付卡盗刷现象，即时预警，防止消费者资金损失，保障其利益。随着预付卡监管系统的构建，监管机构还可以通过数据分析对预付卡市场进行整体评估，为制定监管政策提供依据。

企业授信评估是银行或其他金融机构对企业进行信用评估，以确定其是否符合提供贷款或授信的要求。企业授信评估场景域为银行和金融机构提供数据基础，通过分析审核企业的财务状况、经营情况、信用历史、担保情况以及其他因素，银行或金融机构可以更快速、准确地对企业进行信用评估，并为其提供更为全面、准确的信息，以确定企业是否具有偿还贷款的能力。企业授信评估场景域的数据元件还可以为企业授信评估提供更多的信息来源，如企业的社交媒体活动、电子商务交易记录等，从而使评估更加准确。总的来说，场景域的建立可以为企业授信评估提供更多、更准确的信息，提高数据的使用效率，有助于银行或金融机构更好地评估企业的信用情况，并作出更科学、更合理的决策。

商品溯源是指追溯商品的产地、生产商、销售商等信息，并对其进行认证和记录，以保证商品的质量和安全。商品溯源场景域为商品溯源提供数据元件，构建商品信息平台。对商家而言，通过该平台可以对商品的产地、生产商、销售商等信息进行全面的记录和认证，并使用统计学方法对商品质量进行分析，从而为消费者提供可靠的信息。对监管部门而言，该平台可以帮助发现假冒伪劣商品，并为打击假冒伪劣产品、保障消费者权益提供有力支持。对消费者而言，可以通过平台查询记录商品的产地、生产日期、批次号等信息，以便获取商品的真实信息。总的来说，商品溯源场景域有助于消费者更好地获取全面、准确的信息，有助于监管部门和商家更好地保障商品质量和消费者权益，有助于整个市场更好地提升竞争力和信任度。

个人征信评估是对个人的信用状况进行评估的过程。个人征信评估场景域为征信评估系统提供标准数据元件，对个人的信用记录、还款能力、信用评分和信用状况等方面进行考量，以判断其是否符合银行或其他金融机构的贷款要求，从而决定是否向其提供贷款。此外，通过数据分析还可以帮助金融机构识别潜在的信用风险，从而提高风险管理水平。

企业招工服务是为企业招聘和提供人才的服务，通常包括招聘广告投放、人才搜索、面试安排、入职培训等。企业招工场景域为企业提供招聘信息，可以更精准找寻所需人才。比如，企业对某些岗位或者某些技能的人才有需求，或者某些职位有空缺，该企业就可以通过企业招工场景域提供的招聘信息进行分析，按照需求对求职者的简历、个人信息等进行筛选，甄别有特殊技能、工作经验的人才，并对相应人才和相应岗位进行匹配，极大地缩短招聘时间，提高招聘效率。此外，企业招工场景域还可以为企业招工服务提供更多的信息来源，如招聘市场趋势、人才供需关系等，从而使招工服务更加准确、可靠。总的来说，企业招工场景域的数据元件在企业招工服务中帮助企业提供快捷招聘方式，优化企业招工运营流程，匹配合适人才，节省人力资源成本。

4. 交通类场景域

交通类场景域用于与交通相关的场景，如农产品物流和网约车验真等场景域。农产品物流监测是监测和分析农产品在物流链中的运输情况，从而提高农产品的运输效率，确保农产品的质量安全。农产品物流场景域提供农产品物流监测所需的信息，分析评估物流链的效率，从而优化物流流程。例如，通过分析运输过程中的时间、距离、农产品运输损耗率，找出物流链中存在的问题，从而提出改进措施。总之，农产品物流场景域数据元件帮助建立物流监测系统，有助于提升农产品供给质量和保障份额，优化物流路线，加快农产品流通速度，降低流通成本。

网约车验真是交通管理部门用来验证网约车是否正规的举措。网约车验真场景域为交通管理部门提供数据元件，有助于其构建网约车数据平台，一方面可以对司机驾驶记录进行审核，另一方面帮助乘客实时查询验证网约车合规信息，从而提高乘客的安全性。

5. 能源类场景域

能源类场景域用于与能源相关的场景，如企业能源管理和监测。企业能源管理是企业有效地规划、安排和监控能源使用，实现能源资源的合理配置，提高能源使用效率、降低能源成本和保护环境的管理过程。企业可以将企业能源管理场景域的数据元件作为基础，创建能源管理系统，实施能源自动化监管，从而优化资源配置、生产组织，实现部门结算、成本核算和能源供应监控。

6. 文旅类场景域

文旅类场景域用于与旅游相关的场景，主要包括信用文旅应用、信用文旅监管、智慧文旅应用、旅游招商服务、旅游自助平台等场景域。如信用文旅应用场景域有助于建设完善旅游信用服务平台，推动旅游经济高质量发展。信用文旅监管场景域则是为文旅、发改、市监、公安等部门提供数据元件支持，开发信用文旅监管系统，形成行业信用记录，提升旅游质量。

第10章 数据要素化治理的工程实践

为验证数据要素化治理模型及制度、技术、市场三大体系的可行性、有效性，以及工程路径的可复制性，本章采取从一般到特殊，再从特殊回归一般的研究思路，采用实证分析法，以D市的完整工程实践作为分析案例，深度开展工程复盘和成效归因分析。通过对D市案例的系统性分析，验证本书所提出的理论模型可以顺畅地转化为具象化、可实操的工程方案，且所形成的制度、技术、市场“三位一体”的工程路径具有较强的可复制性。

10.1 案例概况

D市是一座因“三线建设”而兴的工业重镇，是我国重大装备制造业基地、国家首批新型工业化产业示范基地，经济总量、增速和规模以上工业增加值等主要经济指标均居省内前列。随着传统产业对经济发展的拉动力降低，粗放式发展模式愈发难以为继，D市面临着人口红利消退、资源濒临枯竭、环保压力剧增等老工业城市发展困境，经济转型升级、提质增效刻不容缓。D市代表了我国一大批工业立市、资源立市的中型城市的现状与诉求。

近年来，D市积极谋求经济结构转型，将数字经济纳入五大主导产业加快培育，坚持数字产业化、产业数字化、治理数字化、数据价值化“四化驱动”。D市积极加大对数字化基础人才的教育投入，建设了一批职业院校、人才培训基地，形成较为完备的数字化技能型人才供应能力。D市积极开展数据资源价值挖掘探索，依托数字政府和数字经济双轮联动的发展部署，在管理机制构建、基础设施建设、数据资源梳理、数字应用开发、数据安全保障等方面形成系列亮点成果，具备率先实现数据要素化破题的综合条件。

随着D市对数据要素市场化配置改革探索的逐步深入，囿于该领域理论研究和制度规则尚不完备，也鲜有成熟的经验可借鉴，面临着数据谁能用、怎么用、如何流通、如何定价、如何确保安全等诸多难点问题。具体来看，D 市未组建以政府为主导、专业化的数据要素交易机构及相关服务平台，数据交易缺乏有效监管和安全保障，数据交易的整体效率低、信任门槛高、秩序监管难、安全隐患大；数据流通交易与隐私保护间的矛盾日益突出，传统外挂式安全、被动防御方式难以满足数据全周期、全方位防护需求；受地方立法权限制，在数据立法方面难以取得突破，同时制度管理体系滞后，数据主管部门职责和定位不清晰、不准确，数据主管部门、社会组织、运营主体的责权利不清晰、运营模式陈旧。

为此，D 市积极推动数据要素化治理工程建设，凝心聚力加快实现对上述堵点的体系性破题。自实施数据要素化治理工程以来，D 市结合实际开展本地化落地方案设计，经过系统设计谋划、扎实推进重点任务，在基础制度建设、流通体系搭建、参与主体招引、应用场景培育、市场秩序规范等方面得到了显著提升。D 市实践成果入选中国经济体制改革研究会“中国改革 2021 年度典型案例”、2021 中国数字政府建设峰会的“十大数字政府样板工程”、中国信息协会颁发的“2022 数字政府创新成果与实践案例”。

10.2 工程理论模型可行性验证

10.2.1 制度体系

D 市经过一年左右的时间，基本实现了组织架构、政策法规、制度规则三个主要方面的制度体系框架落地。组织体系的主要功能与职责均已落地实施，构建起上承法律法规、下接标准规范的数据要素市场化配置改革政策体系总体框架，并已形成统领性、领域性制度成果。总体来看，制度体系的可落地性得到了充分验证。

1. 组织架构落地情况

在本书提出的组织架构设计框架下，结合 D 市已有基础及本地化需求，进行了适应性调整，顺利构建起满足 D 市数据要素市场化配置改革需求的组织运行体系。

治理主体、市场主体、支撑主体三类主体相协同的组织架构在 D 市均已具有较好的组织建设基础和运行协作基础。在治理主体方面，D市为满足统筹政务信息化建设，推动新型智慧城市建设及数字经济发展的需求，已经成立由市主要领导任负责人的数字经济专班，并组建数据监管机构，在政务服务、政务信息系统建设管理、数字经济发展三个领域分别成立事业单位，组织基础、人才基础、机制建设基础均较为扎实。在市场主体方面，市属国有投资主体成立了服务于数字城市投资建设的国资平台公司，实现了在城市信息化发展方面政府与市场之间的有效衔接。在支撑主体方面，已组建大数据咨询专家和技术专家库，邀请多位院士和大数据领域知名专家为D市大数据、区块链、数字经济发展出谋划策，形成了近百人的专家资源库，智库资源充沛。

在此基础上，D市围绕推动数据要素市场化配置改革的组织保障需求，基于本书提出的组织体系框架，形成了符合本市市情的组织机构改革方案。改革方案经市委市政府审议通过后正式启动改革工作。在治理主体改革方面，成立推动工程落地的专班，下设制度设计、技术升级、市场运营三个专项工作小组，形成强力统筹、分工协同的工程推进机制；调整现有事业单位的机构职能及人员配备，强化数据资源归集及数据治理两方面的职能，将元件市场建设纳入数字经济培育发展工作范畴，加大针对数据资源、数据元件两个专业市场的招商保障力度。在市场主体建设方面，由市政府统筹推进，市属国资企业成立服务于公共数据授权运营和数据交易的平台公司，并改造原有数字城市领域建设运营公司，将二者纳入数据元件开发商、数据金库技术服务商管理范畴。在支撑主体建设方面，依托原有大数据专家库，对接数据要素领域专业智库资源，筹划组建D市数据治理研究院，形成长期稳定地服务D市数据要素市场化配置改革的专业智库团队。

经过为期一年的组织机构改革和市场、支撑主体建设，数据要素化治理的领导、监管、运营等核心功能全部落实完毕，市场主体、研究主体快速壮大，组织运行体系基本构建完成。经过多位院士、专家对改革成效的评审论证，认为组织体系符合D市实际，已构建起多方协作的数据治理组织体系，实现了政府侧系统治理、有效监管，市场侧专业分工、高效配置。本书围绕数据要素化治理的组织体系设计有效指导了D市的组织机构改革和各类主体建设，切实可行。

2. 法规制度落地情况

本书提出的主体管理、数据资源、市场规则和基础设施四方面制度，在D

市实现了完整的体系建构，有效填补了 D 市推动数据要素市场化配置面临的制度空缺，形成了一批创新性制度成果。

D 市围绕新型智慧城市建设、数字经济发展、新基建、工业互联网等重点工作，已形成顶层规划、扶持政策、管理制度、标准规范相衔接的制度体系，为本书提出的制度体系落地提供了丰富的政策工具。在顶层规划方面，已出台智慧城市中长期发展规划，形成了涵盖数字基础设施、公共数据资源、政务数据应用、数字经济发展等领域的整体架构部署。出台 D 市数字经济十四五发展规划、数字经济发展专项行动方案、新基建三年行动计划、工业互联网“十四五”规划和三年行动计划等规划文件，描绘了细分领域的发展蓝图。在规章制度方面，已印发政务数据资源管理、公共数据开放等管理办法，“建营一体、管用分离”的数字政府建设管理机制初步成型，并建立起数字经济评估监测体系，实现数字经济发展水平的长效跟踪。围绕政务数据治理持续推动标准体系建设，形成了多项数据采集、存储、传输、编目等技术标准和管理规范。

上述制度建设成果为 D 市开展数据要素化治理相关制度设计奠定了坚实的基础，且由宏观到微观、由综合到专项的解构式制度建设模式与本书提出的自顶而下、领域深化的建设逻辑深度契合。

为及时满足组织机构改革及组织运行要求，同时保障数据资源有序归集和加工使用，解除数据资源、数据元件市场主体的合规顾虑，D 市设计了“1+4+N”的数据安全与要素化制度体系，并在实施过程中优先推动顶层设计与专项政策及标准规范建设，确保制度体系建设步调与技术、市场紧密协同。具体来看，出台 1 个顶层规划，即《D 市数据要素市场化配置改革行动计划》，确立了总体架构及建设路线；D 市围绕数据要素组织体系、要素市场培育、数据流通交易、数据安全监管四个方面制定了 4 个方面管理制度，为组织机构改革、数据要素管理、市场运行管理、数据安全保障提供专项制度安排；并以实务为牵引，按需开展配套制度设计，制定了以数据元件、数据金库为核心的系列标准规范，出台数据要素市场合规指引，推动数据要素市场健康有序发展。

总体而言，D 市的制度建设实践较好地遵循了本书提出的制度建设思路，制度设计严谨，在数据产权、流通交易、收益分配和安全治理等制度建设方面取得了重大突破和创新，有效凝聚了各方共识，建立起政企协同的数据要素化治理机制，大幅降低了市场主体合规顾虑，充分证明了数据要素化治理工程制度建设思路的合理性和可行性。

10.2.2 技术体系

D市在推动数据要素化过程中，面临着突出的政企数据融合难、数据流通管控弱、核心重要数据安全风险大等技术堵点。通过实施数据要素化治理工程，在真实数据应用场景下完成了数据元件从加工生产到流通交易的全链路贯通，本书所提出技术体系的可行性得到了充分验证。

1. 数据元件设计的可行性

D市数据资源持有主体和加工使用主体均对数据元件有迫切需求，快速完成了能源、金融和消费监管三个领域的首批数据元件设计。调研发现，D市无论在政务领域还是重点行业，均已构建起较好的数据采集、治理与应用技术体系。在政府侧，城市大脑基本建成，完成数字孪生城市、万物互联平台、数据中台、应用支撑赋能平台、AI中台、API仓库、智慧城市指挥调度系统等大部分功能开发，建成政务数据共享交换平台，年交换数据超过40亿次，形成汇聚全市数据资源、赋能各类应用服务的城市数字底座。在行业侧，金融、能源、交通、医疗等领域主要机构及头部企业多数均在探索数据创新应用场景，期望通过数字化手段和数据分析技术提高服务精准度、催生新商业模式。然而，无论社会治理、公共服务还是行业创新场景中，普遍面临政企数据融合不畅的困境，各数据资源持有主体都迫切需要找到一种安全合规的技术路径，避免个人隐私遭到泄露，或商业秘密受到侵害。在调研过程中，数据资源持有主体和数据加工使用主体均对数据元件的设计理念高度赞同，且主动参与数据元件的设计工作。在工程实施半年内，率先在能源、金融和消费监管三个领域完成了首批近50个数据元件设计，充分验证了数据元件基本原理的正确性，以及基于多个近似数据应用场景进行抽象的场景域设计和数据对象设计，进而形成共性基础数据元件的可行性。

2. 数据元件加工生产的可行性

在政府及行业机构均自建数据治理平台的情况下，如何将数据资源接入、汇聚，进而实现安全可信的加工，是验证数据元件加工生产可行性的主要内容。在 D 市数据要素化治理工程实施过程中，部署了数据金库（试验版）、数据要素操作系统、数据元件加工交易中心等关键技术平台，将政府及公共服务机构所持有的核心、重要数据存入数据金库，进而通过数据元件加工交易中心开展数据元件的模型开发训练、测试调优以及元件结果生成等工作。为兼容不同企业的实际技术条件差异性，以及数据元件所采用的数据资源差异性，在 D 市形成了三种主要的数据元件加工生产模式。第一，数据资源持有主体在自有技术平台中依据技术标准自行加工并挂接上架；第二，数据资源持有主体将数据资源接入数据金库，并在数据元件加工交易中心独立完成元件开发；第三，委托数据元件开发商代为加工。上述三种模式较好覆盖了不同情况下数据元件的加工需求，形成了较为灵活的元件加工协作机制。D 市的数据元件加工实践充分验证了对原始数据进行信息过滤和规范封装的可操作性，通过对加工完成的数据元件按照风险等级、价值层级进行分类分级管理，验证了风险分级、价值分层的可实现性，走通了“数据不动程序动、数据可用不可见、数据安全不出域、数据可控可计量”的技术路径。

3. 数据元件交易及应用的可行性

在真实商业环境中，数据元件是否可以有效支撑数据产品开发与服务，是验证数据元件交易价值与应用价值的重要标准。D 市在开展数据元件设计之初，就通过场景域的设计工作梳理了现存的成熟数据应用场景以及数据创新应用场景，并对潜在数据应用主体和数据产品及服务的终端用户进行了走访调研，确保数据元件的价值能够得到市场认可。在技术侧，围绕数据元件的确权与交易，搭建了数据资产登记平台、数据元件交易平台，明晰了数据元件的产权归属，并且通过数据元件交易平台提供的指导定价、智能合约等服务提高了交易撮合效率，满足了数据元件规模化、低成本交易的需求。D 市在工程实施三个月后，就完成了金融数据、政务数据的价值评估，颁发了《数据资产登记证书》；首批数据元件在数据交易所挂网交易，截至 2023 年 7 月份，数据元件上架交易数已突破 1400 个，元件涵盖政务、环保、能源、交通、金融等各大领域；已完成 34 个应用场景建设及数据元件销售合同签订，合同金额超 2690 万元。D 市的工程实践充分验证了数据元件可交易、数据元件收益可分配，数据元件对增强政企数据融合能力、实现数据规模化供给具有重大价值。

10.2.3 市场体系

能否建立专业化、规模化的数据元件市场，是验证市场体系可落地的核心标准。通过对D市大数据产业基础的实地调研发现，数据资源供给端、数据产品服务端具有一定的产业基础，在专业化数据加工使用中间环节初步布局了数据标注、软件外包及软件测评产业，但尚未形成规模。通过与主要数据供给和需求主体的深入研讨，认为数据模型训练及数据初级产品加工这一中间环节具备从现有软件开发过程中分离，进而形成专业化第三方服务的可能性。基于此，与政府侧数据资源管理机构和数据要素市场监管机构沟通，对本地培育或引入专业化数据元件开发商达成了共识，初步形成了数据要素产业扶持的优惠政策，建设数据要素产业基地，围绕数据应用场景域定向开展数据元件开发商招引工作。经过为期半年的市场培育，已成功实现了多家域外企业落户D市，开展专业化数据元件加工服务业务，并吸引若干本地企业拓展面向特定行业的数据元件加工业务，形成了域外招引和本地培育相结合的数据元件市场培育路径。D市数据要素市场培育实践表明，建立数据资源、数据元件与数据产品三类专业化市场能够取得市场主体认同，且具备较强的可操作性。

10.3 工程实践的有效性分析

D市经过制度、技术、市场“三位一体”的工程建设，已形成错位互补、供需联动的数据要素多元生态体系，数据资源供给数量和质量大幅提升，数据要素创新应用气氛浓厚，一批基于数据元件的应用场景有序运行，极大提升了市民和企业的获得感，数据要素市场环境规范有序，市场主体数量持续攀升，创新业态、创新模式不断涌现，D市已成为全省及周边区域数据流通枢纽和产业集聚高地，在全国也形成了广泛的影响。

10.3.1 制度改革成效

D市数据要素化治理工程制度体系如图10-1所示，D市通过建立健全数据要素市场培育和规制的专业化机构和创新性机制，形成政府和市场分工明确、运转有序的组织体系，为有基础、有意愿参与数据要素发展的企业和机构指明了方向、提供了路径、搭建了平台，有效调动起全社会广泛参与数据资源开发的热情。

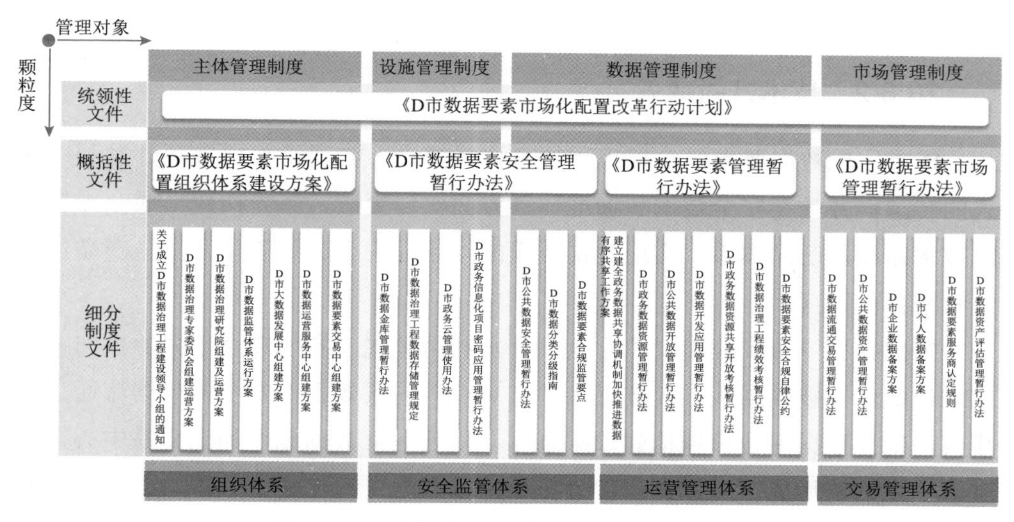

图 10-1　D 市数据要素化治理工程制度体系

构建数据要素发展运行监管体系，有力发挥政府有序引导和规范发展作用，促进市场主体主动参与。通过组建数据运营服务中心、数据要素交易中心等专业化机构，为数据资源供需企业提供官方数据对接和流通平台，破解以往普遍存在的“不敢、不会”等问题。同时由市级数据主管机构牵头，联合市委网信办、市委保密机要局、市发改委、市公安局等部门对数据市场、数据安全、数据价格等进行联合监管，确保数据要素市场环境安全可信、公平开放、监管有效，破解市场主体出于对数据安全边界的顾虑而不参与数据供给或应用的困局。目前，已有一批数据资源型、数据加工型、数据应用型、数据服务型企业成为 D 市数据服务商或专业服务机构。

创新构建数据要素汇聚、存储、流通、应用机制，快速推动数据要素供需两侧数质提升。推动公共数据授权运营，鼓励企业和个人数据备案及交易，通过出台要素管理、市场管理及安全管理系列办法，明确数据要素开发利用范围、关键流程、参与要求及行为依据，一方面保障数据供给侧按照既定规范提供丰富的数据，另一方面保障数据需求侧能够及时了解可获得的数据类型，极大提升了供需双方的对接效率，发挥政府和市场“两只手”作用，激发出更多数据场景创新应用灵感，全面激活数据要素市场发展生机。目前，D 市在工业、金融、交通、能源、消费、民生等产业规模大、需求旺盛的领域规划30余个重点场景域，多个领域应用成效及经济效益显著，D市已连续两年入选全国数字城市竞争力百强榜。

10.3.2 技术升级成效

D市依托数据要素化治理工程技术体系建设，实现了数据资源开发利用模式的转型，并且在安全技术和标准体系方面实现突破，率先构建形成全国领先的技术路线及产品体系，实现数据要素的体系性安全、规模化开发、产品化流通和平台化运营。

突破数据资源到应用“点对点”开发利用模式，实现政企数据的横向融合贯通。D市打破数据买方卖方直接“点对点”的低效且不安全的数据流通交易模式，依托数据中台模拟构建数据金库，部署运营数据元件加工交易中心，在全国率先构建形成了以数据元件为核心，以数据资源汇集、数据加工处理、数据元件流通交易以及数据产品流通交易等为主要环节的数据要素开发利用模式，实现数据资源的规模化、高效化流通，D市数据交易平台如图10-2所示。截至2023年7月，D市数据已经归集、治理并开放结构化数据100.2亿条、政务共享目录11232个、公共数据开放目录9468个，完成1415个数据元件的上线使用，支撑34个应用场景。

图10-2 D市数据交易平台

创新数据要素存储、传输和使用安全一体化路径，有效破解数据安全与数据流通的矛盾。D 市依托数据元件、数据金库、数据金库网以及五大支撑系统，创新实现了数据存储、传输和使用安全的一体化路径，打破了数据沙箱、数据多方安全计算等流通路径成本高、效率低、规模化难等困境，通过加强数据资源的存储安全以及以数据元件的流通安全，破解数据安全与数据流通的矛盾。

引领数据要素地方性标准制定，形成技术门槛和先发优势。D 市在全国率先形成了以基础标准、数据资源标准、数据元件标准、安全合规标准、系统建设标准以及运营管理规范为核心的数据要素标准体系。该套标准体系是全国数据要素领域首套技术标准规范，具有显著的体系性、科学性和创新性。一方面，有力提升了 D 市数据要素化治理产品体系的一致性和可靠性，形成了实质性的技术门槛，对未来 D 市持续推进数据要素发展奠定了坚实的技术基础。另一方面，作为数据要素领域技术标准规范的引领者，D 市在未来牵头制定国家标准甚至国际标准均具有先发优势。

10.3.3 市场培育成效

D 市通过制定数据要素产业发展扶持政策，鼓励龙头企业加入数据要素生态体系，吸引广大中小企业、创新企业开展新业态新模式探索，已实现以数据元件为核心、场景为牵引的产业逻辑闭环，并在数据要素产业载体建设、产业集聚效应提升方面取得了实质性成效，真正构建起城市级专业化的数据加工、交易及应用市场。

D 市实现了以数据元件为核心、场景为牵引的产业逻辑闭环。围绕数据元件的确权与交易，D 市搭建了数据资产登记平台、数据元件交易平台，设立数据交易公司作为市级数据交易机构，建设数据创新中心作为创新孵化、产品研发、合作对接、人才培养的产业载体，构建形成了以数据元件为核心、数据应用场景为牵引的多元数据要素生态体系。截至 2023 年 7 月，已经引进培育数据商 57 家，包括数据资源服务商 14 家、数据元件开发商 2 家、数据应用开发商 41 家，引进培育第三方专业服务机构 16 家，包括数据经纪人 8 家、数据合规咨询机构 5 家、数据资产评估机构 3 家。数据元件在政务、能源、交通、金融等领域广泛应用，带动市场交易近 40 亿元，并与深圳数据交易有限公司完成签约，共同开展异地数据加工交易。

数据要素产业集聚效应显著，场景创新态势强劲。随着以数据元件为核心、场景为牵引的产业逻辑闭环打通，数据要素市场主体动能进一步激活。全国首个数据要素产业园挂牌运行，标志着D市在全国数据要素市场化配置改革领域迈出了坚实的一步。依托多样化的数据生态，以数据元件场景融合、互联互通、体验最优为导向，挖掘形成一批数据创新应用场景域，其中以政企银金融综合服务场景、预付款消费监管场景、企业用能分析应用场景为典型代表，创新场景的落地有力推动D市在城市治理、产业升级等方面取得积极成效。

（1）政企银金融综合服务场景

为解决银企信息不对称问题，提高银企对接效率，拓宽企业融资渠道，降低企业融资成本，依托数据元件搭建中小微企业与金融机构线上融资对接平台，支撑企业足不出户即可申请多家银行的信贷产品。

在人民银行D市中心支行、市金融局、市政务和大数据局的指导下，建设运营D市政银企金融综合服务平台，申请税务、工商、人社、市场监管等8个政府部门、20个维度数据资源，由元件开发商统一开发政务数据元件，涵盖纳税人税务登记变更信息、企业被投资信息、法人抵押信息、企业股权结构信息、交通局许可信息、税务处罚信息、企业信用基础信息、企业信用评估信息、企业环保处罚信息等20余项数据元件，解决了多部门协调沟通和数据时效性差等问题，全面展现企业真实经营状况，为金融机构的融资授信决策管理提供及时、准确、完整的数据支撑。

D市政银企金融综合服务平台自运行以来，受到注册应用企业的普遍认可，企业通过平台发布融资需求，银行机构及时对接回应，提供“一对一”融资解决方案，有效打通政府、金融机构、企业信息共享渠道，帮助企业缓解融资难、融资贵、融资慢的问题，为地方政府、金融监管部门规划决策提供更全面的企业金融信息，助力智慧金融工作落到实处。截至2023年7月，平台已有实名认证注册企业1816家，银行金融机构上架金融产品110款，完成企业账户信息推送12076条，平台累计成功融资356笔，累计授信金额超71.8亿元，累计成功放款金额超44.4亿元。

（2）预付消费监管场景

依托数据元件构建单用途预付卡消费监管平台，实现预付消费商户的预付消费业务资格审核、经营风险实时预警等监管服务。

预付消费监管场景所需信息包括企业基本信息、违法失信信息、企业负面信息、企业经营资质信息、单用途预付卡备案信息、信访投诉信息、消费投诉信息、企业涉诉信息等，通过数据元件加工平台将原始数据加工生成企业经营状态、企业经营异常、信访投诉、行政处罚等数据元件。商户开展预付消费业务时，需在监管平台进行备案，平台根据商户提交的营业执照、法人等信息，调用企业经营状态数据元件、企业经营异常信息数据元件、失信黑名单与守信红名单数据元件等信息，核验该商户开展预付消费业务资格，核验结果不满足，则提醒工作人员介入审核。在商户开展预付业务经营过程中，平台定期调用行政处罚信息数据元件、企业食品生产许可数据元件、企业药品生产许可数据元件、企业娱乐经营许可数据元件等信息，当发现商户经营过程中出现行政处罚问题或特殊经营证照吊销等问题时，平台对企业经营过程风险实时预警，并下架该商户的预售产品，降低消费者资金风险。截至 2023 年 7 月，单用途预付卡消费监管平台已管理商户 34 家。

（3）企业用能分析应用场景

D 市供电公司建设企业用能分析应用平台，面向政府、金融机构、电力客户、综合能源服务商等不同客户群体，打造场景式的企业用能数据服务应用。数据元件由 D 市供电公司在其内网环境中利用元件开发工具完成开发，将数据元件结果归集进入 D 市数据金库。

D 市供电公司通过水、油、气等 3 个主管部门 12 类约 140 项数据，对企业用电数据进行监测与分析，对企业用电行为进行精准画像。针对工业客户，建立个性化电力监测与预警机制，让客户明明白白用能，降低能耗损失，并提供用能建议，帮助企业合理排班、优化用能结构。针对非工业客户，提供产业结构分布趋势分析、商业选址等数据支撑，提升企业经营效率。截至 2023 年 7 月，企业用能分析应用平台已为 300 余家试点企业提供服务，企业最高节约 60% 能耗费用。

10.4 工程复制推广价值分析

从经济体量、产业转型诉求、数据要素市场化配置存在瓶颈等方面看，D 市是我国广大中等城市的典型代表，其数据要素化治理工程的实践做法对于全国绝大多数地市数据要素市场化配置改革具有重要的借鉴意义。

10.4.1 “三位一体”的工程化路径

D市引入系统工程理念，创新构建制度、技术和市场“三位一体”的科学化工程路径，注重三者的有机融合和综合应用。其中，制度体系有效破除了改革阻力，确保了工程的强力推动和有序执行；技术体系通过创新技术理念和设计，自主研发上线数据元件加工交易中心，并构建系列技术标准，打破安全和流通的矛盾困境；市场体系通过三类市场的专业化分工和体系性衔接，助力政府的分类管控和精准施策，保护数据资源持有主体、数据加工使用主体等多方利益，激发多元社会主体的创新活力。这种制度、技术、市场协调建设、共同发挥作用的工程化路径是科学、高效、可行、可复制的。

10.4.2 政企协作的项目组织方式

D市政府与专业企业创新政企合作模式，双方合作不仅是项目的建设交付，更是体制机制、产品技术、生态渠道等的全面融合、共同推进。在体制机制层面，双方共同组建联合领导小组及专项工作组，充分结合本地参与人员在调研组织方面的协调优势，以及企业参与人员在行业知识、方案技术方面的专业优势，厘清D市数据要素发展基础和需求。在产品技术方面，坚持“利旧”与“求新”相结合、本地发展需求与企业技术优势相结合，在D市现有的数据要素化基础设施的基础上，引进互操作、多方安全计算、数据沙箱、人工智能以及区块链等主流技术，构建系统融合、迭代创新的技术体系。在生态渠道方面，充分发挥企业的产业生态优势，协助D市政府精准引进数据要素服务企业，丰富本地生态资源。这种全方位、深层次的政企合作模式值得其他地方政府和企业共同借鉴。

10.4.3 项目实施的工作方法

D市项目实施过程将工程总体设计摆在首位，通过需求调研、方案设计及论证评审三大步骤保证设计路线的科学性、适用性、有效性及可操作性。调研团队通过资料查阅、发放问卷、实地走访等形式开展三轮调研，覆盖57家单位，走访14个委办局、25家企事业单位、3个产业园区、1个产业协会，摸清D市在数据应用、数据交易、治理技术、安全保障、法规制度、组织运行等方面的基础现状，梳理实施数据要素化治理工程的发展优势，剖析现阶段存在的问题及原因。在调研成果的基础上，开展符合市情并落地可行的数据要素化治理工程方案设计，聚焦制度、技术、市场三个方面，分解重点任务，形成各主体、各阶段共同遵循的“施工总图”。在方案编制完成后，组织国内数据要素领域权威专家学者对总体方案、工程实施等相关的重要环节、重点问题进行研讨以及论证评审，吸纳行业领先技术理念，迭代完善工程总体方案，确保工程的总体安排合理、有序实施推进。

10.4.4　工程技术路线

D 市将数据元件和数据金库功能理念转化为技术产品，数据元件加工交易中心和数据金库两大核心产品及相关支撑系统平台已完成研发、上线运行，完成了数据要素化治理市场模型、安全模型及系统模型的技术实现。数据元件能够在安全环境下进行大规模开发，使用数据元件作为数据交易过程的标的物，满足“原始数据不出域、数据可用不可见”以及可计量、可定价的综合要求，使得数据要素可以进行标准化、规模化的流通交易，技术路线和产品性能得到充分验证，具备可复制建设的条件。

展望

数据要素化治理工程展望

随着信息技术的快速发展和互联网的广泛普及，数据资源在全球呈现爆发增长、海量集聚的态势。数据资源已成为国家资源的重要组成部分，成为经济社会发展的关键生产要素，是构建新发展格局、推动经济高质量发展、支撑国家治理体系和治理能力现代化的重要基础。展望未来，数据的价值将日益凸显，数据要素的作用将持续释放，数据安全的需求将长期存在，数据要素化治理将是未来可见的很长一段时期内的重点研究和实践领域，亟待持续探索创新。

从数据要素化治理工程本身的发展来看，本书提供了一套以数据元件为核心，技术、制度、市场“三位一体”的数据要素化治理工程解决方案，形成了一套相对完整的、适用于当前我国数据要素化治理实际的理论和实践体系，未来我们还会朝着这个方向持续坚定地走下去。在技术方面，将进一步丰富数据要素安全可信流通的手段，为数据高效流通和数据价值的充分发挥提供持续优化的解决方案，更好地解决数据安全和隐私保护问题，推动实现数据标准和规范更加完善和统一。在制度方面，将通过大量地方和部门的探索实践，推动政策法规、机构设置、安全和管理制度等迭代成熟，逐步沉淀形成一套行之有效的数据要素化治理“中国方案”。在市场方面，在“数据二十条”的引领和推动下，将积极开展数据确权、定价交易、收益分配的探索和实践，在不久的将来探索形成适合我国经济社会发展需要的数据流通交易模式。

从数字时代经济社会运转的客观规律来看，未来数据将越来越多，应用场景将越来越多，数据将融入到数字时代经济社会建设发展的方方面面，成为社会前进的基础要素。一方面，数据价值将随着人工智能技术的广泛应用得到极大释放，随着以 OpenAI 的 GPT（Generative Pre-trained Transformer）为代表的“大模型”日趋成熟，人类面向海量数据的自动化挖掘分析能力将得到显著提升，数据的价值将得到更为直接和充分的体现，对数据要素进行规范化治理的需求也将更为迫切。另一方面，数据流通交易和监管治理将成为经济运行的重要组成部分，开展数据要素化治理工程将充分释放数据对经济发展的放大、叠加、倍增作用，加快推动数字经济从强调数据资源开发利用的 1.0 阶段，向强调数据资源开发利用与数据要素市场化配置融合发展的 2.0 阶段迈进。

从数字中国建设发展的整体战略需要来看，实施数据要素化治理工程是下一阶段推动经济高质量发展、贯彻总体国家安全观、实现中国式现代化的必然选择，也是和国家数据管理机构改革工作相匹配的重要一环。数据要素化治理工程的实施将解决数据要素的市场化配置滞后的问题，促进数字经济与实体经济融合发展，将成为构建新发展格局、推动经济高质量发展的重要基础。数据要素化治理工程兼顾发展与安全两个方面，在保障安全的基础上推动数据价值的高效释放，将成为贯彻总体国家安全观、统筹发展和安全的重要支撑。数据要素化治理工程可提升我们对数据的应用能力和水平，为经济调节、市场监管、公共服务、社会管理、环境保护等工作的开展提供有力支撑，将成为实现中国式现代化、推进数字社会治理和数字政府建设的有效路径。

数据要素化治理工程未来将从三个方面获得持续推进：

一是推进数据要素化治理工程为贯彻总体国家安全观、统筹发展和安全提供支撑。数据安全是基于网络安全和信息安全的新时代国家安全的战略支点和核心内涵。目前，数据安全形势严峻，数据安全风险亟待化解。一方面，数据基础设施缺乏自主可控的技术支撑，安全受到严重威胁；另一方面，国际资本控制的平台垄断了大部分数据资源，同时美国企业掌控了我国数据产业的底层技术框架，数据存储与管理形同“玻璃房”。未来我们要通过数据工程的实施来维护国家数据安全，保障经济社会的健康、稳定发展。

二是推进数据要素化治理工程为构建新发展格局、推动经济高质量发展夯实基础。数据要素是推动经济高质量发展的新引擎，但数据要素的市场化配置滞后，日益成为制约数字经济与实体经济融合发展的瓶颈。下一步我们要通过数据治理工程的实施，着力解决数据有效供给不足，数据确权、定价、流通、交易缺少科学的工程路径，数据治理领域自主创新能力不足，缺乏国家战略科技力量等诸多问题，从而为构建新发展格局、推动经济高质量发展奠定良好的数据要素基础。

三是推进数据要素化治理工程为实现中国式现代化、推进数字社会治理和数字政府建设做好保障。数字化已成为国家治理现代化的基础，下一步我们要以实施数据工程为基础和支撑，构建“用数据说话、用数据决策、用数据管理、用数据创新”的数字政府，使政府更加有为；打造“泛在可及、智慧便捷、公平普惠”的数字化服务体系，使百姓少跑腿、数据多跑路；建设“网格化管理、精细化服务、信息化支撑”的社会治理体系，使社会治理更加有效。

数据要素化治理工程是未来数字化时代的重要领域，具有重要的战略意义和广阔的发展前景。从内涵定位上看，它回应着未来的中国之需要、世界之需要、人民之需要、时代之需要。从实现路径上看，它需要政府、企业和学术界共同参与，共同推动其发展。从直接效果上看，它有助于实现数据的高效利用和价值最大化，推动数字经济和社会发展迈上新的台阶；从发展前景来看，数据要素化治理工程将有效解决现阶段我国面临的数据安全和数据流通无法兼顾的“战略困境”，有力推动经济社会高质量发展。实施数据要素化治理工程是下一阶段我们加快建设网络强国、数字中国的有效路径，也是构建国家现代治理体系、探索数字经济发展规律、占领全球数字经济发展制高点的战略性先导工程，是实现中国式现代化的必然选择。

后　　记

为深入贯彻落实党中央、国务院对数据要素发展的战略要求，自2020年，清华大学与中国电子联合开展数据治理工程研究，并于2021年10月15日揭牌成立清华中国电子数据治理工程研究院。联合研究团队率先在数据要素的理论、制度、市场、技术等方面的跨学科研究取得实质性突破，提出了一体化解决方案。该方案在德阳、徐州、浙江省公安厅等城市和单位进行了数据安全与数据要素化工程试点，在促进地方数字经济高质量发展、社会治理模式创新、政府履职能力提升等方面均取得了显著成效。

回顾我们不断迭代演进、理论与实践相结合的研究过程，一路走来得到了业界专家和试点地方政府的大力支持。研究中形成的《城市数据治理工程研究报告》于2021年4月20日通过了以梅宏院士为组长的专家组评审；《德阳市数据安全与数据要素化工程方案》于2021年12月30日通过了以江小涓教授为组长的专家组评审；《数据安全与数据要素化工程总体方案》作为城市级数据要素市场化配置综合改革试点方案，于2022年1月19日通过了以鄂维南院士为组长的专家组评审；数据安全与数据要素化工程德阳试点项目，于2022年7月31日通过了以柴洪峰院士为组长的专家组验收；《数据要素金库工程方案》于2022年9月8日通过了以孙凝晖院士为组长的专家组评审；《徐州数据安全与数据要素化工程总体方案暨数据金库工程设计方案》于2022年11月11日通过了以樊文飞院士为组长的专家组评审。在此期间，多位专家期望将工程方案及实践成果进行学术转化，在更大范围内开展数据安全与要素化研究。基于此，我们着手启动《数据要素化治理：理论方法与工程实践》的编写。在这一过程中，给予我们无私帮助的专家学者、政府官员和企业家还有很多。这本书是所有从事数据要素研究和实践的同仁们的共同探索结晶，也是国家发展改革委体改司“数据要素市场化改革重点问题及实施路径”课题成果的主体部分，在这里一并表达感谢！

《数据要素化治理：理论方法与工程实践》是跨学科协作、产学研用融合的成果。写作过程中我们联合了清华大学公共管理学院、电子工程系、经济管理学院、社会科学学院、软件学院、法学院6个院系的力量，整合了中国电子数据产业集团、中国系统、中电数创、奇安信等中国电子体系内多家单位的资源，充分体现了跨组织团队的执行力和战斗力。编写过程中，参与编写的成员投入了巨大的精力，做出了重大的贡献，在此，深表感谢！

数据要素化治理是面向未来的一项全新探索。本书尝试将清华大学和中国电子前期的研究和实践成果进行总结提炼，通过体系化的方式进行系统呈现，为我国数据要素治理工作的开展提供参考。但受制于我们当前的认识水平和实践阶段，在数据的确权、流通、分配、安全、治理等方面都还是初步的思考和探索，错愕之处难免，还请大家批判指正！数据要素化治理还有很多问题需要进行更深入的研究，希望能有更多的业界同仁参与此项工作的探索和实践，共同为数据基础制度的构建、数据要素价值的释放、推动数据经济高质量发展和中国式现代化建设贡献力量！

参考文献

[1] 纪海龙 . 数据的私法定位与保护 [J]. 法学研究，2018，40（6）.

[2] 张平文，邱泽奇 . 数据要素五论 [M]. 北京：北京大学出版社，2022.

[3] Aamodt A , Nygard M. Different Roles and Mutual Dependencies of Data, Information, and Knowledge: an AI Perspective on Their Integration[J]. Data & Knowledge Engineering, 1995, 16(3).

[4] 蔡跃洲，马文君 . 数据要素对高质量发展影响与数据流动制约 [J]. 数量经济技术经济研究，2021，38（3）.

[5] Furner J. Definitions of“metadata”: A Brief Survey of International Standards[J]. Journal of the Association for Information Science and Technology, 2020, 71(6).

[6] DAMA International. DAMA 数据管理知识体系指南 [M]. 北京：清华大学出版社，2016.

[7] 中国信通院 . 数据价值化与数据要素市场发展报告（2021 年）[R]. 贵阳：国家发展和改革委员会、工业和信息化部、国家互联网信息办公室、贵州省人民政府，2021.

[8] 中国电子信息产业发展研究院赛迪智库网络安全研究所 . 数据安全治理白皮书 [EB/OL]. 2021[2023-2-8]. http://static.cestec.cn/upload/0/yzl/common/2021090615/1703f5e0cc9da3ea2f96c6cfa60642c1.pdf.

[9] Moreno Belloso N. The Proposal for a Digital Markets Act (DMA): A Summary[J]. Available at SSRN 3999966, 2022.

[10] 全国信息安全标准化技术委员会秘书处 . 网络安全标准实践指南——网络数据分类分级指引 [EB/OL]. 2021[2023-2-21]. https://www.tc260.org.cn/front/postDetail.html?id=20211231160823.

[11] 陆彩女，顾立平，聂华 . 数据多样性：涌现、概念及应用探索 [J]. 图书情报知识，2022，39（2）.

[12] 黄恒学 . 公共经济学 [M]. 北京：北京大学出版社，2002.

[13] Samuelson, P. A. The Pure Theory of Public Expenditure[J].The Review of Economics and Statistics, 1954, 36(4).

[14] 闫磊，张小刚 . 公共品非排他性、非竞争性逻辑起源与产权制度演生理论的频域分析

[J]. 中国集体经济，2021（26）：81-88.
[15] 蔡跃洲，马文君 . 数据要素对高质量发展影响与数据流动制约 [J]. 数量经济技术经济研究，2021（3）.
[16] 中国信息通信研究院 . 数据要素白皮书（2022 年）[EB/OL]. 2022[2023-3-1]. http://www.caict.ac.cn/kxyj/qwfb/bps/202301/P020230107392254519512.pdf.
[17] 国家工业信息安全发展研究中心 . 中国数据要素市场发展报告（2020—2021）[EB/OL]. 2021[2023-3-2]. http://www.echinagov.com/info/295265.
[18] 张平文，邱泽奇 . 数据要素五论 [M]. 北京：北京大学出版社，2022.
[19] 国家工业信息安全发展研究中心 . 中国数据要素市场发展报告（2020—2021）[EB/OL]. 2021[2023-3-2]. http://www.echinagov.com/info/295265.
[20] 来小鹏 . 用好数据要素，需理解数据资源持有权基本内涵 [EB/OL]. 2022[2023-3-20]. https://theory.gmw.cn/2022-09/05/content_36003583.htm.
[21] 中国信通院 . 2021 年数据价值化与数据要素市场发展报告 [EB/OL]. 2021[2023-3-20]. https://www.199it.com/archives/1253595.html.
[22] 梅宏 . 数据如何要素化：资源化、资产化、资本化 [J]. 施工企业管理，2022（12）.
[23] 上证报中国证券网 . 数据资源入表在即 企业如何抓住红利？ [EB/OL]. 2023[2023-3-15]. https://news.cnstock.com/news,bwkx-202301-5003086.htm.
[24] 黄春芳，胡兴华，胡浩 . 宁波公交大数据资源化与产业化发展对策 [J]. 综合运输，2021，43（11）.
[25] MadBOK. 数据产品化要点 [EB/OL]. [2023-4-20]. https://hanchenhao.github.io/MadBOK/DataProductTheory/.
[26] 普华永道 & 上海数据交易所 . 数据要素视角下的数据资产化研究报告 [EB/OL]. 2022[2023-4-15]. https://www.pwccn.com/zh/research-and-insights/data-capitalisation-nov2022.pdf.
[27] 中国会计报 . 评估助力激活政府数据资产价值 [EB/OL]. 2022[2023-4-25]. http://czt.gd.gov.cn/zcpg/content/post_3931162.html.
[28] 杨云龙，张亮，杨旭蕾 . 数据要素价值化发展路径与对策研究 [J/OL]. 大数据 :1-11[2023-08-28]. http://kns.cnki.net/kcms/detail/10.1321.G2.20220906.1041.002.html.
[29] 周俊 . 数据价值化探讨 [J]. 电信技术，2019（12）.
[30] 洪莹，李政 . 针对电信运营商的大数据价值化经营研究 [J]. 移动通信，2015，39（13）.
[31] 梅宏 . 大数据治理体系建设的若干思考 [R]. 苏州第十三届中国电子信息技术年会：苏州市人民政府办公室 , 2018.
[32] 张绍华，潘蓉，宗宇伟 . 大数据治理与服务 [M]. 上海：上海科学技术出版社，2016.
[33] 梅宏 . 数据治理之论 [M]. 北京：中国人民大学出版社，2020.

[34] 何俊，刘燕，邓飞 . 数据要素概论及案例分析 [M]. 北京：科学出版社，2022.

[35] 王卫，张梦君，王晶 . 国内外大数据交易平台调研分析 [J]. 情报杂志，2019，38（2）.

[36] 光明网 . 广东数据经纪人先行探索数据“二十条”新政 [EB/OL]. 2023[2023-4-20]. https://tech.gmw.cn/2023-01/04/content_36278646.htm.

[37] 马朝良 . 统筹布局，完善数据交易市场生态建设 [EB/OL]. 2022[2023-4-5]. http://www.cdi.com.cn/Article/Detail?Id=17755.

[38] 贵阳市人民代表大会常务委员会 . 贵阳市政府数据共享开放条例 [EB/OL]. 2022[2023-4-18]. https://www.fadada.com/notice/detail-15207.html.

[39] 亿信华辰大数据知识库 . 什么是数据共享？和数据开放的区别是什么？ [EB/OL]. 2023[2023-4-25]. https://www.esensoft.com/knowledge/541.html.

[40] 许可 . 数据保护的三重进路——评新浪微博诉脉脉不正当竞争案 [J]. 上海大学学报（社会科学版），2017，34（6）：15-27.

[41] 龙卫球 . 再论企业数据保护的财产权化路径 [J]. 东方法学，2018（3）.

[42] 韩旭至 . 数据确权的困境及破解之道 [J]. 东方法学，2020（1）.

[43] 戴昕 . 数据隐私问题的维度扩展与议题转换：法律经济学视角 [J]. 交大法学，2019（1）.

[44] Duch-Brown, Néstor and Martens, Bertin and Mueller-Langer, Frank, The Economics of Ownership, Access and Trade in Digital Data, 2017(2). JRC Digital Economy Working Paper 2017-01, Available at SSRN: https://ssrn.com/abstract=2914144.

[45] 高昂，彭云峰，王思睿 . 数据资产价值评价标准化研究 [J]. 中国标准化，2020（5）.

[46] 刘琦，童洋，魏永长 . 市场法评估大数据资产的应用 [J]. 中国资产评估，2016（11）.

[47] 黄朝椿 . 论基于供给侧的数据要素市场建设 [J]. 中国科学院院刊，2022，37（10）.

[48] 尹西明，林镇阳，陈劲等 . 数据要素价值化动态过程机制研究 [J]. 科学学研究，2022，40（2）.

[49] 潘家栋，肖文 . 新型生产要素：数据的生成条件及运行机制研究 [J]. 浙江大学学报（人文社会科学版），2022，52（7）：5-15.

[50] 何玉长，王伟 . 数据要素市场化的理论阐释 [J]. 当代经济研究，2021（4）.

[51] 赵鑫 . 数据要素市场培育：法律难题、域外经验与中国方案 [J]. 科技进步与对策，2022，39（17）.

质检18